LAS HAZAÑAS DE LOS SUPERHÉROES Y LA FÍSICA

ROBIN
BOOK

SERGIO L. PALACIOS

LAS HAZAÑAS DE LOS SUPERHÉROES Y LA FÍSICA

Ciencia ficción, superhéroes,
el cine de Hollywood y las leyes de la física

UN SELLO DE EDICIONES ROBINBOOK
Información bibliográfica
C/ Industria, 11 (Pol. Ind. Buvisa)
08329 - Teià (Barcelona)
e-mail: info@robinbook.com
www.robinbook.com

© Sergio Luis Palacios Díaz

© Ediciones Robinbook, s. l., Barcelona

Diseño de cubierta: Regina Richling

Diseño interior: Lídia Estany para iScriptat

ISBN: 978-84-15256-63-2

Depósito legal: B-617-2014

Impreso por Novagràfik, S.L., Pol. Ind. Foinvasa

Molí d'en Bisbe, C/ Vivaldi, 5,

08110 - Montcada i Reixac

Impreso en España - *Printed in Spain*

Para todas mis otras versiones
en el multiverso.

Tengo diez mandamientos.
Los primeros nueve dicen: ¡No debes aburrir!

Billy Wilder

Es privilegio de los bufones
decir verdades que todos callan.

Neil Gaiman

ÍNDICE

Agradecimientos

Mucha de la culpa de que tengas ahora mismo este libro en las manos es de los estudiantes que han pasado por mi asignatura *Física en la Ciencia Ficción*, desde su primer curso, allá por 2004, en la Universidad de Oviedo. Sin su colaboración involuntaria y con sus preguntas plenas de curiosidad e imaginación muchas de las cuestiones que se abordan en estas páginas nunca habrían visto la luz. Lo mismo cabe decir de los centenares de lectores de mi blog (http://fisicacf.blogspot.com) y sus acertados comentarios, con los que muchos de los capítulos del libro han mejorado significativamente. Vaya para todos ellos mi agradecimiento más sincero.

Prólogo

PREFACIO DEL AUTOR

Debo reconocer que el proceso de selección, documentación y redacción de este libro no me ha resultado tan gratificante como podría parecerle, en un principio, al lector. En más de una docena de ocasiones llegué a plantearme abandonar la idea, en rendirme definitivamente. El proyecto, de hecho, llegó a estar parado y abandonado varias veces. Han sido más de tres años de sacrificio, hasta bordear la obsesión. Finalmente, la cordura o más bien la falta de ella (aún no lo sé a ciencia cierta) logró imponerse a la humana debilidad de quien aquí escribe, para deleite de la familia y algún que otro buen amigo. A todos ellos les corresponde en justicia una parte de la autoría de lo que estás a punto de iniciar: la lectura de un libro muy poco común en el campo de la divulgación científica en lengua hispana.

Cuando publiqué mi primer libro, *La guerra de dos mundos: el cine de ciencia ficción contra las leyes de la física* (Robinbook, 2008) escribí una palabra al final de la última página: ¿Continuará...? Y la verdad es que, a pesar de expresarla en forma de interrogante, en mi interior yo conocía cuál era la respuesta. Hoy, más de tres años después, esa respuesta la tienes entre tus manos, querido lector.

Aunque a lo largo y ancho de aquellas escasas 200 páginas desfilaban maravillas como los rayos láser, la antimateria, la invisibilidad, asteroides asesinos, máquinas teletransportadoras, soles moribundos resucitados, cambios climáticos y superhéroes humillados, se echaban en falta otras muchas fantasías salidas de las siempre creativas mentes de los autores, guionistas y dibujantes de novelas, películas y cómics de ciencia ficción. Temas tan sugerentes y atractivos como la vida en el espacio, los viajes a otros mundos, los extraterrestres, los rayos desintegradores, los escudos de fuerza, los agujeros negros y de gusano, los viajes en el tiempo o los universos paralelos se quedaron en el tintero en su momento, para ver la luz ahora, en esta secuela perpetrada con toda la mala intención del mundo bajo el osado y enloquecido título de *Einstein versus Predator*.

La tarea, muchas veces denostada y despreciada por los propios científicos, de divulgar el conocimiento y las leyes de la ciencia para darlas a conocer a los humildes mortales no profesionales y, sobre todo, de divulgar lo suficientemente bien como para que todos te entiendan y hagas llegar a sus corazones la emoción de descubrir o el ansia por conocer más allá de lo que les has mostrado no es nada sencilla, ni mucho menos. Por un lado, las razones esgrimidas por las personas cuando son cuestionadas acerca de su falta de interés en los temas de índole científica van desde el "no lo entiendo", "nunca he pensado sobre ese tema" hasta el "no despierta mi interés". Por otro lado, una abrumadora mayoría de la sociedad utiliza como fuente de su información científica la televisión (con todo el riesgo que conlleva, dado el nivel del periodismo especializado) y, en mucha menor medida, los libros o revistas especializadas. Sin duda, el papel del cine, especialmente el de Hollywood, con toda su parafernalia de efectos especiales y pirotecnia sin fin, ha ejercido y ejerce una influencia decisiva a la hora de fijar prejuicios e instalar en las mentes no instruidas conceptos erróneos, cuando no simple y llanamente seudocientíficos.

Pues bien, ¿por qué no aprovechar todos los argumentos anteriores para llevar a cabo la loable misión de acercar la ciencia a todo el mundo? Si las personas muestran una preferente inclinación hacia los medios audiovisuales, como pueden ser la televisión o el cine, ¿por qué no hacer uso de esta sana afición pero darle, a su vez, otra vuelta de tuerca, empleándola como reclamo en la difusión del conocimiento científico riguroso? Al fin y al cabo esto es lo que, en los últimos años, han hecho y siguen haciendo un buen número de excelentes divulgadores, como Leroy Dubeck, Lawrence Krauss o Michio Kaku, entre otros. Nadie como ellos a la hora de cautivar, fascinar y maravillar cuando hacen uso del cine de ciencia ficción para transmitir todo su entusiasmo y amor por la ciencia y el trabajo de los científicos.

Einstein vs. Predator no pretende otra cosa que ser un humilde aprendiz e imitador del trabajo de estos monstruos de la divulgación y contribuir con su granito de arena, aunque sea en lengua española, a despertar el interés por temas de la complejidad del efecto túnel cuántico, los agujeros negros y agujeros de gusano, la condensación de Bose-Einstein y muchos otros. A lo largo de las páginas que siguen, querido lector, descubrirás los inefables poderes de superhéroes como Supermán o Iron man, conocerás de qué se alimentan los astronautas, cómo podríamos viajar a otras galaxias en tiempos razonablemente cortos, qué procedimientos deberíamos emprender en otros planetas si la vida en el nuestro se tornase imposible, y hasta serás capaz de fabricar tu propia máquina del tiempo. Al tiempo que te diviertes, intentaré atraparte y envolverte con mi capa de improvisado prestidigitador de la ciencia, para aprovecharme de tu momentánea distracción y exponerte, explicarte y quizá hacerte entender las leyes físicas que se esconden entre las líneas de los guiones de un gran número de películas, novelas o cómics. Soy plenamente consciente de la dificultad de la misión, pero también mantengo la opinión de que todo lo que no es imposible se puede lograr. Espero, de todo corazón, que cuando llegues finalmente a la última página de este libro y lo cierres definitivamente puedas, al menos, decir: "sí lo entiendo", "sí despierta mi interés", "a partir de ahora pensaré siempre sobre estos temas".

Lugones (Asturias), junio de 2011

Capítulo 1

Carta abierta a Supermán (de un padre destrozado)

Protegedme de la sabiduría que no llora, de la filosofía que no ríe y de la grandeza que no se inclina ante los niños.

Gibran Jalil Gibran

Querido Supermán:

Como no albergo la menor esperanza de que me conozcas, creo que lo más adecuado será presentarme debidamente. Mi nombre es Sergio L. Palacios (la "L" no es de Lois ni tampoco de "Lane", pero eso no es relevante para el asunto que aquí me trae) y soy un anodino profesor de física en la pequeña y cuasi desconocida Universidad de Oviedo, en España. Imparto, entre otras, una asignatura denominada Física en la Ciencia Ficción, cuyo objetivo principal consiste en divulgar las leyes de la física e inculcar a mis estudiantes el espíritu crítico y escéptico característico de la ciencia. Para alcanzar estas metas se me ha ocurrido mostrar en clase escenas de películas de ciencia ficción, donde las susodichas leyes se suelen ignorar muy frecuentemente, seguramente más de lo que sería deseable.

Quiero confesarte, mi muy apreciado superhéroe, que a ti también te utilizo para mis nobles propósitos y, junto a otros muchos de tus colegas superdotados y supercapacitados, todos compartimos excelentes momentos de diversión y entretenimiento científico en el aula. Sin embargo, no te creas que todo va a ser dorarte la píldora y ensalzar tus hazañas extraordinarias, que lo son y las apreciamos. Muy al contrario, quiero, asimismo, decirte que, en muchas ocasiones, se nos ha escapado alguna que otra sonrisilla burlona y condescendiente mientras te vemos ahí en la pantalla luciendo tus mejores galas, tu pijama de rojos y azules intensos destacando tu atlética constitución, pectorales prominentes y coquilla abultada (sólo tú sabrás lo que oculta). Y esas botas ro-

Christopher Reeve es el hombre que la gran mayoría recuerda en su papel de Kal-El/Clark Kent/Supermán y cuando se menciona a este superhéroe, casi todo el mundo ve su rostro.

jas, que a poco que hubieses prestado atención a la moda imperante llevarían adosados unos bonitos, estilizados y puntiagudos tacones, tan útiles cuando lo que se pretende es patear supervillanos como el general Zod o el camaleónico Lex Luthor.

En fin, a lo que voy, y que no es otra cosa que relatarte algo que le pasó a mi hija Miranda, de 8 años, hace unos días. Supongo que a ella sí la recordarás porque en una ocasión participó contigo en un interesante desafío, cuando apenas contaba con 5 añitos de edad y no pesaba más de 22 kg. En aquella célebre ocasión te hizo ver que las leyes de la mecánica clásica, o newtoniana, o de "andar por casa", como a mí me gusta decirle a Miranda, eran más fuertes que el más fuerte de los superhéroes, que es aún como te considera mi hija y tantas y tantas personas en el mundo. Sin embargo, es ley de vida que los niños crezcan, maduren, muestren curiosidad y quieran descubrir por su cuenta las emocionantes cosas de la vida. Verás, te cuento. Resulta que de unos días a esta parte llevo notando un comportamiento un tanto inusual en Miranda. Me mira de soslayo, evita los encuentros, las charlas que solíamos tener, las lecturas de tus cómics a cuatro manos por la tarde después de comer y por la noche antes de irse a la cama. Yo no sabía lo que era, pero ayer mismo la sorprendí susurrándole a su madre, en la cocina, cosas que me han dejado muy preocupado. Tengo que advertirte que Miranda es un tanto avispada y que puede que aprecies en ella y en sus frases una cierta madurez ligeramente superior a la de las niñas de su edad. De todas formas, paso a continuación a resumirte lo más brevemente que sea capaz, la conversación que tuvo lugar entre mis dos chicas. Yo sé que lo hicieron para no provocar mi sufrimiento, ni para desilusionarme, pues saben todo lo que te aprecio y admiro, pero creo sin ningún género de duda que, después de esto, algo se ha roto definitivamente en la infancia de mi hija. Por ello, te pido ayuda a ti, Supermán, porque creo que después de todo, eres real y perfectamente capaz de llevar a cabo todo lo que te propongas.

Sin más dilación, voy al grano. Verás, mi hija, al parecer ha estado hojeando y ojeando a escondidas algunos de los libros que tengo en mi despacho de trabajo. Lo sé porque en uno de sus cajones he podido hallar un cuaderno con anotaciones sobre evolución estelar, ya sabes, los distintos procesos por los que va atravesando la vida de una estrella. Pues bien, me puse a revisar esas notas y enseguida me di cuenta que procedían del libro titulado *Death from the skies*, de un tal Phil Plait. Los apuntes de Miranda eran sorprendentemente muy claros y la conclusión final me puso los pelos de punta. Apenas pude reprimir un grito, que sólo logré ahogar porque eran casi las tres de la madrugada. Para no extenderme en demasía, te resumiré lo que en aquellas páginas rosadas decoradas con pegatinas de Hannah Montana, Patito feo y Demi Lovato pude encontrar.

Supongo que, como último hijo de Krypton y miembro de una sociedad tecnológicamente mucho más avanzada que la nuestra, conocerás en profundidad el tema que me ocupa: la evolución estelar. Sabrás de sobra que una estrella como nuestro Sol amarillo, fuente de todos tus poderes, es un astro de lo más corriente en el universo. En ella, un gas en estado de plasma, es decir, un batiburrillo de núcleos atómicos, por un lado, y despojados de sus electrones, por otro, tienen lugar procesos de fusión nuclear, en los que el hidrógeno, que constituye prácticamente la mayor parte de la masa de la estrella, da lugar a núcleos de helio. Más rigurosamente, unos 700 millones de toneladas del primero se convierten en 695 millones de toneladas del segundo en cada segundo de tiempo terrestre. La diferencia entre estas dos cantidades tan enormes se transforma en pura energía, luz y calor. La enorme presión y la elevadísima temperatura tienden a hacer que la estrella se expanda hacia afuera a partir de su centro y, por tanto, eviten que la enorme bola de plasma colapse hacia el interior por efecto de su propia gravedad. El tiempo que vive una estrella se mide por la cantidad de masa inicial en el momento de nacer. Las estrellas pequeñas queman su combustible de hidrógeno mucho más despacio que las estrellas más grandes y masivas. Una estrella que pesara únicamente el doble que el Sol fundiría su hidrógeno a un ritmo 10 veces superior, mientras que otra estrella 20 veces más pesada que la nuestra, incrementaría su velocidad de consumo en un factor de casi 36.000.

A medida que el hidrógeno se va fusionando en helio, éste, que es más pesado que el primero (dos protones y dos neutrones en el núcleo de helio por un protón únicamente del hidrógeno) se tiende a acumular en la región central de la estrella. Así, la gravedad en esta zona comienza a incrementarse y pueden darse las condiciones necesarias para que se inicie la fusión del helio. Si esto no sucediese, la estrella colapsaría al no poder soportar su propio peso. La fusión del helio es aún más energética y poderosa que la del hidrógeno, lo cual hace que la estrella aumente extraordinariamente de tamaño, dando lugar a lo que se conoce como fase de gigante roja. Aún podrían, después, seguir dándose procesos de fusión y sintetizándose elementos cada vez más pesados como el carbono, el oxígeno, el neón, el silicio hasta llegar, finalmente, al hierro. Pero no todas las estrellas pueden llevar a cabo estas hazañas. Están limitadas por su masa. A menor masa, más cortita se queda en la cadena de fabricación de núcleos pesados. Nuestro Sol, por ejemplo, nunca podrá llegar a fusionar el carbono y, por tanto, se quedará en la fase de fusión del helio. Solamente las estrellas más masivas pueden llegar hasta el final de la cadena, pero en ningún caso más allá del núcleo de hierro. No es que este núcleo no pueda fusionarse, sino que para hacerlo se precisa aportar energía adicional muy elevada a la estrella. ¿Cómo es que existen entonces núcleos más allá del hierro en la Tabla Periódica? Muy sencillo, se producen en explosiones de supernovas, la fase más violenta en la vida de una estrella. Claro que no todas las estrellas acaban como supernovas, únicamente aquellas cuya masa inicial es lo suficientemente grande.

El Sol tiene una masa muy modesta y su estado final recibe el nombre de enana blanca. Pero antes de eso, ha pasado por la fase de gigante roja. Como su tamaño ha aumentado tanto, la gravedad en su superficie se ve enormemente disminuida. Esto provoca que la energía que procede del núcleo de la estrella sea absorbida por el gas de las capas externas, mayormente hidrógeno sin fusionar. Con este empujón energético y la débil gravedad, el gas escapa al espacio en forma de "viento estelar". En tan sólo unos pocos miles de años, las capas externas de la estrella pueden llegar a emitirse completamente, lo que supone hasta una merma del 50% en la masa inicial de la estrella. Lo que queda después de esto es un núcleo estelar con la mitad de la masa original, expuesto al vacío, y que constituye la enana blanca propiamente dicha. El material del que está hecha esta pequeña estrella enormemente brillante (de ahí que se le ponga el adjetivo "blanca") es una especie de materia extraordinariamente densa (varias toneladas por centímetro cúbico) en la que abundan los electrones de los que han sido despojados los átomos a causa de las inimaginables condiciones de presión y temperatura. El campo gravitatorio generado en la superficie de una enana blanca es inmenso, debido a que está producido por una masa del orden de la mitad de la del Sol, pero confinada en una esfera de un tamaño considerablemente menor. Los electrones que pululan por la enana blanca se encuentran en un estado que los físicos terrícolas llamamos "degenerado". Esta extraña propiedad tiene que ver con el carácter cuántico de la materia a estos niveles de condiciones extremas. La degeneración es algo similar a la repulsión eléctrica entre cargas del mismo signo. Lo que sucede es que la degeneración es independiente de la carga, es decir, que partículas sin carga eléctrica, como los neutrones, también la pueden experimentar. Lo único importante en todo esto es que la degeneración es el proceso que impide el colapso de lo que queda de la estrella original, pues actúa como una fuerza repulsiva entre todos los electrones empaquetados de forma tan compacta que consigue contrarrestar el inmenso campo gravitatorio que intenta en todo momento hacer que la estrella se venga abajo.

Doy por supuesto, querido Kal-El, que igualmente posees conocimientos sobre el proceso de formación de las aún más desconcertantes y misteriosas estrellas de neutrones o de las estrellas de quarks, que tienen lugar cuando la masa de la estrella original es aún mayor que en el caso expuesto en los párrafos previos. Si la masa de la estrella supera un cierto límite no muy bien establecido, ni siquiera la degeneración de los electrones será suficiente para soportar el colapso inminente. En esta situación, los electrones se aplastarán literalmente contra los protones que aún deambulan por la superficie de la estrella y se convertirán en los temibles neutrones. Se forma, así, un material denominado "neutronio", muchísimo más denso que el material del que están constituidas las enanas blancas. Por cierto, que me quedé de piedra cuando descubrí en las notas de Miranda que estos datos los había extraído del libro de David y Richard Garfinkle titulado *El Universo en tres pasos*. Sin duda, un texto que me parece extraordinariamente duro para una niña de tan sólo 8 años, incluso a pesar de sus enormes calidad y claridad divulgativas.

Y bien, Supermán, ahora es cuando viene lo peor. Yo había notado que la noche anterior a la conversación sigilosa a la que tuve ocasión de asistir a hurtadillas entre Miranda y su madre, la chiquilla se había mostrado sobresaltada, inquieta, hablando en voz alta entre sueños. Decía cosas ininteligibles, pronunciaba palabras sueltas entre jadeo y jadeo. De entre toda la confusión pude rescatar expresiones como "llave", "Lois", "la chica, la llave", "no puede cogerla", "Supermán puede", "estrella densa" y poco más. Me quedé perplejo, pero al día siguiente, tras escuchar la conversación y ver el cuaderno de Miranda, se me iluminó la bombilla y caí en la cuenta de que todo aquello estaba relacionado con un cómic tuyo, Supermán, que habíamos leído tiempo atrás. Me puse, pues, a repasar y repasar las páginas hasta que me topé con una viñeta en la que tratabas de explicarle a tu amada Lois Lane tus planes ocultos nada más y nada menos que llevándotela hasta la mismísima Fortaleza de la Soledad, tu refugio kryptoniano en la Tierra. En dicha viñeta se puede ver a Lois cómo intenta inútilmente levantar la llave que permite abrir la puerta que da acceso a la Fortaleza. Evidentemente, la señorita Lane no es en absoluto consciente de que la llave está hecha de material extraído de una estrella superdensa y que solamente hay un ser sobre la faz de la Tierra capaz de semejante hazaña. Ese ser eres tú, Supermán. Por cierto, te felicito por idear un sistema de seguridad anti-cacos tan sencillo y, a la vez, tan eficaz.

Coincidirás conmigo, mi admirado amigo, que lo de "estrella superdensa" es una expresión un tanto ambigua desde el riguroso y estricto punto de vista de la física que acabo de resumirte y exponerte un poco más arriba. ¿De qué se trata, de una enana blanca, de una estrella de neutrones rebosante de neutronio, o quizá de una estrella de quarks medianamente estable y que aún les es desconocida a los astrofísicos terrícolas? Sea como fuere y poniéndonos en el caso más optimista, que

Luthor (Kevin Spacey) con la Kryptonita.

no es otro que el primero de los tres anteriores, pues la enana blanca es la menos densa de todas, el cuaderno de Miranda termina con una hoja en la que se aprecian unas rayas gruesas, desordenadas al azar, tachones varios y una especie de caricatura tuya atravesada por agujeritos que parecen haber sido hechos con la punta del lápiz. Al final de la página, en letras grandes y furiosas, con mayúsculas, que es como escribe Miranda siempre que se enfada y se frustra se puede leer: IMPOSIBLE, SUPERMÁN NO PUEDE LEVANTAR TAMPOCO SU LLAVE.

Te imaginarás mi preocupación, pues la falta de ilusión de un hijo y su pérdida de la inocencia son de las cosas más duras que debe afrontar un padre. Así que esta mañana, tempranito, me he levantado y he acudido al cuarto de Miranda. Le he contado todo esto que te acabo de relatar a ti también. Le he preguntado cuál era el significado de las últimas palabras que había anotado en su cuaderno de Hannah Montana, Patito feo y Demi Lovato. Entre lágrimas me confesó lo siguiente:

Papá, Supermán no puede levantar la llave que abre la Fortaleza de la Soledad porque el material del que están hechas las estrellas superdensas no sirve para fabricar ningún objeto, y menos una llave. Ese material es tan denso porque solamente puede formarse en un sitio donde haya un campo gravitatorio descomunalmente muy intensísimo (*perdonad las expresiones de Miranda, no siempre gramatical u ortográficamente correctas*). El material de las estrellas superdensas está "degenerando" (sic) y eso quiere decir que tira para fuera. Si se mantiene unido es porque la gravedad tira de él igual de fuerte para dentro. Pero al sacar esa materia fuera de la estrella y fabricar una llave para usarla en la Tierra, como la Tierra tiene una gravedad muy pequeñita comparada con la estrella superdensa, entonces la llave debería desintegrarse, porque la degeneración vencería. ¿Verdad, papá? ¿Verdad que sí?

En este punto, el llanto de Miranda ya era inconsolable. Como era la hora del colegio, la consolé prometiéndole que si dejaba de llorar la dejaría ver la tele cuando volviese. Pareció calmarse, pero enseguida le sobrevino otro arrebato repentino. Cuando bajaba por las escaleras con su madre, pude oírla llorar de nuevo, mientras le decía algo así:

Y encima a papá no... (snif) no le co... conté (snif) que si en vez de... de (snif) ser una enana blanca era una estre... estre... (snif) estrella de neutrones, el neutronio ese o como se diga, al sacarlo de allí, se desintegraría en menos de un cuarto de hora y saldrían disparados protones,... y electrones y, y, y antineutrinos... ¡¡¡Buaaaaa!!!

He tenido que ponerme a redactar esta carta para ti, Supermán, porque mi desesperación va en aumento mientras cuento las horas para que Miranda regrese del colegio y era la única manera que se me ocurría para distraer mi mente obsesa con estas tristes circunstancias que aquí te relato con profunda pesadumbre.

Ayúdame, Súper...

Capítulo 2

En todas las farmacias me decían: ¡Vete, no hay supositorios para semejante ojete!

Siempre se ha de cazar la pieza con una sola bala.
Hacerlo con dos es una chapuza.

El cazador

Clark Kent visita en prisión a Lex Luthor con la intención de hacerle una entrevista para su periódico, el *Daily Planet*. Pero, una vez allí, se encuentra con que los planes del supervillano no son otros que fugarse y urdir un diabólico plan para acabar de una vez por todas con su archienemigo: Supermán.

La prisión está llena de tipos de mala calaña. Entre ellos, uno muy especial, está causando una auténtica masacre, arrasando con todo y con todos los que se encuentra a su paso y que intentan oponerse a su avance. Se trata de "El Parásito", un ser capaz de absorber energía, junto con los superpoderes y la inteligencia de todo aquel al que consiga tocar.

En un momento dado, Lex Luthor comienza a dispararle con un arma de fuego. Inmediatamente, Cark Kent se da cuenta de que algo extraño sucede:

— ¡Las balas no le detienen! ¡Está convirtiendo la energía cinética en más masa!

— ¡Tienes razón! —contesta Luthor.

A pesar de este serio contratiempo, la lluvia de proyectiles continúa sin cesar. Hasta que, al cabo de un rato:

— ¡Se le está atragantando la energía! [...]

— ¡Mis balas han debido de inclinar la balanza! Se ha vuelto demasiado masivo para soportar su propio peso.

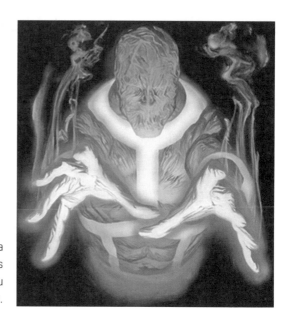

El Parásito absorbe la energía cinética de las balas que caen sobre su púrpura corpachón.

Bien, ¿qué tenemos aquí? Nada más y nada menos que una nueva aventura de superhéroes y supervillanos de cómic dispuestos a desafiar las leyes de la física. En esta ocasión, la cosa empieza bien, pero acaba lamentablemente mal. Veámoslo.

Nuestro horripilante bicho, el Parásito, con aspecto de babosa cabezuda y dentado cual lamprea, no tiene en qué mejor emplear su tiempo que en absorber la energía cinética de las balas que caen sobre su púrpura corpachón. Muchos de vosotros sabéis que la energía cinética es aquella que poseen los cuerpos en razón de su velocidad. En física, se puede calcular multiplicando la mitad de la masa del cuerpo por el cuadrado de su velocidad. Pues bien, si les damos a las balas que salen del arma de Lex Luthor unos valores más que generosos y razonables tanto para sus masas como sus velocidades de, digamos, 40 gramos y 3600 km/h, respectivamente, enseguida se aprecia que cada proyectil posee una energía cinética de 20.000 joules. Esto puede parecer una cantidad enorme de energía y ciertamente lo es, sobre todo si te impacta en la cara, en un pie o en cualquier otra parte más sensible y delicada de tu delicada anatomía. Sin embargo, al Parásito le mola mazo. Es más, al parecer, cuanta más energía cinética mejor, pues esto le ayuda a transformarla en masa de su propio cuerpo y ser más grande y meterte más miedo por la cabeza.

Ahora bien, ¿resulta plausible convertir energía en masa? Pues no me queda más remedio que admitirlo. Sí, se puede. De hecho, fue Albert Einstein quien estableció de forma cuantitativa la equivalencia entre masa y energía, a través de su celebérrima ecuación $E = mc^2$. Esta expresión afirma (y su validez ha sido contrastada en infinidad de ocasiones, algunas de ellas de infausto recuerdo) que la materia y la energía son, en realidad, la misma cosa bajo distintas apariencias. Pequeñísimas cantidades de materia pueden dar lugar a enormes cantidades de energía, y todo por culpa del valor de la velocidad de la luz (la c en la ecuación anterior, que además está elevada al cuadrado). La conversión de masa en energía la vemos a diario en las centrales nucleares, donde el combustible sirve para abastecer parcialmente de energía eléctrica los hogares. En las detonaciones de explosivos nucleares tiene lugar idéntico proceso, con la salvedad de que la liberación de energía no se encuentra controlada, como sucede en los reactores nucleares. En cambio, el proceso inverso, esto es, la conversión de energía en masa, suele ser bastante más difícil de conseguir. ¿Dónde podemos presenciar esta transformación? Pues suele ocurrir con frecuencia en los grandes aceleradores de partículas, donde haces constituidos por éstas últimas se hacen colisionar a enormes velocidades, produciendo la generación de otras nuevas partículas a expensas de la energía cinética que llevaban inicialmente las primeras. Os preguntaréis, entonces, dónde está la pega con nuestros protagonistas: el Parásito y Lex Luthor. Dejadme que os lo explique porque es muy sencillo.

Cualquiera que pretenda cambiar en la "boutique" de la energía, energía cinética por masa, no se va a encontrar con rebajas precisamente. Le va a costar siempre lo mismo, es decir, un precio dado irremediablemente por la ecuación de Einstein. Así, sustituyendo en el valor de E la cantidad de 20.000 joules que tenía cada bala de las que disparaba el arma de Luthor y despejando el valor de m, se tiene que éste es aproximadamente 0,22 billonésimas de kilogramo (los físicos llamamos a las billonésimas de kilogramo con el simpático nombre de nanogramos). ¿Qué significa esto? Vosotros mismos podéis averiguarlo fácilmente. Significa que para que la masa del Parásito aumente en tan sólo un miserable gramo tienen que caer sobre su cuerpo nada menos que 4.500 millones de balas. ¿En qué cartuchera lleva Lex Luthor semejante cantidad de proyectiles? Es más, ¿cómo soporta el peso de los mismos, si éste alcanza las 180.000 toneladas? (recordad que cada bala pesaba 40 gramos).

Y para colmo, el muy chulo va y dice al cabo de un rato que sus balas están inclinando la balanza, que el Parásito ha chupado tantas que su peso es superior al que puede soportar. Amigo Luthor, esta vez te has "pasado unos cuantos pueblos".

Centrémonos en la última afirmación del "genio más brillante de todos los tiempos". Un ser vivo, un animal o una persona no puede crecer hasta un tamaño arbitrario porque entonces no podría soportar su propio peso. Pues bien, si le otorgamos al Parásito un valor más que optimista de 3 para su fuerza relativa cuando posee su tamaño normal, es decir, la fuerza que es capaz de soportar su estructura corporal es el triple de su peso, entonces Luthor podría tener razón siempre y cuando el volumen del abominable ser absorbe-energía-cinética aumentase en un factor 27 o, lo que es lo mismo, su masa se hiciese también 27 veces mayor. Asumiendo una masa de 100 kg para el Parásito cuando aún no ha ingerido supositorio de plomo alguno, necesitará meterse por el ojete nada menos que 11.700 billones de balas…

Lex Luthor tal como aparece en el número 544 de la serie ilustrada *Action Comics*.

Capítulo 3

Dadme una pala y cambiaré el mundo

El que es firme moldeará el mundo a su medida.

Johann Wolfgang von Goethe

Un experimento científico fallido con un rayo duplicador al que se ve expuesto inesperadamente Supermán crea un extraño duplicado imperfecto del superhéroe. Conocido a partir de entonces por el nombre de Bizarro (probablemente del francés "bizarre", que significa extraño), con el tiempo, la enemistad entre los dos es patente, aunque lo único que tienen en común es un "especial" interés por Lois Lane, la intrépida reportera del *Daily Planet*, donde también trabaja Clark Kent, el tímido y apocado *alter ego* de Supermán.

Con una historia plagada de evidentes guiños a la inmortal obra de Mary Shelley, *Frankenstein*, una criatura deforme, a su imagen y semejanza, es creada a partir de la auténtica Lois para que sea la inseparable compañera de Bizarro. Así, juntos, huyen de la Tierra, instalándose en un remoto planeta conocido como Mundo Bizarro. Pero, al cabo de los años, la soledad y el aburrimiento hacen mella en la ociosa Lois Lane Bizarra, quien solicita a su compañero la creación de amigos de su misma especie.

Haciendo uso, una vez más, del terrible rayo duplicador, la extraña réplica del Hombre de Acero, comienza a generar copias de la propia Lois. Y, claro, como no podía ser de otra forma, tenían que aparecer los celos. Todas ellas querían para uso y disfrute exclusivo, personal e intransferible al musculoso y tontuelo Bizarro. ¿La solución? Crear muchos. Así, cada una tendría el suyo. Enseguida, Mundo Bizarro quedó poblado de docenas y docenas de Supermanes Bizarros y Loises Bizarras.

Durante una de sus intrépidas misiones, el auténtico Supermán se topa casualmente con el extraño planeta y decide echar un vistazo. Allí todo parece funcionar al revés que en la Tierra, incluso el nombre de este mundo es Htrae (Earth, al revés). Cuando Supermán intenta, con toda su buena intención, arreglar algunas cosas, devolviéndolas a su orden normal, es detenido inmediatamente. Acusado de violar el "Código Bizarro" que establece, entre otras cosas, que hay que hacer todo lo contrario de lo que se considera normal en la Tierra, que hay que odiar la belleza, que hay que amar la fealdad y que constituye un gran crimen realizar cualquier cosa perfecta en Mundo Bizarro, nuestro superhéroe es encarcelado.

En prisión, la Lois Lane Bizarra original le visita en su celda y le plantea un pacto: ella convencerá al jurado para que sea absuelto si accede a casarse con ella. Supermán rehúsa (¿qué otra cosa puede hacer, si la tía es más fea que pegar a un padre con una vara de avellano mientras duerme la siesta en el sofá de casa?). La Bizarra clama venganza y, al día siguiente, en el transcurso del juicio, Supermán es encontrado culpable de toda una serie de "perfectas" acciones: construir casas que no se caigan, hablar en correcto inglés e intentar pagar una factura de restaurante con perfecto carbono cristalizado, es decir, diamante puro. Prisionero de unas esposas recubiertas de una fina capa de kriptonita, es condenado a ser expuesto a un rayo que le convertirá en un Bizarro más.

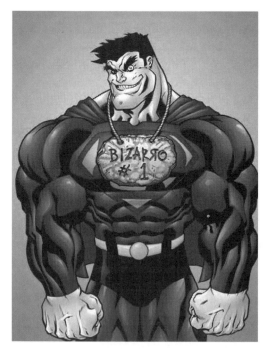

Un experimento científico fallido con un rayo duplicador al que se ve expuesto inesperadamente Supermán crea un extraño duplicado imperfecto del superhéroe: Supermán Bizarro.

A punto de cumplirse la sentencia, Supermán convence a sus carceleros de que puede demostrarles que en su Mundo Bizarro existe, en efecto, algo repulsivamente perfecto que ellos desconocen, algo que se sale de sus rígidas reglas de imperfección. Decididos a escucharle, le conceden el deseo de construir un satélite artificial dotado de sistema de televisión que es puesto en órbita alrededor de su mundo. La vista ofrecida por éste desde el espacio exterior es la de un planeta perfectamente esférico. Absuelto de forma inmediata (¿no resulta contradictoriamente perfecto este proceder?), y en agradecimiento hacia los Bizarros, Supermán procede a realizar una última buena acción. Construye una pala gigante con la que moldea el redondo planeta hasta darle la forma de un inmenso cubo, una figura alejada de la belleza perfecta de la esfera. ¿Cómorrr? ¿Un objeto astronómico cúbico? ¿Es eso posible?

Me detendré en esta cuestión por un momento. Veréis, si tan sólo hacéis una búsqueda por Internet a una pregunta tan inocente como puede ser "por qué los planetas son redondos" os encontraréis con multitud de páginas, pero lamentablemente la abrumadora mayoría de las respuestas serán desesperadamente insatisfactorias, a menos que os conforméis con migajas de pan duro. Dejadme que os muestre unos pocos ejemplos. Así, en *Saber Curioso* dan esta explicación:

Todos los planetas son esféricos debido a sus campos gravitatorios.

Cuando se formaron los planetas, la gravedad juntó billones de piezas de gas y polvo en masas que colisionaron y se calentaron y se sintieron empujadas hacia el centro de gravedad del conjunto.

Los planetas, una vez fríos, siguen comportándose como un fluido a lo largo de extensos periodos de tiempo, sucumbiendo al empuje gravitatorio de su centro de gravedad. El único modo de que toda la masa permanezca lo más cerca posible del centro de gravedad consiste en formar una esfera. El proceso recibe el nombre de *ajuste isostático*.

Y, por cierto, es exactamente la misma que aparece en multitud de sitios más.

En otros lugares, incluso del prestigio de *Muy Interesante* dan esta otra versión:

La forma esférica de los grandes cuerpos celestes se debe a la **gravedad**. Cualquier objeto crea a su alrededor un campo gravitatorio que actúa como si toda la masa del cuerpo se concentrase en el centro y atrajese la materia hacia sí. Durante el largo periodo de formación de un planeta, la materia fluye, sometida al calor de sus reacciones nucleares internas, y sucumbe a la fuerte atracción de su centro gravitatorio. La **distribución esférica**, que es simétrica en todas las direcciones, es la única forma geométrica que hace que **toda la materia del planeta se sitúe lo más cerca posible de su centro.**

Y la cosa aún empeora bastante más si la búsqueda se dirige hacia los foros, donde os podéis topar con toda clase de horrores sobrenaturales y engendros temibles. Así, pues, me vais a permitir que sea yo personalmente el que intente poner algo de luz en esta desoladora oscuridad.

Como se comprueba fácilmente, casi todas las respuestas típicas a la pregunta acerca de la forma geométrica de los planetas tienen que ver con la mutua atracción gravitatoria entre sus constituyentes. Las moléculas se ven así empujadas a ocupar posiciones lo más próximas entre sí y parece ser que esto sucede cuando el cuerpo adopta la forma esférica. Lo cierto es que el argumento anterior funciona bastante bien cuando la naturaleza física del planeta o cuerpo en cuestión es fluida, como son los casos de las estrellas o los planetas gaseosos como Júpiter, por ejemplo. Pero ¿qué sucede cuando el objeto es sólido? ¿Acaso no hemos visto todos rocas que no son redondas, sino que, por el contrario, presentan todo tipo de formas irregulares? ¿Y no es el caso también de otros cuerpos del Sistema Solar, como algunos asteroides o las dos pequeñas lunas de Marte: Fobos y Deimos?

Efectivamente, existe una atracción gravitatoria entre todas las moléculas de un cuerpo cualquiera, pero lo que diferencia a los de pequeño tamaño con respecto a los demás es que esa misma fuerza gravitatoria nunca supera a la de los enlaces que mantienen a las moléculas en sus posiciones relativas. Tan sólo cuando el tamaño del cuerpo es suficientemente grande, su propio campo gravitatorio gana la batalla, venciendo a las fuerzas de enlace y forzando a aquél a deformarse hasta adquirir un aspecto redondeado.

Pero entremos en harina y dejemos todas las explicaciones expuestas en los párrafos anteriores a la altura del betún. Seguro que muchos de vosotros habéis visto en más de una ocasión una pastilla de mantequilla, de ésas que tienen forma de pastilla de mantequilla, más o menos como todas las pastillas de mantequilla conocidas. Suponed que la

Supermán demuestra a los Bizarros que hay algo perfecto en su mundo:
su forma esférica. Para "solucionarlo" construye una pala gigante con la que moldea
el redondo planeta hasta darle la forma de un inmenso cubo, una figura alejada
de la belleza perfecta de la esfera.

cortáis de tal manera que se reduzca a un cubo de 1 cm de arista. Al apoyarla sobre la palma de vuestra mano, su base soportará una presión de casi un gramo por centímetro cuadrado (suponiendo que la densidad de la mantequilla es igual a la del agua) debido a su propio peso. Si cortáis otra porción de la pastilla original, ahora de 2 cm de arista, y volvéis a calcular la presión bajo ella obtendréis el doble del valor anterior, es decir, unos 2 gramos por centímetro cuadrado. Conclusión: la presión varía de forma lineal con la longitud de la arista del cubo. A doble longitud, doble presión. No cuesta un esfuerzo descomunal predecir que se alcanzará un tamaño crítico de la mantequilla incapaz de resistir su propio peso, haciéndola desparramarse, de forma semejante a lo que le sucedía al Parásito del capítulo anterior. Si en el supermercado no se encuentra disponible una pastilla de las dimensiones adecuadas (en el caso del azúcar común se precisaría un terrón de 96 kilómetros de altura), se puede proceder a forzar la situación, pues basta con sujetar en la palma de la mano la deliciosa sustancia y cerrar el puño repentinamente con fuerza. La presión habrá aumentado igualmente y por entre vuestros dedos se escurrirán las moléculas con poco aguante.

El fenómeno físico que tiene lugar cuando el tamaño de los objetos va aumentando está relacionado con la rigidez de los enlaces entre las moléculas que constituyen dichos objetos. La estructura interna se desmorona, colapsa y cuando se supera el denominado *límite elástico*, la sustancia comienza a fluir. La presión mínima a la que aparece la situación anterior recibe el nombre de *esfuerzo de compresión* y es característico de cada material particular. El valor numérico del esfuerzo de compresión impone un límite superior a la altura que puede alcanzar una montaña hecha de una sustancia concreta.

Para entender de forma sencilla las afirmaciones anteriores, basta con llevar a cabo unos cuantos cálculos elementales, que paso a describiros a continuación. En primer lugar es preciso asumir una forma geométrica determinada para la montaña. Elegiré una pirámide de base rectangular. Una vez hecha la elección, procedo a determinar la presión que soporta su base, sin más que dividir el peso total por el área de su superficie. El resultado me dice que dicha presión aumenta proporcionalmente con la densidad de la materia constituyente de la montaña, su altura y, por supuesto, la intensidad del campo gravitatorio.

Llegados a este punto, es preciso hacer una salvedad. Efectivamente, en estudios llevados a cabo utilizando pilas de arena, se ha comprobado que, debido a que la presión que soporta la base no es uniforme (es mayor en el centro que a los lados), resulta conveniente introducir un factor 2 en la expresión resultante de dicha presión. Igualando ésta con el valor del esfuerzo de compresión se obtiene la altura máxima de la montaña. Y de aquí se deduce que en los diferentes planetas, lunas o asteroides, el tamaño máximo de sus accidentes geográficos será distinto. Donde la gravedad sea débil, las montañas alcanzarán una mayor elevación que en los astros con poderosos campos gravitatorios. Y aquí sí que resulta enormemente instructivo comparar cifras. Veréis, si tenemos en cuenta los valores relativos de las fuerzas gravitatorias en la superficie de Marte y la Tierra, esa misma relación será la que se cumpla para las alturas máximas respectivas de las montañas en dichos planetas. Así, en el primero deberán ser 2,64 veces más altas. ¿Cuál es la altura del monte más alto en Marte, el célebre Olympus Mons? Unos 26 km, ¿verdad? ¿Y cuál es la altura de nuestro querido Everest? Unos 9 km, ¿cierto? Pues 26/9 es 2,88. Se parece bastante a 2,64 ¿no os parece?

A propósito, puede que os hayáis planteado alguna vez la siguiente pregunta: ¿cómo es que aquí en la Tierra hablamos de la altitud geográfica siempre en referencia al "nivel del mar" y, en cambio, estamos estableciendo una comparación con la altitud de accidentes geográficos en un planeta, como Marte, que no dispone de mares ni océanos líquidos, respecto a los cuales medir? ¿Cómo se establece la referencia en estos lugares? Pues que sepáis que, por ejemplo, la sonda Mariner 9, en órbita marciana desde finales de 1971, utilizó nada menos que el *punto triple* del agua (las condiciones muy precisas de presión y temperatura a las cuales coexisten las tres fases del agua: sólida, líquida y gaseosa).

Otras técnicas distintas tienen en cuenta el nivel medio de las llanuras sobre las que se asientan los distintos accidentes geográficos y pueden utilizar métodos basados en altimetría mediante radiación láser u otros relacionados con la gravimetría. Si la Tierra no tuviera océanos, el Monte Everest no sería el más alto del planeta y su privilegiado puesto lo ocuparía el Mauna Kea, en el archipiélago de Hawaii, elevándose desde el lecho oceánico por encima de los 10.000 metros.

Ahora bien, para ir concluyendo, necesitamos definir más precisamente lo que entendemos cuando decimos que el aspecto de un planeta es "redondo". Estaréis bastante de acuerdo conmigo en que una montaña de 10 km de altura asentada en la superficie de un planeta como la Tierra, con más de 12.000 km de diámetro, tan sólo constituye un pequeño "grano en el pompis". De ahí que el cutis de nuestro culito-mundo presente ese aspecto suave, terso y delicado, sin abultamientos ni deformaciones que lo hagan parecer no esférico, al menos si lo observamos desde la suficiente distancia. Lo mismo le sucede a Marte o a cualquier otro planeta de nuestro Sistema Solar, cuyos accidentes geográficos son siempre mucho más pequeños que las dimensiones de sus respectivos mundos. Así pues, elegiremos un criterio matemático para la "redondez" tan razonable como el siguiente: la altura de cualquier abultamiento sobre la superficie del planeta no excederá el diez por ciento del valor de su diámetro.

Para visualizar la definición anterior, probad a dibujar círculos de tamaños arbitrarios y, a continuación, proceded a pintarles bultos también de distintos tamaños, tanto por encima como por debajo del diez por ciento establecido. Observad la impresión de "redondez" que proporcionan y elegid vosotros vuestro propio criterio, si lo consideráis oportuno. El caso es que optéis por el que optéis, el siguiente paso consiste en expresar la ecuación obtenida unos párrafos más arriba para la altura máxima de una montaña en función del radio del planeta, sin más que suponer que la densidad de éste es la misma que la de aquélla. Se llega así a una expresión que proporciona el radio mínimo del cuerpo para que sea aceptado como "redondo". Por poner un ejemplo numérico, para un material de carácter volcánico, este radio mínimo resulta ser de unos 770 km, un valor del todo comparable al que pueden presentar los asteroides de mayor tamaño de nuestro Sistema Solar. Todo cuerpo cuyo tamaño supere al anterior sucumbirá, tarde o temprano, a su propio campo gravitatorio, adoptando una forma aproximadamente esférica, en absoluto cúbica, como el Mundo Bizarro, donde sus hipotéticos habitantes deberían afrontar, además, otras enormes dificultades de carácter atmosférico o gravitatorio. Pero esa es otra historia...

Capítulo 4

Lo que el aliento se llevó

Las pasiones son como los vientos, que resultan necesarios para dar movimiento a todo, aunque a menudo constituyan causa de huracanes.

Bernard le Bovier Fontenelle

El tímido y apocado Clark Kent viaja al pueblo de sus padres adoptivos terrícolas, Smalville, con el nostálgico y ñoño propósito de asistir a la celebración de una reunión de antiguos alumnos de instituto. En compañía de Jimmy Olsen, el fotógrafo oficial del *Daily Planet*, nuestro desinteresado y altruista benefactor del planeta Krypton, viaja a bordo de un autobús cuando, repentinamente, se encuentra con la carretera cortada a consecuencia de un incendio de proporciones épicas que está devorando con rapidez una planta química cercana y amenaza la seguridad de la comarca. Sin tiempo que perder, Clark aprovecha la ocasión para fardar un poco, ataviado con su vistoso pijama rojo y azul, y siempre presto a ayudar en lo posible y lo imposible. Mientras trata de rescatar a los incautos empleados de la planta, es advertido por uno de ellos acerca del peligro que se cierne sobre los alrededores debido al inevitable calentamiento de una sala abarrotada de frascos de ácido béltrico (¿algún químico en la sala que me diga qué demonios es esto?). Al parecer, el susodicho ácido béltrico es una sustancia inocua hasta que alcanza los 180 grados (¿Celsius o Fahrenheit?), momento en el cual se hace volátil y arrasa todo lo que encuentra a su paso. Me pregunto qué hace un científico de la planta química vigilando la temperatura del ácido. ¿Acaso tiene la esperanza de sobrevivir a 180 grados, aunque sean Fahrenheit (la correspondencia es de 180 ºF a 82 ºC). ¿Acaso éstos pican menos que los centígrados?

Para más inri, la bomba del agua en el camión de bomberos se queda sin presión. Uno de ellos advierte que la fuente más próxima es un lago que se encuentra a 8 km. ¿Para qué querrá agua si no funciona la bomba? Menos mal que Supermán pasaba por allí y en un momento de clímax superheroico pergeña la osada idea de volar raudo y veloz cual felino intrépido hasta el lago y congelar parte de su superficie ayudado por su hipersoplido huracanado, transportarlo en brazos y dejarlo caer desde las alturas para que, al fundirse, sofoque el incendio. Y aquí paz y después gloria a Dios en el cielo. Y digo yo: no es por poner en duda la labor de un superhéroe, pero si Súper puede congelar de un soplido la superficie de un enorme lago, ¿no podía haber apagado también así el incendio y dejarse de perder el tiempo? Al fin y al cabo, cuando celebramos un cumpleaños y ponemos velitas en la tarta de fresa, las apagamos de un soplido. ¿Por qué no utilizar un supersoplido para apagar unas supervelas en forma de incendio? No es por ponerme quisquilloso, pero también podría el Hombre de Acero haber hecho él mismo de bomba para el agua y soplar por uno de los extremos de la manguera. Me imagino que los brillantes guionistas del film al que pertenecen estas aventuras que os estoy contando, *Supermán III* (*Superman III*, 1983), habrán pensado en pegas de este tipo y otras muchas, que para eso cobran lo que cobran. Al final se habrán decantado por hacer más espectacular y heroica la escena y se habrán decidido por la congelación del agua y mostrar a Súper agarrado a una especie de ostia sagrada hecha de poco pan y mucho hielo. En fin, doctores tiene la Santa Madre Iglesia.

¡Por allí resopla!

Bien, veamos. Una escena como la anterior tiene tanta física involucrada que casi no sé por dónde comenzar. Está el asunto de enfriar un líquido soplándolo, de forma análoga a como hacemos con un café, un plato de sopa, puré o similar cuando están demasiado calientes para nuestro gaznate; también me preocupa el tema del agua en sí misma por una propiedad física que posee este líquido mágico tan importante para la vida y que os contaré más adelante; otra cosa tiene que ver con la forma en que opera un extintor de incendios o por qué se apaga una llama al echarle agua o soplar sobre ella. Casi que me voy a decidir por esto último. A ver si lo consigo dejar claro.

Una llama se genera cuando una sustancia alcanza cierta temperatura, más o menos elevada, y se combina con oxígeno. En ese momento se produce más calor, el cual contribuye a que se combine aún más la sustancia que arde y el propio oxígeno. Si se agota cualquiera de estas dos cosas, el fuego desaparece como por arte de magia. Así, si disponemos de una vela encendida y soplamos sobre ella, lo que estamos haciendo es, por una parte, reducir la temperatura y, por otra, disminuir la cantidad de oxígeno disponible para la combustión, ya que en nuestro soplido sale despedido aire pobre en oxígeno y, en cambio, rico en dióxido de carbono, que es un gas incombustible. Por esta razón, resulta bastante más difícil apagar la vela con un abanico, o con un ventilador, pues éstos no producen gases incombustibles, ya que únicamente desplazan aire. El agua también puede usarse para extinguir un fuego debido a las mismas causas anteriores porque aún es mucho más eficaz que el aire robando calor y reduciendo la temperatura. De hecho, en muchas ocasiones, el agua se esparce desde las mangueras en forma de gotitas muy pequeñas y dispersas con el fin de favorecer la evaporación de la misma. Pero la evaporación del agua, para que tenga lugar, ha de conllevar una absorción muy importante de calor, del orden de unas 540 calorías por cada gramo. Es el mismo fenómeno que ocurre cuando sudamos. El sudor contiene un 99 por ciento de agua y, al evaporar-

En *Supermán III*, el superhéroe congela toda la masa de agua de un lago y la transporta por el aire para dejarla caer en forma de lluvia sobre un fuego que amenaza con destruir una planta química.

se desde la superficie de nuestra piel, se lleva consigo una cantidad muy grande de calor, dejándonos una sensación de frescor de lavanda y compresa perfumada que no veas. En cambio, los perros, los pobrecillos, no disponen de glándulas sudoríparas. Así, pues, no son capaces de sudar ni aunque estén estreñidos, los muy perros. Para solucionarlo y no recalentarse más que Brad Pitt cuando ve a su mujer, disfrazada de lasciva Lara Croft, lo que hacen es abrir la boca y dejar que se les evapore la saliva. Si queréis hacerle una buena perrería al cánido molestoso del vecino, tan sólo tenéis que cerrarle la boca y encintarla en el día más bochornoso del verano. Al cabo de un rato, explotará cual supernova y una lluvia de vísceras regará el jardín. Y el vecino, si no sabe aguantar una broma, pues que se marche del pueblo.

Todo lo anterior deja claro que nuestro amigo de la capa roja podría haber optado perfectamente por sofocar el incendio de la planta química haciendo uso exclusivamente de su gigapoderoso soplido, aunque un buen superpedete bien cargado de nitrógeno y no de metano, como comúnmente se cree (hay personas que no expulsan metano en absoluto por su tenebroso orificio anal) hubiera servido perfectamente bien a tal propósito. Pero démosle el beneficio de la duda a Supermán y dejémosle que emplee la técnica que considere más oportuna. Allá él con su decisión de congelar la superficie del lago. Ahora bien, no me negaréis que se necesita un poco de suerte para conseguir semejante logro, después de leer lo que os voy a contar a continuación.

Veréis, resulta que no todos los líquidos presentan las mismas propiedades físicas que el agua y me estoy refiriendo a una en particular. El caso es que cuando el agua se enfría por debajo de 4 grados centígrados, se dilata, es decir, aumenta de volumen. Idénticamente le sucede cuando su temperatura aumenta por encima de esos mismos 4 grados. Esto último es lo que les acontece a la gran mayoría de las sustancias, a saber, cuando se incrementa su temperatura se dilatan. Pero fijaos un poco más detenidamente en lo que tiene lugar al enfriar agua. Todos habéis experimentado en alguna ocasión que su estado pasa de líquido a sólido (hielo), pero si llenáis una botella de agua hasta el borde y la introducís en el congelador, estallará al cabo de unas horas debido al aumento de volumen del agua al cambiar de estado. Pero esto no es todo, porque como da la enorme casualidad que el hielo es menos denso que el agua líquida, flota en su superficie. La moraleja es que cuando un lago se enfría por debajo de los 4 grados centígrados, ya sea porque es invierno o porque un superhéroe fastidioso se dedica a soplarle en la oreja, lo que pasa es que el hielo asciende hasta la superficie en lugar de quedarse en el fondo. Al ascender, las capas inferiores, en estado líquido, quedan aisladas del frío exterior y pueden seguir albergando tanto la flora como la fauna del lugar. Si el agua no presentase tan fantástica y maravillosa propiedad, los lagos comenzarían a congelarse desde el fondo, acabando con toda la vida, tanto vegetal como animal. Y, por supuesto, Supermán debería de haber congelado toda el agua del lago o bien debería de sumergirse en pijama hasta el fondo a recoger la porción previamente congelada.

Sopla o revienta

De acuerdo. Voy a depositar toda mi confianza en nuestro amigo y vecino (¿o ese era otro?) y me voy a creer que su decisión de no apagar el incendio declarado en la planta química a base de soplidos, provocar una explosión o soltar un buen cuesco bien rebosante de gases incombustibles, ya sean procedentes de una fabada asturiana o de cualquier otra opípara comida, es la más adecuada. Ahora bien, ¿cuál puede ser la razón por la que decide enfriar por debajo del punto de fusión una gran porción de la superficie líquida de un lago cercano a base de zurrarle con la inestimable ayuda de su superaliento embriagador?

Evidentemente, nadie le puede negar que, aunque se trate de un ser procedente de otro mundo, haga uso de una técnica de lo más terrícola y humana como es la de enfriar un líquido a base de soplar por encima de su superficie. Para eso ha vivido entre nosotros todos estos años, alimentándose de las mismas materias primas, teniendo tiempo de sobra para aprender muchas de nuestras costumbres más cotidianas. Así pues, la pregunta formulada un poco más arriba puede sustituirse por una parecida, a saber, ¿por qué las personas soplamos un líquido en exceso caliente, como pueden ser una sopa o un café, antes de ingerirlo?

Antes de pasar a explicarlo, permitidme deciros, amables lectores, que el asunto no es en absoluto trivial e involucra una cantidad no despreciable de física nada elemental. Quiero dejar claro esto porque quizá alguno de vosotros encuentre a faltar algo de rigor en los detalles que expondré a continuación. Soy plenamente consciente de ello y debo advertir que se trata de algo totalmente premeditado que llevo a cabo en aras de una exposición sencilla y al alcance de todos. Si por casualidad alguien desease abordar la cuestión desde un punto de vista riguroso, mi consejo es que se arme de paciencia y acuda a los excelsos tratados de la gloriosa termodinámica, que para eso están abandonados por esos estantes polvorientos y húmedos de las bibliotecas universitarias.

Bien, ahora que me he disculpado y también, hasta cierto punto, escaqueado de los problemas peliagudos que pudiesen aparecer, voy a comenzar con el asunto que me ocupa, propiamente dicho. Una de las primeras cosas que aprende una persona, incluso a edad temprana, es que si introduce la sopa en la boca cuando está demasiado caliente, se quema, mientras que si previamente sopla sobre la cuchara, la cosa va mucho mejor. Parece mentira que un acto tan simple lleve detrás tanta física como para poder escribir un tratado monográfico sobre el tema. ¿Cómo es que la sopa se enfría al soplarla? Pues la razón descansa en un proceso físico denominado *convección*. La convección es una forma de transmisión o de transferencia del calor, es decir, es un procedimiento por el cual la energía térmica de un cuerpo puede viajar de un lugar a otro. Pero este trasvase, en concreto, ocurre de una forma muy particular, ya que no es la única manera en la que el calor se puede transmitir entre los cuerpos. Para que la convección tenga lugar es preciso que haya un desplazamiento físico de materia. Me explico. Supongo que muchos os habréis situado en más de una ocasión cerca de una estufa, un radiador o un horno. Y si habéis prestado atención, os habréis dado cuenta de que en la cara os golpea aire caliente. ¿De dónde surge? Pues se trata, ni más ni menos, que de aire caliente que asciende (por ser más ligero que el aire más frío; de ahí que los globos aerostáticos se calienten por medio de un quemador cuando quieren elevarse) al encontrarse en las proximidades de la estufa, el radiador o el horno. El aire caliente, al subir, deja sitio libre al aire más frío, el cual es calentado, vuelve a ascender y así sucesivamente hasta que lo que se consigue es caldear el ambiente. El calor ha viajado de un punto de la habitación a otro transportado por las masas de aire de su interior. Decimos que el calor se ha transmitido por convección. Otros medios de transmisión del calor son la *conducción* y la *radiación*. El primero tiene lugar de forma parecida a la convección, sólo que sin movimiento de materia. Experimentamos esta forma de transporte si tocamos con nuestras manos el radiador. Por último, la radiación consiste en la emisión de ondas electromagnéticas por parte de los cuerpos. A temperaturas no demasiado elevadas, un objeto suele emitir radiación en la zona espectral del infrarrojo y, por tanto, no lo percibimos con nuestros ojos. Pero si la temperatura empieza a aumentar, enseguida se consigue una emisión en el rango visible. Así, podéis ver de color rojo el "grill" del horno cuando estáis gratinando vuestra pizza favorita.

Pero volvamos a la convección, que es la que nos interesa en este momento. No solamente hacemos uso de la convección cuando soplamos nuestro café o sopa. También es la forma principal por la que la sangre transporta el calor por todo nuestro cuerpo, manteniendo así una temperatura uniforme, lo que no es moco de pavo precisamente.

Entender la convección o cualquiera de los otros dos procedimientos de transmisión del calor de forma cualitativa parece al alcance de cualquiera. Sin embargo, la cosa cambia drásticamente cuando se los intenta caracterizar de forma cuantitativa. De hecho, incluso a nivel de los primeros cursos universitarios el problema queda muchas veces sin afrontar. La conducción viene bastante bien descrita por ecuaciones matemáticas relativamente sencillas; la radiación obedece a la archifamosa *ley de Stefan-Boltzmann*. En cambio, la convección resulta mucho más endemoniada, existiendo tratados completos sobre la misma.

Una forma sencilla de comprender lo que sucede en la convección puede consistir en acudir a la llamada *teoría cinética*, es decir, al mode-

Con su soplo, el superhéroe de Kripton puede crear un flujo de viento helado que en pocos segundos deja cogelado cualquier objeto o ser.

lo microscópico de la materia. Efectivamente, si dejamos una taza de café hirviendo encima de la mesa, podemos ver el vapor de agua ascendiendo en el aire. Si esperamos un rato, comprobaremos que su temperatura ha descendido lo suficiente como para ser capaces de beberlo sin riesgo alguno para nuestra salud. ¿Qué ha pasado? Pues sencillamente que las partículas con más energía (y que según la teoría cinética, son las que se mueven a mayores velocidades) han escapado de la superficie del líquido y han pasado al aire que está justo encima de aquél, evaporándose y llevándose el calor excesivo de la taza mediante el proceso de convección. Como las moléculas que se han escapado eran las más veloces, las que quedan en el seno del café poseen, en promedio, menores velocidades y, por tanto, la temperatura ha tenido que descender. A este fenómeno se le suele denominar enfriamiento por evaporación natural y, análogamente, tiene lugar cuando los poros de nuestra piel producen el sudor, el cual, al evaporarse, se lleva una buena cantidad de calor, dejándonos fresquitos. En cambio, si nos encontramos con prisa y queremos ir al trabajo, a una cita con nuestro/a amante o a sofocar un incendio en una planta química cualquiera, podemos optar por forzar la evaporación y consecuentemente acortar el tiempo de enfriamiento de nuestro desayuno. ¿Qué hacemos? Pues nada más y nada menos que soplar. Al hacerlo, el aire que se encuentra encima del café se lleva consigo el calor de una forma mucho más eficiente ya que estamos removiendo las capas calientes continuamente, estableciendo una diferencia de temperaturas entre el café y el aire que lo que hace es favorecer la convección. Este proceso recibe el nombre de enfriamiento por evaporación (o convección) forzada y todos hemos hecho uso de él al abanicarnos en un día caluroso. Además, si os habéis fijado, cuando soplamos lo hacemos con los labios muy juntos; a nadie se le ocurre soplar con la boca en forma de O y también hay una explicación científica para ello. Se trata del *efecto Joule-Thomson*. Al cerrar la boca, lo que sucede es que el aire aumenta de velocidad debido al estrechamiento del orificio por el que sale despedido. En este caso la *ley de Bernoulli* afirma que el aire debe disminuir de presión. El efecto Joule-Thomson hace el resto, con lo que el aire, al expandirse, se enfría. Al lanzar esta corriente de aire más frío sobre el café, provocamos una diferencia de temperaturas entre ambos que, una vez más, favorece la evaporación y el consiguiente enfriamiento. Si exhalásemos el aire con la boca bien abierta notaríamos que el aire sale caliente ya que en lugar de disminuir su presión, ésta aumentaría.

Todo lo anterior está muy bien, pero lo que en realidad nos interesa es hasta qué punto resulta efectivo soplar sobre un líquido para enfriarlo. ¿Hasta qué valor se puede reducir la temperatura del café o la sopa? ¿Se puede conseguir congelarlos, al igual que hace el Hombre de Acero con el agua del lago? ¿De qué factores depende una hazaña como ésta? ¿Provocaremos una crisis mundial en el negocio de los frigoríficos? Aunque en verano no viene nada mal un "cafelito" con hielo, ¿a quién diablos le gusta una sopa fría? ¿No es mejor tomarse un gazpacho? Las respuestas a éstas y otras estrambóticas preguntas, a continuación...

No por mucho resoplar se congela más temprano

Ya hemos visto en las páginas anteriores algunos de los conceptos físicos a los que debería de enfrentarse Supermán para poder ser capaz de enfriar la superficie de un lago cercano a la planta química incendiada en *Supermán III* (*Superman III*, 1983). En el párrafo anterior os planteaba una serie de interrogantes que aún quedaban por resolver. Una cosa es soplar la sopa para rebajar su temperatura hasta un valor tolerable por nuestro paladar y otra muy distinta es congelar esa misma sopa a base de soplidos, cosa que evidentemente nunca ha conseguido ser humano alguno sobre la faz de nuestro planeta. En este sentido, existen procedimientos más eficaces, como el empleado por los inventores de la I.C. Can, una lata de refresco provista de un sistema autorefrigerante; consta de un absorbente de humedad que se pone en contacto con un líquido cuyo propósito es favorecer la evaporación provocando el enfriamiento del refresco en la lata (se han llegado a obtener disminuciones de temperatura de hasta 17 ºC en tan sólo 3 minutos). Ahora bien, ¿quedan hazañas como éstas al alcance de un ser superdotado como nuestro amigo del planeta Krypton?

Para intentar esbozar una respuesta a la pregunta anterior se hace ineludible entender de qué factores depende que un líquido sobre el que estamos provocando una convección forzada y, por tanto, la evaporación del mismo, vea dramáticamente reducida su temperatura hasta el mismo punto de congelación. Evidentemente, uno de esos factores es la temperatura inicial del líquido. Cuanto más caliente esté la sopa, más habrá que soplarla. Otro factor bastante obvio es la temperatura del aire que expulsamos por la boca; si éste está muy frío la sopa se po-

Supermán tiene que poder inhalar en cada suspiro unos 72 moles de aire, y tener una capacidad pulmonar 365 veces mayor que una persona normal, para poseer un superaliento huracanado.

drá tomar antes. Finalmente, la temperatura ambiente y la humedad relativa del aire también influyen de forma decisiva. Todos habéis experimentado en ocasiones que cuando la humedad relativa es alta sudáis mucho más abundantemente debido a que el proceso de evaporación es menos eficiente. Algo parecido sucede cuando la temperatura ambiente es elevada; incluso en este caso la ayuda de un ventilador no resulta demasiado efectiva.

Aunque los poderes de nuestro superhéroe no se pueden infravalorar, para simplificar, voy a suponer que Supermán no puede modificar ni la temperatura ambiente en las proximidades del lago ni la humedad relativa del aire. Empezaré, pues, por el caso más sencillo y os hablaré del extraño caso de la taza de café. Supongamos que disponéis de una taza de café con 300 gramos del delicioso y aromático producto en su interior. Seamos un poco dramáticos y admitamos que se nos ha ido la mano y la temperatura del café es de unos 100 ºC. Obviamente, hay que ser un auténtico kamikaze para bebérselo y no salir mal parado en la intentona a no ser que se tenga una lengua de trapo, como poco. ¿Qué podríamos hacer para disminuir su temperatura? Hombre, se me ocurren varias respuestas. Echar leche fría es una buena opción, pero es que a mí me gusta el café solo. Dejar pasar el tiempo y que se enfríe de forma natural podría ser otra. ¡Maldición! Tampoco me sirve, que tengo mucha prisa y llego tarde al trabajo. Pues voy a tener que soplar de lo lindo. Lo hago tan violentamente que me paso de rosca y provoco la congelación de una parte del café que queda en la taza. Al carajo el café, hoy me voy sin desayunar. ¿Qué ha sucedido? Acudo a Sherlock Kelvin para que me resuelva el misterio. Como buen detective físico, mi amigo Sherlock comienza pesando el líquido que ha quedado parcialmente petrificado en el interior del recipiente. Primera sorpresa: sólo pesa 250 gramos. ¿Qué les ha pasado a los 50 restantes? ¿Se ha perdido la masa? Con su gran poder de intuición, el archifamoso Sherlock Kelvin saca un cuaderno, un lápiz y garabatea unas cuantas ecuaciones y números. Al cabo de un instante, sonríe y dice: ¡Elemental, mi querido amigo! El culpable es... la atmósfera, no el mayordomo. Lo que ha sucedido es que 50 gramos de café se han evaporado, llevándose consigo una nada despreciable cantidad de calor de vaporización y dejando en la taza nada menos que 25 gramos de hielo y 225 de café líquido.

Y todo lo anterior sin más que utilizar física pura y dura. ¿No os parece una técnica perfectamente válida para nuestro amigo de Krypton? Echemos unos números. Supongamos que Supermán consigue elevar la temperatura del agua del lago hasta 100 °C haciendo uso, por ejemplo, de su visión calorífica (lo siento mucho, hoy no toca discutir este superpoder). Si consiguiese forzar la evaporación de una parte del lago, se quedaría con otra porción de agua congelada, de forma análoga a lo que sucedía con la taza de café en el párrafo anterior. Así pues, solamente necesito estimar la masa de agua puesta en juego por Supermán. Observando con atención la escena de la película, he supuesto que el lago tiene forma circular con un radio de unos 130 metros. Como Súper es capaz de sujetar una capa de hielo agarrándola con las manos, me imagino que el grosor de la misma no supera los 15 centímetros, aproximadamente. De esta forma, resulta elemental determinar que el volumen de agua (evaporada + congelada) asciende a unos 8 millones de litros, de los cuales se habrán debido evaporar 2 millones y otros 6 se habrán convertido en hielo. No está nada mal, ¿eh?

Pero vayamos ahora con la técnica más complicada, aun siendo conscientes de que esta palabra no signifique lo mismo en el diccionario del Hombre de Acero. Si recordáis lo visto hasta ahora, se os vendrá a la mente el asunto del aire expulsado por la boca y su descenso de temperatura cuando cerramos los labios, más conocido como efecto Joule-Thomson. Si uno acude a la termodinámica y, más en concreto, a las ecuaciones de los gases perfectos, obtiene que semejante fenómeno resulta del todo imposible, es decir, que un gas perfecto al expandirse no modifica su temperatura. La razón descansa en que el aire no es un gas perfecto. Así, si se utilizan ecuaciones de estado de gases reales, como la ecuación de Van der Waals, por ejemplo, se llega a demostrar que una expansión de un gas "casi" siempre conlleva un enfriamiento del mismo. Y lo de "casi" tiene su razón de ser porque, efectivamente, en algunos casos particulares puede que un gas se caliente al expandirse (esto sucede por encima de la llamada temperatura de inversión y cuando la expansión se denomina isentrópica).

Pues bien, cuando un gas experimenta una expansión libre, es decir, aquella en la que no realiza trabajo sobre el exterior (por ejemplo, cuando se deja que se expanda desde un recipiente hacia otro en el que se ha practicado previamente el vacío) se enfría. Por ejemplo, si utilizamos un mol de oxígeno gaseoso situado en un recipiente de 10 litros y lo liberamos al vacío exterior, su temperatura descenderá en poco más de un grado. No resulta, pues, un sistema demasiado eficiente a la hora de enfriar. Por ello se utilizan las transformaciones isentálpicas que os mencionaba hace un instante. Para llevarlas a cabo se hace uso de un estrangulamiento en el sistema de refrigeración, es decir, se hace pasar el gas por un conducto estrecho, de forma similar a lo que hacemos cuando soplamos. De esta forma, el gas aumenta de velocidad al pasar por el estrangulamiento y, consecuentemente (principio de Bernoulli) experimenta una disminución de su presión. Se puede demostrar que la reducción en la temperatura del gas es directamente proporcional a su cambio de presión, con lo cual si uno es capaz de provocar una gran variación en ésta conseguirá un cambio apreciable en la otra. Sin embargo, la pega es que el coeficiente de proporcionalidad (coeficiente de Joule-Thomson) entre las dos cantidades anteriores (el cambio en la temperatura y el cambio en la presión) es extremadamente pequeño, del orden de una millonésima de kelvin por cada pascal (la unidad en que se mide la presión en el sistema internacional de unidades). Esto significa que si se produjese un cambio en la presión del gas de una atmósfera, su temperatura sólo se modificaría en una décima de grado. Por esta razón se requieren enormes cambios en la presión del gas para lograr cambios apreciables en su temperatura. Lo anterior se puede apreciar claramente cuando se libera el gas de un extintor de incendios, almacenado en la botella a alta presión, el cual se enfría considerablemente ayudando a la rápida disminución de temperatura del material combustible. Análogamente, se observaría un fenómeno similar si liberásemos el aire comprimido de una botella de submarinismo, cuya presión puede alcanzar fácilmente las 200 atmósferas.

Entonces, volviendo una vez más a nuestro superhéroe favorito, ¿cómo podría arreglárselas para enfriar el agua del lago con soplidos gélidos? ¿Qué tiene que hacer para conseguir expulsar aire de sus pulmones a 0ºC? Hagamos, por última vez, algunos cálculos sencillos. Suponiendo que el aire de los pulmones de una persona normal se encuentra a una presión aproximada de una atmósfera y que esta persona es capaz de exhalar aire a unos 72 km/h, este aire reduciría su presión hasta 0,998 atmósferas. Si admitimos que se expande isentálpicamente, su temperatura no descendería más de 0,2 milésimas de grado. Para que la temperatura del aire se redujese en unos 37 grados (tomo ésta como la del aire en el interior de los pulmones, tanto de una persona como de Supermán) la caída de presión debería ser nada menos que unas 365 atmósferas (la presión que hay bajo el mar a una profundidad de unos 4.000 metros). Si Supermán quisiese provocar la aparición de semejante "área de bajas presiones" debería ser capaz de soplar el aire a una velocidad de 31.000 km/h. Quizá estos requerimientos expliquen por qué nunca se ha observado congelación tras el paso de un poderoso huracán, ¿no creéis?

Dejando de lado las más que previsibles consecuencias nefastas que unos vientos como los anteriores producirían en las zonas habitables cercanas al lago, la única forma "plausible" de poseer un superaliento huracanado consistiría en estar dotado de la capacidad para almacenar en los pulmones una cantidad de aire 365 veces mayor que una persona normal, es decir, el último hijo de Krypton tiene que poder inhalar en cada suspiro unos 72 moles de aire, frente a los míseros y paupérrimos 0,2 moles de un terrícola vulgar con unos 5 litros de capacidad pulmonar. En caso contrario, no me quiero ni imaginar su talla de pecho...

Capítulo 5

Las cosas del paladio van despacio

El dinero ha aniquilado más almas que el hierro cuerpos.

Anthony "Tony" Stark es un multimillonario fabricante de armas de tecnología avanzada. Dotado con una inteligencia fuera de lo normal, también es jugador, mujeriego y amante de todos los placeres materiales de la vida que su privilegiada posición económica le permiten. Pero un hecho inesperado cambiará su estilo de vida para siempre. Durante un viaje de negocios a Oriente Medio, el convoy en el que viaja sufre un ataque por parte de un grupo de insurgentes y es alcanzado por algunos fragmentos de metralla que, desafortunadamente, quedan alojados cerca de su corazón, amenazando seriamente su vida. Encerrado en lo profundo de una gruta excavada en la falda de una montaña consigue algo increíble: fabricar un dispositivo electrónico alojado en el interior de su pecho y capaz de mantener alejada la peligrosa metralla de su corazón. Chantajeado con su propia vida por los guerrilleros que le mantienen prisionero se ve obligado a proporcionarles los secretos de su última arma: un novedoso misil inteligente. Pero con lo que no cuentan los terroristas es con la inteligencia privilegiada de Tony Stark. En lugar de fabricar el misil, diseña y construye una armadura personal extraordinaria que le confiere fuerza sobrehumana, poderosas armas y la aún más asombrosa capacidad de volar. Cuando al fin logra huir de sus captores, y ya de regreso a su país, Tony anuncia al mundo entero su decisión de abandonar la fabricación de armas de destrucción masiva. Empeñado en mejorar la armadura original, consigue hacer realidad una mucho más poderosa y avanzada. A partir de ahora, el alter ego de Tony Stark será... Iron Man (literalmente, el hombre de hierro).

Iron Man es un superhéroe que, como tantos otros, surgió de la mente prolífica de Stan Lee, el gran talento de la compañía MARVEL, allá por marzo de 1963, en el número 39 de *Tales of Suspense*. A diferencia de otros superhéroes, Iron Man no posee superpoderes, sino que basa sus habilidades en el empleo de sofisticados gadgets, tecnológicamente avanzados. Algo similar a lo que le sucede a otro de los superhéroes más famosos: Batman, el hombre murciélago.

A lo largo de los casi 50 años de historia del personaje, vuelto a resucitar recientemente en la gran pantalla con *Iron Man* (*Iron Man*, 2008) y *Iron Man 2* (*Iron Man 2*, 2010), ambas dirigidas por Jon Favreau, el superhéroe de armadura roja y dorada ha llevado a cabo todo tipo de hazañas imaginables, desde enfrentarse nada menos que a personajes aparentemente mucho más poderosos, como Silver Surfer o Hulk, y no salir perdiendo, hasta quedar expuesto durante breves lapsos de tiempo a temperaturas tan bajas como el *cero absoluto*, pasando por sobrevivir a la detonación de una bomba de hidrógeno a tan sólo 3 kilómetros de distancia del punto de la detonación.

Pero detengámonos por un momento en lo que hace a Iron Man ser ese superhéroe capaz de llevar a cabo todas las extraordinarias hazañas señaladas hace un momento: su armadura.

En efecto, la armadura con la que se pone coqueto Tony Stark cuando quiere ejercer de Iron Man es una pieza de la tecnología más avanzada. Ha pasado por diversas fases y versiones, evolucionando a medida que se iban vendiendo uno tras otro los distintos ejemplares de la revista original. Así, la primera versión exhibía un color gris amenazador y fue bautizada con el nombre de MARK I. Estaba confeccionada en hierro, lo que no la haría demasiado ligera ni demasiado confortable para cargar con ella. De hecho, tal y como ha estimado el profesor Manuel Moreno, de la Universidad Politécnica de Cataluña, si la MARK I tuviese un grosor de tan sólo un centímetro, su peso rondaría los 200 kilogramos, lo que sumado a los 80 kilogramos de Tony Stark harían casi imposible el movimiento de nuestro superhéroe. ¿Cómo evitarlo? Evidentemente, haciendo las sucesivas versiones, la MARK II y la MARK III mucho más ligeras, con materiales mucho menos densos que el hierro y dotándolas de mecanismos que permitan reducir los esfuerzos del usuario.

En la actualidad, Iron Man no estaría demasiado lejos de la realidad científica y tecnológica, ya que se asemeja de cierta manera a una fusión entre lo que llamamos un *jet pack* y un *exoesqueleto*. Veamos un poco más detenidamente cada uno de ellos.

Mochila por aquí y huesos por allá

Por un lado, un jet pack no es más que una mochila equipada con retro-cohetes para permitir el vuelo. El jet pack fue inventado en la década de los años 1950 por Wendall Moore, de la compañía Bell Aerodynamics. Constaba de tres tanques sujetos a la espalda del piloto. Dos de ellos contenían una solución con un 90% de peróxido de hidrógeno y el tercero nitrógeno. En un instante dado, la válvula del tanque de nitrógeno se abría, al mismo tiempo que se obligaba al peróxido de hidrógeno a penetrar en una cámara de catálisis consistente en una estructura de plata a base de mallas, lo que producía una aceleración de la reacción química. Como resultado, se generaba vapor de agua a más de 700 ºC que era expulsado por las toberas situadas bajo los brazos del piloto, proporcionando una potencia de casi 800 caballos de vapor (CV) para elevarse. El piloto debía protegerse con ayuda de un escudo de fibra de vidrio, con el fin de evitar quemaduras. Con los tanques llenos el vuelo no superaba los 20 segundos.

Iron Man en plena acción.

Las enormes dificultades técnicas que presentaba un jet pack hicieron que la investigación a nivel comercial se abandonase en los años sesenta del siglo pasado. Entre algunos de los inconvenientes más serios con los que se encontraban los ingenieros se pueden citar los siguientes: problemas aerodinámicos (el cuerpo humano no está diseñado precisamente para "cortar" el aire) que hacen que toda la fuerza ascensional deba ser suministrada por la propulsión misma; la enorme cantidad de combustible y su elevado coste (los tanques tienen una capacidad de poco más de 25 litros y el precio del peróxido de hidrógeno supera los 50 euros por litro); la escasa autonomía, de tan sólo unas cuantas decenas de segundos; el intenso ruido producido por los gases, que puede llegar a alcanzar los 160 decibelios (dB) (un avión grande a 30 metros de distancia genera 120 dB y entre los 140-180 dB la capacidad auditiva o el daño en el tímpano pueden ser permanentes). Un jet pack típico puede alcanzar casi los 60 kilogramos, a lo que hay que sumar el propio peso del piloto. Si éste supera la barrera de los 80 kilogramos, aproximadamente, los cohetes no serán capaces de generar la fuerza ascensional necesaria y suficiente para despegar del suelo.

Aunque la mayoría de prototipos, desde que fueran abandonados los proyectos de desarrollo comercial, de jet packs corren a cargo de aficionados o compañías independientes, lo cierto es que recientemente se ha vuelto a recuperar parte del interés original. Así, hace poco más de dos años, en mayo de 2008, el ingeniero suizo Yves Rossy logró construir un ala con una envergadura de 2,5 metros propulsada por cohetes con la que saltó desde un avión a más de 300 km/h, aterrizando posteriormente con ayuda de un paracaídas. Todo por el módico precio de 150.000 euros. Más recientemente, a principios de 2010, la compañía Martin jetpack anunciaba la puesta a la venta de su mochila, totalmente operativa, por escasamente unos 55.000 euros. Equipada con un tanque de combustible de menos de 20 litros de gasolina Premium (la misma que utilizan los coches) y capaz de transportar un total de 120 kilogramos, llega a desarrollar una potencia de 200 CV, suficiente para volar de forma autónoma durante media hora, alcanzando una altura de 2.400 metros a una velocidad máxima de 100 km/h.

Por otro lado, un exoesqueleto es un armazón metálico externo que ayuda a moverse fácilmente a su portador y a llevar a cabo otras actividades, como pueden ser levantar un peso con un esfuerzo mucho menor de lo que llevaría hacerlo sin la asistencia del mismo. Para ello, la base de un

La primera versión de la armadura de Iron Man, llamada MARK I.

supertraje como el de Iron Man deben ser los sensores y los microprocesadores. Cuanto más versátiles sean los primeros y más veloces los segundos, tanto más eficiente será el exoesqueleto y más se comportará como la sombra mecánica del usuario. El dispositivo debe ser capaz de detectar la fuerza que desea aplicar éste, medirla con ayuda de los sensores y transmitirla a la computadora central que controla el traje, con ayuda de los microprocesadores, para convertir esos datos e instrucciones de forma instantánea en los movimientos de sus extremidades, minimizando el esfuerzo realizado por los músculos de la persona que utiliza el exoesqueleto. Si los datos anteriores sufriesen cualquier tipo de retraso, por la razón que fuese, las órdenes llegarían tarde a las válvulas y cilindros que mueven los miembros y la persona percibiría una especie de arrastre que le haría sentirse como si se desplazase en un medio viscoso, como el agua, que lo haría poco práctico, por no decir completamente inútil.

Aunque se piensa que los exoesqueletos aún tardarán más de una década en equipar a los soldados, lo cierto es que empresas como Sarcos han creado ya exoesqueletos que permiten llevar a cabo ejercicios con pesas de más de 120 kilogramos, repitiendo la rutina una y otra vez hasta en 500 ocasiones, sin aparente esfuerzo del usuario. Sin embargo, presenta una gran dificultad: es imprescindible recargar su batería tras unos 40 minutos de uso.

Algo similar ha llevado a cabo, asimismo, la compañía Cyberdyne, con su HAL (acrónimo de Hybrid Assistive Limb), quizá el de mayor parecido con el Iron Man del cómic o el cine. Mediante la utilización de varios sensores en contacto con la piel, consigue multiplicar la fuerza por un factor comprendido entre 2 y 10, a voluntad. La batería es útil más o menos entre 3 y 5 horas y por el popular precio de unos 450 euros se puede alquilar uno durante todo un mes.

También se dispone actualmente de exoesqueletos capaces de caminar 200 kilómetros sin repostar, operar a alturas de hasta 8.000 metros (equivalente a la del monte Everest) sin problemas, ser inmunes al agua y la tierra y resistir los impactos de proyectiles de varios tipos de armas sin sufrir daño aparente.

No es hierro todo lo que reluce

Sin embargo, antes de asistir a hazañas como las que nos brinda Tony Stark en la pantalla del cine, aún quedan avances por lograr. Entre ellos se pueden citar los siguientes: el traje debe estar confeccionado en materiales más fuertes, más ligeros y, sobre todo, muy flexibles; asimismo, debe ser capaz de funcionar de forma autónoma durante, al menos 24 horas, sin necesidad de recargarse la batería; el silencio es absolutamente imprescindible en una misión militar, así que los sonidos indeseados producidos por los diferentes mecanismos deben reducirse enormemente, cuando no prácticamente suprimirse; los controles deben estar de tal forma integrados que han de permitir al soldado moverse normalmente, con suavidad, de forma natural. En este sentido, se ha creado muy recientemente una tela ligera y resistente, confeccionada en carburo de boro, el mismo material que se emplea para proteger los tanques de combate y uno de los más duros que existen en la naturaleza. La materia prima consistiría en simples camisetas de algodón, a las que se añade boro (el mismo elemento químico que se emplea para absorber neutrones en los reactores nucleares), el cual se combina con las fibras del carbono presentes en el algodón. Esto les conferiría flexibilidad a los potenciales blindajes para los que se emplearían. Se cree que incluso podría servir para detener una bala, bloquear radiación ultravioleta e incluso neutrones.

Hasta aquí el mundo real y la tecnología de la que disponemos en la actualidad. Pero vuelvo por un instante a Iron Man. Evidentemente, en el cómic y en el cine no se ve al héroe cargando con ningún jet pack a su espalda y su armadura supera en mucho a los exoesqueletos disponibles actualmente. Evidentemente, Iron Man es un superhéroe, quizá uno de los más fieles a la ciencia conocida, ya que todo su poder se basa en un empleo total de tecnología avanzada, sin superpoderes "extraños", como pueden ser los de Supermán, Spiderman, los X-men o los 4

Fantásticos, por citar tan sólo unos cuantos ejemplos. Sin embargo, tal y como señala James Kakalios, el autor del estupendo libro *La física de los superhéroes*, habría que ponerle unas cuantas pegas al rojo y dorado traje de Iron Man. Señala Kakalios que resulta un tanto desconocida la fuente de energía que proporciona propulsión y fuerza ascensional a sus botas. Efectivamente, según todo lo visto en los párrafos anteriores, si no admitimos un medio de propulsión cuando menos extravagante, parece que el tamaño de los depósitos no se hace evidente por ningún lado en la armadura de Iron Man, por lo cual no se entiende demasiado bien que sea capaz de volar a las enormes velocidades que lo hace (existen cómics en los que incluso llega a escapar al tirón gravitatorio de la Tierra, por encima de los 40.000 km/h). En mi primer libro, *La guerra de dos mundos* (Robinbook, 2008), analizo las exigencias energéticas que requiere el vuelo basado en propulsión generada por cohetes, así como a base de tecnologías más "avanzadas". Así pues, no trataré el asunto en estas páginas.

Otro gadget sobre el que el profesor Kakalios llama la atención es el de los rayos repulsores que generan los guantes de Iron Man. ¿Qué son los rayos repulsores, cuánta energía son capaces de generar y de dónde sale esta energía? Cualesquiera que sean las respuestas a las cuestiones anteriores, lo cierto es que para fundir una placa de acero de poco más de 1 centímetro de espesor se necesitaría la misma potencia que genera una planta nuclear. De todas maneras, y aunque todo lo anterior fuese posible, siempre nos quedará la misma duda que con Cíclope (uno de los mutantes de los asombrosos X-men) y es por qué ambos eluden sin el menor de los escrúpulos el principio de conservación del momento lineal cada vez que disparan sus mortíferos rayos, evitando siempre el inevitable retroceso, tal y como hacen todas las armas de fuego.

Un corazón ¿de oro?

Finalmente, merece la pena detenerse en el dispositivo que mantiene con vida tanto al hombre como al superhéroe. En efecto, cuando Tony Stark resulta gravemente herido por los terroristas en la primera de las dos películas estrenadas recientemente, la metralla alojada en su cuerpo amenaza seriamente su vida ya que no puede ser extraída sin consecuencias fatales. Para evitar el peor de los desenlaces, Tony diseña y construye una auténtica maravilla de la tecnología, un artefacto que le mantiene con vida a base de impedir que los restos de munición que deambulan por su organismo alcancen su corazón. La energía generada por el sofisticado instrumento se basa en un elemento químico: el paladio. Pero presenta una molesta propiedad y es que se agota rápidamente y debe ser sustituido con regularidad, ya que en caso contrario el nivel de contaminación en la sangre de Stark le conducirá irremediablemente a la muerte.

El paladio es el elemento químico brillante y de color blanco plateado que ocupa el lugar número 46 en la tabla periódica, el sistema con el que actualmente los científicos clasificamos todos los átomos distintos que existen en el universo. El orden que siguen dichos átomos en la tabla tiene que ver con el número de protones presentes en sus núcleos (a esta cantidad se la conoce como número atómico y se representa con la letra Z; así pues, el paladio es el elemento Z=46). En el núcleo atómico no sólo se encuentran los protones, las partículas con carga eléctrica positiva, sino también los neutrones, sin carga, y cuyo papel es dotar de estabilidad al átomo. De hecho, el único elemento conocido sin neutrones en su núcleo es el hidrógeno (posee un solo protón); asimismo, tampoco existe ningún átomo con únicamente neutrones en su núcleo ya que estas partículas aisladas son inestables y se desintegran en unos 15 minutos, produciendo un protón, un electrón y un antineutrino. Dos átomos que tengan números atómicos distintos pertenecen a átomos distintos (en condiciones normales, además, el número atómico coincide con el número de electrones del átomo, lo que le confiere sus propias y características propiedades químicas). Por otro lado, un mismo elemento químico puede presentar distintas configuraciones en cuanto al número de neutrones presentes en su núcleo; cada una de estas configuraciones recibe el nombre de isótopo.

Aunque el paladio, si no se manipula con precaución, puede provocar irritación de la piel, los ojos o el tracto respiratorio (en estado líquido incluso produce quemaduras) lo cierto es que resulta más que probable que el dispositivo de paladio alojado en el pecho de Tony Stark funcione a la manera de un pequeño reactor nuclear, generando así la energía necesaria para mantener alejados de su corazón los restos metálicos. Probablemente se sirva de alguno de los varios isótopos estables que presenta, como el Pd^{106} o el Pd^{107} (los superíndices indican el número másico, una cifra resultado de sumar el número de protones y de neutrones en el núcleo atómico). Este último, de hecho, posee un período de semidesintegración (este es el tiempo promedio que tardaría una cierta cantidad del isótopo original en desaparecer a causa de las sucesivas desintegraciones) que ronda los 6,5 millones de años y que termina generando el isótopo de la plata Ag^{107}. Una forma de enriquecerse como cualquier otra, pero algo más rebuscada. Desgraciadamente, con el tiempo, el dispositivo de paladio va siendo cada vez menos eficiente y nuestro héroe trata desesperadamente de hallar un sustituto viable mucho más estable. Nada que una secuela no pueda lograr.

Efectivamente, en Iron Man 2, Tony descubre inesperadamente que su difunto padre, el fundador de Industrias Stark, había mantenido en secreto para su hijo (esto se llama intuición y lo demás son tonterías, pues ya me diréis cómo diablos iba a saber papá que su nene se iba a convertir en superhéroe metálico con necesidades de tórax atómico) nada menos que el descubrimiento de un nuevo elemento químico, mucho más estable y benigno que el paladio. Pues sí, lo creáis o no, así es. Sin tiempo que perder, la bombilla se le enciende al bueno de Tony y en un visto y no visto se monta su propio acelerador de partículas en casa, creando sin la menor dificultad aparente un nuevo quebradero de cabeza para los científicos, quienes deberán colocar semejante prodigio de la naturaleza en el lugar adecuado de la tabla periódica de los elementos conocidos.

Pero volvamos de nuevo a la realidad. Si echamos, por un momento, un vistazo a la susodicha tabla periódica, nos daremos cuenta de que desde el átomo con el número atómico más bajo, el hidrógeno (Z=1), hasta el uranio (Z=92), todos ellos se encuentran presentes en la Tierra. Con lo que sabemos actualmente acerca de la formación y evolución de las estrellas y los planetas, podemos afirmar que los núcleos con un número de protones superior a 26 (correspondiente al hierro) tan sólo se pueden generar a través de procesos tan sumamente violentos como los que acaecen en explosiones de tipo supernova. ¿Por qué no encontramos, entonces, elementos con un número arbitrario de protones? Pues por una sencilla razón y es que más allá del bismuto (Z=83) prácticamente todos los átomos que encontramos en la tabla periódica son radiactivos y decaen en lapsos de tiempo más o menos grandes; de hecho, algunos de sus períodos de semidesintegración son tan pequeños en comparación con la edad de la Tierra (4.500 millones de años) que, si alguna vez estuvieron presentes en nuestro planeta, ya han desaparecido por completo. Antes de llegar al uranio, únicamente cuatro elementos son radiactivos: el tecnecio (Z=43) y el promecio (Z=61), ambos con número atómico inferior al del bismuto, y el astato (Z=85) y el francio (Z=87), estos últimos son los dos tipos de átomos más raros en la naturaleza, no superando en un determinado momento los 25 gramos. Más allá del uranio se hallan los llamados "elementos transuránidos", como el neptunio (Z=93) o el plutonio (Z=94); ninguno de los dos existe de forma natural y solamente se han podido producir artificialmente en las detonaciones nucleares o en los reactores, dando lugar a isótopos con períodos de semidesintegración que pueden ir desde los varios miles hasta los millones de años.

Hasta la fecha (al menos en la que está escrito este libro) los seres humanos hemos sido capaces de sintetizar alrededor de unos 3.000 núcleos en los laboratorios de todo el mundo. Sin embargo, se cree que esta cantidad solamente representa una fracción de los que pueden existir realmente. La pega es que prácticamente la totalidad de ellos son isótopos de los elementos conocidos, ya que no se ha logrado pasar del núcleo con Z=114, hazaña alcanzada en 2009 por científicos de la Berkeley Lab's Nuclear Science Division. Sintetizar nuevos átomos con números atómicos cada vez más altos es una tarea formidablemente complicada, en parte por el problema señalado antes del carácter extraordinariamente efímero de su existencia. Para apreciar esto en su verdadera dimensión, sólo cabe señalar que los científicos aludidos necesitaron de 8 días de funcionamiento ininterrumpido de su dispositivo para producir únicamente 2 núcleos; el primero (tenía 114 protones y 172 neutrones) se desintegró escasamente en una décima de segundo y

La MARK III mucho más ligera, con materiales mucho menos densos que el hierro y dotada de mecanismos que permitan reducir los esfuerzos del usuario.

el otro (114 protones y 173 neutrones) lo hizo en medio segundo. Posteriormente, tuvieron éxito con 174 y 175 neutrones, respectivamente.

¿Cómo ha podido entonces Tony Stark sintetizar con tanta prontitud y eficacia el nuevo elemento desconocido? Más aún, no dudando por un instante de la inusual capacidad intelectual de nuestro superhéroe, ¿se trata de un núcleo estable o es que presenta, en cambio, decaimiento radiactivo pero con un período de semidesintegración muy elevado? En este sentido, un número cada vez mayor de físicos nucleares se muestra convencido de la existencia de las llamadas "islas de estabilidad", es decir, de configuraciones especiales (a veces se las denomina "mágicas") tanto del número de protones como de neutrones que darían lugar a átomos estables o prácticamente estables, con períodos de semidesintegración que podrían estar comprendidos entre los 100.000 y varias decenas de millones de años. ¿Pudo ser el padre de Tony Stark un adelantado a su tiempo?

Capítulo 6

Menú del día y cocina económica en el espacio

El amor es tan importante como la comida. Pero no alimenta.

Gabriel García Márquez

Estamos tan habituados a ver en las películas de ciencia ficción que los miembros de la tripulación de una nave espacial se mueven con total libertad por su interior, de la misma forma en que lo harían si caminasen por la superficie de nuestro planeta, que ya apenas si le damos la menor importancia. Como se puede comprobar muy fácilmente (no hay más que ver en televisión las noticias referentes a las misiones espaciales) lo anterior resulta completamente imposible, a menos que la nave espacial disponga de un sistema capaz de generar una pseudogravedad o gravedad artificial, lo cual puede conseguirse haciendo que la nave describa un movimiento de rotación, provocando, a su vez, que la fuerza centrífuga haga las veces de gravedad, tal y como se puede ver en las preciosistas escenas de *2001: una odisea del espacio* (*2001: A space odyssey*, 1968). Por supuesto, también puede suceder que la acción se desarrolle en un futuro tan lejano que su ciencia haya alcanzado el nivel suficiente como para haber sido capaz de manejar la gravedad a su antojo, tal y como les sucede a los protagonistas de *Titán A.E.* (*Titan A.E.*, 2000), por citar sólo una.

Sin embargo, en la inmensa mayoría de las películas, jamás se alude a sistema alguno ni a física remotamente próxima a la que conocemos hoy en día para justificar tal misteriosa presencia de gravedad. Así, en ocasiones, podemos contemplar a los intrépidos tripulantes llevando a cabo todo tipo de acciones y tareas que, por otra parte, resultarían harto complicadas en una situación real de ingravidez o microgravedad, como la que experimentan continuamente nuestros astronautas. Me refiero, en concreto, a algo tan habitual y cotidiano como cocinar y comer. Y de eso quiero hablaros en esta ocasión.

Supongo que muchos de vosotros, mientras leéis estas líneas, recordaréis varias películas donde se puede apreciar cómo los viajeros del espacio se preparan suculentos almuerzos y se los zampan como si nada. Me vienen a la memoria, por ejemplo, escenas como la del bullicioso ágape de la tripulación de la Nostromo en *Alien, el octavo pasajero* (*Alien*, 1979) a base de café, cereales, etc.; o, más recientemente, la de la increíble exhibición culinaria del cocinero chino dale que te dale al "wok" en *Sunshine* (*Sunshine*, 2007).

Aunque puedan parecer acciones de lo más habituales aquí en la Tierra, en el espacio no resultan tan sencillas de llevar a cabo. Y no me estoy refiriendo únicamente a la situación de microgravedad en la que flotan los astronautas de la vida real, la cual provoca situaciones y fenómenos un tanto peculiares que es preciso tener en cuenta cuando se envían las misiones al espacio y que tienen un alto coste económico.

Siempre que vuelves a casa, me pillas en la cocina...

Bien, reflexionemos durante un instante. ¿Con qué dificultades se encontraría un miembro de la tripulación de una nave espacial si no dispusiese de un mecanismo generador de gravedad artificial y pretendiese prepararse un suculento almuerzo? Suponed, por ejemplo, que quisiese ingerir algo tan aparentemente trivial como un pedazo de pan, simplemente. Todos sabemos que si el pan no está recién horneado, se desmigaja con suma facilidad. Como todos los objetos que se encuentran en el interior de la nave, cápsula o módulo, están en caída libre, las migas andarían flotando por todo el interior del habitáculo, dispersándose y, lo que es peor, podrían deteriorar seriamente sistemas delicados del vehículo espacial. Para evitar esto, es necesario almacenar los alimentos, bien enlatados, o en forma de bolas, normalmente deshidratadas, o también encerrados en recipientes, ya sean rígidos o flexibles. De hecho, desde la década de 1980, la agencia espacial norteamericana, la NASA, ha venido sustituyendo el pan por tortillas de harina similares a las que se sirven en los restaurantes mejicanos, las cuales, además de no producir migas, se mantienen en perfecto estado de conservación hasta 18 meses.

Los condimentos, como pueden ser la sal, la pimienta o cualquier otro que habitualmente usamos en forma de granos, han de llevarlos consigo en forma líquida.

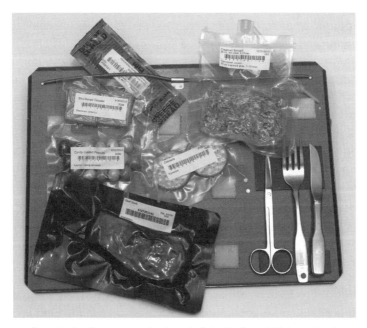

Paquete de alimentos empleado en la Estación Espacial Internacional.
Se emplean imanes, muelles y velcro para poder retener la cubertería y que
no flote por el espacio de la cabina.

A la hora de ingerir los alimentos deshidratados, tales como el queso
o la pasta italiana, se hace uso de un dispensador de agua disponible a
bordo. El líquido elemento se inyecta por una válvula incorporada en el
recipiente o envase donde se encuentra el alimento y éste queda listo
para ir directo a la boca. Excepcionalmente, puede incluso haber agua
caliente o algún pequeño refrigerador, pero su uso está bastante restrin-
gido debido a las necesidades críticas de energía. En otras ocasiones, la
comida se calienta en un horno a temperaturas entre 70 ºC y 85 ºC, que
suele estar compuesto por dos compartimentos. Uno de ellos utiliza un
sistema de convección para los envases de tipo rígido; el otro funciona
mediante conducción de calor y se emplea con los envases flexibles.

Una vez que se ha elegido el menú (los astronautas pueden hacerlo,
pero siempre supervisados cuidadosamente por un nutricionista), los
diferentes bocados se disponen sobre una bandeja, siendo encajados
los distintos recipientes mediante el empleo de velcros. Si los cubiertos
son metálicos, se sujetan con imanes. Por último, la bandeja se fija a

una pierna del astronauta mediante una correa. No es lo mismo, pero esta realidad se asemeja bastante a la escena que tiene lugar en *2001: una odisea del espacio*, mientras almuerza el astronauta Dave Bowman. Sigamos con la ficción por un momento y volvamos, una vez más, a nuestros amigos de la Nostromo, antes de ser masacrados por la criatura de verdosa sangre ácida. ¿Cómo tomarse un café o servirse un vaso de agua, en estado de microgravedad? Pues tampoco resultaría nada fácil el asunto. Tan pronto como intentasen inclinar la jarra, la cafetera o la botella para verter el líquido en la taza o en el vaso, comprobarían que aquél no caería, permaneciendo obstinadamente en el interior del recipiente que lo contuviese. En presencia de gravedad, la cosa es mucho más sencilla, pero cuando todos los objetos están en caída libre, ninguno se acelera más que otro y se hace necesario obligarlos a ello. No queda más remedio que sacudirle un buen mamporro al envase y al instante veremos cómo se forman gotas de distintos tamaños de café, agua o refresco. Y digo bien, se forman gotas, no cae ningún chorro, como sucede en la Tierra, y esas gotas pueden ser tan grandes como fuerte pueda ser el golpe que le asestemos al recipiente. Además, serán perfectamente esféricas, ya que las únicas fuerzas que actúan sobre ellas son las de carácter intermolecular, responsables de la *tensión superficial*. El que sean completamente esféricas es debido a que a igualdad de volumen, la esfera es el cuerpo geométrico con menor superficie.

Pero aquí no terminan los problemas, pues si se pretendiese verter las gotas en la taza o el vaso, veríamos que el líquido comenzaría a extenderse por toda su superficie, primeramente por la interior y luego por la exterior, convirtiendo en una situación un tanto pringosa y desagradable la "hora del té". La forma de solucionar esta molesta inconveniencia consiste en hacer lo que en física de fluidos se llama "que el líquido no moje al sólido" y esto depende de las características particulares del líquido que vengamos utilizando (en nuestro caso agua, aunque sea mezclada con un poco de café o unos polvitos con sabor a naranja o similar). Por ejemplo, si se empleara mercurio, no habría problema, pues éste nunca "moja al sólido", aunque tomarse una taza de mercurio no resultase en absoluto vivificante. ¿Cómo hacer, entonces, que el café o el refresco no mojen el recipiente? Sencillamente, engrasando ligeramente este último con un poco de aceite, por ejemplo.

En los párrafos anteriores he dado por supuesto que la teniente Ripley y compañía han sido capaces de calentar y hervir el agua para hacer el café. Pero, ¿cómo proceder en ingravidez? En primer lugar, más les valdría disponer de una placa vitrocerámica, pongamos por caso, ya que cualquier intento de utilizar una llama (una cocina de gas, sin ir más lejos) presentaría también algunas dificultades técnicas, ya que cuando arde una llama siempre se producen, como resultado de la combustión, gases como el anhídrido carbónico y el vapor de agua, ambos incombustibles. Como permanecen al lado de la llama debido a la microgravedad, el fuego arde muy débilmente y se apaga enseguida. Con el fin de mantenerlo vivo hay que remover continuamente el aire, soplando, abanicando o de cualquier otra forma parecida. Una vez mantenida encendida adecuadamente la llama, al calentar el agua en la cafetera, el líquido emplearía un buen rato en hervir debido a la ausencia de circulación de las distintas capas de fluido. En la Tierra, cuando calentamos agua en un recipiente, las capas líquidas en contacto con el fuego ascienden a la superficie, dejando espacio para que se calienten las capas más frías, que descienden, a su vez, hasta el fondo del recipiente. De esta manera, se propaga el calor por todo el volumen del agua y la ebullición se produce en un lapso de tiempo más o menos corto. En ingravidez, dichos ascenso y descenso de las capas de líquido no tienen lugar y, en consecuencia, el agua sólo se calienta por la parte inferior, la que está en contacto con el fuego. La solución pasaría por llevar a cabo algo parecido a lo que hacemos cuando cocinamos arroz con leche, es decir, revolver continuamente.

Por último, aún resulta más osado freír comidas más o menos exóticas, como carne de rata, pollo con almendras, o perro agridulce con o sin tres delicias en el wok del genio Trey, en *Sunshine*. A poco que se intentase y no contásemos con nuestra vieja compañera la gravedad, los vapores que se formarían entre los alimentos y la superficie del wok, se volatilizarían violentamente en pequeñas explosiones, lanzando por los aires pedacitos de carne poco hecha. ¡Bon appétit!

Café y copa, pero nunca el habano

Bien, después de haber llevado a cabo un brevísimo repaso de algunas de las dificultades por las que deberían pasar los tripulantes de una nave espacial a la hora de elaborar sus propias recetas y/o de alimentarse a bordo, dejadme que os cuente algunos inconvenientes más que deben superar los alimentos de los que se nutren los astronautas actuales, así como los que hipotéticamente viajasen por el espacio en un futuro no demasiado lejano.

Desde los ya lejanos años sesenta del siglo pasado, los astronautas del proyecto Mercury debían nutrirse a base de alimentos bastantes desagradables, envasados en tubos flexibles semejantes a los que actualmente contienen nuestras pastas dentífricas. Podéis imaginaros el sabor de semejante mejunje. Algo más se avanzó pocos años después, durante las misiones Gemini, donde se disfrutó por primera vez del helado espacial (los alimentos se rehidrataban con la propia saliva del astronauta que los consumía), pero no sería hasta la época del proyecto Apollo cuando se dispuso de agua caliente, los primeros cubiertos y comida termoestabilizada o esterilizada (más adelante volveré sobre esto) que no necesitaba ser rehidratada. El primer refrigerador de alimentos no haría su aparición hasta la época del célebre Skylab, donde ya se podía contar con hasta 72 menús diferentes. En el momento en que redacto este capítulo, los transbordadores actuales disponen de 74 comidas distintas y más de una veintena de bebidas diferentes. Como ya dije anteriormente, en los cinco o seis meses previos a la misión, los propios astronautas supervisan los menús (controlados por nutricionistas, para que ningún estadounidense se pase con las hamburguesas y los perritos calientes y ningún ruso haga lo mismo con lo que diablos sea lo que ellos coman) y llevan a cabo una evaluación de los mismos, calificándolos como si fueran las notas de un examen, de 1 a 9 puntos, según sus gustos personales; si esta puntuación supera el 6, el plato elegido pasa a formar parte del menú de a bordo.

Pero no todo resulta tan sencillo, pues los alimentos que se han de transportar en la nave deben pasar por un riguroso control de calidad nutricional, así como estar convenientemente tratados desde un punto de vista bacteriológico. Así, por ejemplo, la comida que se elabora para las misiones estadounidenses de la NASA sufre tres técnicas básicas: ionización o irradiación, deshidratación y esterilización. En Europa, el segundo de los anteriores procesos se sustituye, en ocasiones, por otro denominado de "alta presión hidrostática". A continuación, os describiré sucintamente cada uno de ellos.

La ionización o irradiación consiste, simplemente, en lanzar haces de electrones, rayos X o rayos gamma, haciéndolos incidir sobre los alimentos colocados dentro de sus propios envases (el pavo ahumado es un buen ejemplo de alimento irradiado). Esta técnica presenta ventajas, como pueden ser que la estructura de la comida no se ve alterada, ni sufre aumento de temperatura, además de no transformarse en radiactiva. Si las dosis de radiación son suficientemente elevadas, las bacterias y demás microorganismos se eliminan, lo cual permite almacenar los alimentos sin necesidad de refrigerarlos. Pero no todo son ventajas. Respecto a los inconvenientes, se puede decir que las reacciones de oxidación traen como efectos secundarios la destrucción del contenido en vitaminas, así como un desagradable cambio en el color y sabor de la comida. La irradiación también conlleva una degradación de los ácidos grasos poliinsaturados, cuya ausencia se sabe que está íntimamente relacionada con los problemas de tipo coronario y elevados niveles de colesterol.

En la esterilización, el producto alimenticio se somete a temperaturas comprendidas entre los 110 ºC y los 115 ºC, con el propósito de destruir las enzimas y demás microorganismos altamente resistentes. Es el proceso que más afecta al contenido en vitaminas de los alimentos. El agua sufre un tratamiento un poco diferente, pues se calienta hasta los 130 ºC para, posteriormente, ser tratada con yodo, reduciéndose el número de microbios presentes a menos de un millar por litro. Tres alimentos típicamente esterilizados son la fruta, el atún y el pollo a la parrilla de las fajitas.

La técnica de altas presiones hidrostáticas (a veces, también se la conoce como pasteurización hiperbárica) consiste en introducir los alimentos en unos recipientes flexibles pero completamente herméticos y sumergirlos en una cámara especial llena de agua. Una vez allí, son sometidos durante unos pocos minutos a presiones de unos cuantos miles de atmósferas. Se consigue, de esta forma, reducir la vida útil de los microbios. Sin embargo, al no poder ser eliminadas las enzimas de forma total, los alimentos han de conservarse refrigerados.

Por último, la comida que ha sufrido un proceso de deshidratación, ya sea total o parcial (sopa, huevos revueltos, cereales del desayuno, melocotones, peras, albaricoques) presenta sus propios problemas, ya que producen altos niveles de sulfatos (éstos pueden dar lugar a severos problemas respiratorios y cardíacos), así como dolencias y flatulencias (más conocidas como pedos o cuescos, según lo fino y delicado que se sea). Pero no os alarméis, porque los ingenieros y demás sesudos responsables de las misiones espaciales han pensado ya en todos estos

Cocina espacial.

problemas. De mucho tiempo atrás es sabido que el cuerpo humano emite gran cantidad de gases, como el dióxido de carbono, el metano o el amoníaco, entre otros. Evidentemente, en un espacio tan reducido como una cápsula espacial, el hecho de estar respirando los aromas del desalojo gaseoso de un compañero, por muy buen rollito que haya a bordo, constituye un problema muy serio. Por eso, se hace necesario eliminar tan dañinas emanaciones. Dicha labor se lleva a cabo mediante filtros de carbono activo (algo semejante a lo que hacemos con las campanas extractoras de nuestras cocinas). Además, resulta imprescindible fabricar oxígeno respirable, tarea que se lleva a cabo mediante el proceso de electrolisis del agua, que no consiste en otra cosa que hacer pasar una corriente eléctrica por el líquido y húmedo elemento, separando sus moléculas en sus componentes atómicos correspondientes (hidrógeno y oxígeno). El primero de ellos se combina con el dióxido de carbono producto de la respiración humana, generándose agua y metano. Este último se expulsa al exterior.

La cuestión de los alimentos de los astronautas ha adquirido tal importancia en los últimos años que, actualmente, se trabaja de forma intensa en la elaboración de menús que sean lo más parecidos posible a los que se consumen aquí, en la Tierra. Hay que tener en cuenta que un tripulante a bordo de la Estación Espacial Internacional puede contemplar hasta 16 amaneceres y sus correspondientes crepúsculos cada 24 horas de misión debido a que describen una órbita cada 90 minutos, aproximadamente. De esta forma, la alimentación no juega un papel meramente físico, sino también psicológico de gran importancia; resulta esencial para la buena salud de los viajeros espaciales tener la sensación de que se encuentran cerca de su hogar y que la comida que ingieren sea una pequeña fiesta dentro de la monotonía de las labores que se llevan a cabo a bordo de la nave o estación.

Últimamente, son bien conocidos los casos de algunos adinerados y ociosos turistas espaciales, cada uno de ellos con sus caprichitos personales. Por ejemplo, se puede citar a Charles Simonyi quien saboreó, mientras disfrutaba de su paseíto por la Estación Espacial Internacional, un suculento menú compuesto por pechugas de pato rellenas de alcaparras, codornices asadas, pollo al queso, puré de patatas con nueces y un delicioso arroz con leche. Entre las cosas que se nos dan bien a los españoles (además de ir de jarana y visitar bares con asiduidad) está la elaboración del llamado "Menú Barcelona", creado por tres grandes "chefs" españoles: Carles Abellán, Carles Gaig y Enric Rovira. Dicho menú espacial consiste en nueve platos, de los cuales destacan la escalivada de berenjena y pimientos, los guisantes con zanahoria y panceta, el arroz con calamares y los bombones planetarios de postre. Yo, personalmente, sigo prefiriendo la pizza.

De todas formas, no me queda muy claro si todos los apetitosos platos citados más arriba presentarán el mismo sabor si los degustásemos aquí abajo, en nuestro querido, viejo y maltratado planeta. Pues cuentan los astronautas (los de verdad) que, debido, al estado de microgravedad en el que se encuentran de forma permanente, los fluidos corporales suelen acumularse en la parte superior del cuerpo, produciendo una cierta congestión en la cabeza y la nariz, muy similar a la que se puede experimentar cuando sufrimos un constipado. Esto afecta de forma notable al sabor de los alimentos y, hasta ahora, la única solución parcial que parecen haber encontrado consiste en condimentar fuertemente con productos como el ketchup o las salsas picantes. Sinceramente, no me imagino comer bombones planetarios picantes y embadurnados de tomate frito ligeramente especiado.

No quisiera finalizar este capítulo sin haberme referido, aunque sea brevemente, a las posibles futuras misiones espaciales de larga duración. Si todos los inconvenientes que os he contado hasta ahora os parecen poca cosa, sólo tenéis que imaginar qué pasaría si los viajes durasen meses o incluso años, tal y como nos muestran las películas de ciencia ficción. Tened en cuenta que un astronauta puede perder, durante una misión no demasiado prolongada, hasta la décima parte de su masa corporal y un 2,5 por ciento de la ósea, por lo cual necesitan ingestas de calcio superiores a las de los humanos normales que no viajamos ni viajaremos nunca al espacio. Análogamente, deben ingerir suplementos de vitamina D, ya que ésta se produce en el cuerpo humano con la inestimable colaboración de la luz solar. Para recuperarse cuando regresan a la Tierra se requiere más del doble del tiempo de duración de la misión.

Según el propio Pedro Duque, astronauta español, se estima en unos 20.000 euros el coste de cada kilogramo que es enviado al espacio. Cada astronauta dispone de unos 2 kg de comida por día (incluidos los recipientes y envases), además de un suplemento para casos de emergencia, en caso de tener que permanecer durante un período no superior a tres semanas, de unas 2.000 kilocalorías diarias. Las soluciones que actualmente se estudian van por el camino del autoabastecimiento a bordo de las naves espaciales, es decir, se trataría de que los propios miembros de la misión cultivasen ellos mismos hasta un 90 por ciento de sus alimentos. Las opciones más viables parecen ser el arroz, la soja, los tomates, cebollas, espinacas, trigo, cacahuetes, patatas y ciertas especies de algas ricas en proteínas. Se trata, en todo caso, de productos fácilmente transformables en harina y queso de leche de soja, además de presentar enormes ventajas, como la de contener aceites utilizables en otras comidas y el poder usarse para reciclar y depurar el aire, haciéndolo respirable de nuevo. En relación con esto, resulta enormemente recomendable la película *Naves misteriosas* (*Silent Running*, 1972).

Y ya sólo me resta, para terminar, recordaros que, una vez que uno ha comido opíparamente, que NO ha fumado un cigarrillo (fumar está terminantemente prohibido en las misiones espaciales) y se encuentra más o menos en buena forma, lo único que le hace falta para sentirse como en casa es… sexo espacial, un buen casquete interestelar, pues la microgravedad ni siquiera permite el natural y reconfortante proceso del eructo a causa de la imposibilidad física de separación entre líquidos y gases en el interior del tubo digestivo. Ya se sabe, a falta de pan buenas son tortas…

Capítulo 7

loS led odal orto la satenalP

El arte es el reflejo del mundo.
Si el mundo es horrible, su reflejo también lo será.

Paul Verhoeven

En 1969, Gerry y Sylvia Anderson, los célebres productores de series televisivas de éxito como *Thunderbirds*, *UFO* y *Space 1999*, decidieron dar el salto al mundo de la gran pantalla con un proyecto de lo más curioso. Se trataba de *Journey to the far side of the Sun*, también conocida como *Doppelganger* (término proveniente del vocablo alemán *dopplegänger*, utilizado para designar el doble fantasmagórico de una persona viva). En esta película, se abordaba el tema de una "contra-Tierra", es decir, la existencia de un planeta en la misma órbita que el nuestro, pero situado en el lado opuesto del Sol.

El coronel Glenn Ross, el astronauta más capacitado de la época, es puesto al mando de una nave espacial con rumbo a nuestro planeta gemelo, en compañía del científico John Kane. Tras un periplo de tres semanas, lo cual arroja una velocidad media de nada menos que 600.000 km/h, nuestros intrépidos protagonistas se estrellan contra la dura superficie rocosa del doppleganger planetario. Allí son rescatados por unos individuos que, aparentemente, resultan ser idénticos a los que les habían enviado desde la Tierra tres semanas atrás en su misión de exploración. Sin embargo, Ross y Kane afirman estar seguros de haber alcanzado su destino y no encontrarse en la Tierra. ¿Qué ha sucedido?

Pues será mejor que veáis la película si queréis averiguarlo porque yo no pienso contároslo, para que después me acuséis de destripar argumentos. Lo cierto es que hacía mucho tiempo que había oído hablar de esta película y durante un reciente viaje turístico por tierras escocesas me la encontré en una tienda de saldo, con lo que no dudé ni un momento en adquirirla. Hace tan sólo unos pocos días he tenido la oportunidad de visionarla, la mar de tranquilito en el sofá de mi casa, y aquí me encuentro ahora mismo escribiendo mi análisis sobre la misma. ¡Qué agradable sensación la de ser occidental y vivir en una economía capitalista, en el seno de una familia de clase media acomodada! En fin, después de las típicas y absurdas chorradas que suelo soltar para entrar en calor, empecemos con el asunto que nos ocupa. ¿Resulta creíble la hipótesis de la existencia de un planeta X situado en la misma órbita que otro? ¿Qué sucedería si tal cosa fuese posible?

El problema anterior ha llamado la atención de físicos y matemáticos desde que sir Isaac Newton enunciara su célebre ley de la gravitación universal, hace ya unos cuantos añitos. Las leyes de Kepler de los movimientos planetarios establecían que los planetas debían describir órbitas elípticas en torno al Sol empleando un tiempo en recorrer su camino que resultaba ser directamente proporcional a la distancia promedio a la estrella. Esto significaba que cuanto más lejos se encontrara el planeta del Sol, tanto mayor sería el tiempo invertido en recorrer la elipse correspondiente. Por ello, Mercurio posee un año de 88 días terrestres, Venus de 224 días, Marte de 686 días y así, sucesivamente. Pero la regla anterior solamente funciona hasta cierto punto, pues Kepler suponía que sobre cada planeta únicamente actuaba la influencia gravitatoria del Sol y no la de todos los demás cuerpos del sistema solar. Así, siempre sería posible situar un satélite entre la Tierra y el Sol, por ejemplo, que mantuviese una posición fija respecto a nuestro planeta y no que girase más rápidamente que la Tierra (como también afirmaba Kepler) por estar más cerca que ella del Sol. ¿Por qué sucedería esto? Pues por la sencilla razón de que parte del tirón atractivo gravitatorio del Sol sobre el satélite se vería compensado por el debido a la Tierra, que lo ejercería en el sentido opuesto al primero.

El problema del movimiento de dos cuerpos era perfectamente conocido y estaba resuelto de forma analítica ya en el siglo XVII. En cambio, cuando se introducía un tercer cuerpo, las ecuaciones se complicaban excesivamente, no siendo posible hallar una solución general en forma cerrada. Sería con la llegada de los computadores, mucho más tarde, cuando los análisis numéricos comenzasen a proliferar. Sin embargo, hace ya casi tres siglos que se conocen soluciones aproximadas al conocido como problema de los tres cuerpos. Había sido el célebre matemático Leonhard Euler quien había analizado la situación particular en la que uno de los tres cuerpos era mucho menos masivo que los otros dos (por ejemplo, los casos de la Luna o, alternativamente, de una nave o colonia espacial con respecto al sistema Sol-Tierra) y siempre que las órbitas, en lugar de elípticas, fuesen circulares. Así, Euler fue capaz de encontrar tres puntos, todos ellos situados sobre la misma línea recta, en los cuales se verificaba que la posición del tercer cuerpo (el de masa mucho menor que los otros dos) permanecería fija con respecto a los dos cuerpos principales, debido a la compensación de las fuerzas atractivas de ambos con la fuerza centrífuga propia de la trayectoria circular. Posteriormente, Joseph Louis Lagrange, en 1772 encontró otros dos puntos más en los que se verificaban las mismas condiciones que en los tres hallados por su maestro. Estos dos puntos se encontraban a mitad de distancia entre los dos cuerpos masivos, uno por encima y otro por debajo de la línea que une ambos y formando con ellos sendos triángulos equiláteros. Posteriormente, a estos puntos se les denominaría troyanos, pues fueron hallados asteroides situados en sus proximidades en la órbita de Júpiter (en la región del cinturón de asteroides situado entre las órbitas de Marte y Júpiter) y que habían sido bautizados con nombres de héroes en la guerra de Troya. Actualmente, a los cinco puntos encontrados por Euler y Lagrange se les suele conocer de una forma no muy original como L1, L2, L3, L4 y L5. También como puntos de Euler-Lagrange o, simplemente, puntos de Lagrange.

Si tomamos el caso particular del sistema Sol-Tierra, L1 se encuentra entre ellos, a una distancia aproximada de 1,5 millones de kilómetros de la Tierra; L2 a la misma distancia pero al otro lado de nuestro planeta; L3 se sitúa unos 188 km más allá del radio de la órbita terrestre (150.000.000 km), en el lado opuesto del Sol al que se halle la Tierra; L4 y L5 están ubicados a algo más de 20 millones de kilómetros por delante y por detrás de la Tierra, respectivamente, y unos 450 kilómetros más cerca del Sol que ésta.

Los puntos de Lagrange y la hipotética existencia de un planeta en la misma órbita que la Tierra han sido tratados en no pocas ocasiones, tanto en el cine como en la literatura de ciencia ficción. Así, se pueden encontrar films menores como *L5: First city in space*, donde una colonia humana se encuentra habitando, 100 años en el futuro, una ciudad situada en el punto L5 de la órbita terrestre; asimismo, en el episodio nº 151 de *Star Trek: la próxima generación*, titulado «Los supervivientes». Larry Niven y Jerry Pournelle abordan el tema en su novela *La paja en el ojo de Dios* (*The mote in God's eye*, 1974) así como en su secuela, *El tercer brazo* (*The gripping hand*, 1993); los puntos de Lagrange del sistema

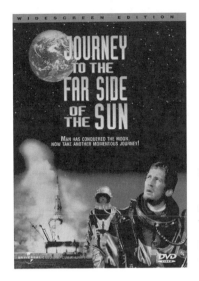

Carátula del DVD de la película *Journey to the far side of the Sun*. En esta película, se abordaba el tema de una "contra-Tierra", es decir, la existencia de un planeta en la misma órbita que el nuestro, pero situado en el lado opuesto del Sol.

Tierra-Luna aparecen en la novela de Arthur C. Clarke *Naufragio en el mar selenita* (*A fall of moondust*, 1961); los veintiséis libros de las «Crónicas de Gor», de John Norman, describen la vida en el planeta Gor, situado al otro lado de nuestro Sol; Isaac Asimov en *Engañabobos* (*Sucker bait*, 1954) narra las peripecias de una expedición enviada al planeta Troas, situado en uno de los puntos de Lagrange de un sistema binario de estrellas localizado en el cúmulo globular M13, en busca de una misión anterior que ha desaparecido de forma misteriosa. Finalmente, el español Pascual Enguídanos, oculto tras el seudónimo de George H. White (lo extranjero siempre vende más y mejor) abordó el tema en su serie *Más allá del Sol*, donde unos platillos volantes parecen provenir de un planeta situado al otro lado de nuestra estrella, y no con muy buenas intenciones.

Volviendo una vez más a la física, hay que decir que los puntos de Lagrange fueron considerados, al principio, como meras curiosidades matemáticas. Fue con el descubrimiento de los asteroides troyanos cuando se les empezó a dar importancia y, actualmente, se conocen cuerpos celestes situados en los puntos lagrangianos de multitud de sistemas, como Sol-Júpiter (el cinturón de asteroides), Sol-Marte, Tierra-Luna, Sol-Neptuno, Saturno-Tetis, Saturno-Dione, etc. Cuando estos puntos se estudian con detenimiento, se observan cosas realmente curiosas. Quizá la más llamativa sea la que tiene que ver con la estabilidad de los mismos. En efecto, los puntos L4 y L5 son estables, pero siempre y cuando se cumpla que el cociente entre las masas de los dos cuerpos más grandes sea mayor que 24,96. Por ejemplo, el sistema Sol-Tierra presenta un valor para el cociente anterior de 333.333; el sistema Tierra-Luna de 81; el Sol-Júpiter de 1.053 y el sistema binario en M13 de la novela de Asimov citada más arriba de 1,5. Todos los puntos L4 y L5 de sus respectivas órbitas, excepto en el último caso (lo siento, amigo Asimov), son confortablemente estables y seguramente esta sea la razón por la que se han encontrado troyanos en las inmediaciones de estas regiones para muchos cuerpos del sistema solar. Un caso especial lo constituye el sistema Tierra-Luna, ya que la proximidad del Sol complica considerablemente los cálculos matemáticos. A finales de la década de 1960 se descubrió que en este caso los puntos L4 y L5 dejan de ser estables, convirtiéndose en órbitas con períodos de unos 89 días en torno de los antiguos puntos de Lagrange.

Por otro lado, los tres primeros (L1, L2 y L3) son, decepcionantemente, inestables. Esto quiere decir que los cuerpos situados en ellos no permanecerán indefinidamente en esas posiciones, sino que acabarán saliendo despedidos de sus órbitas tarde o temprano. Así, L1 y L2 poseen períodos de estabilidad de tan sólo 23 días, lo que hace necesario corregir frecuentemente desde la Tierra la posición de satélites que estuviesen allí estacionados, como fue el caso del viejo ISEE-3 (International Sun-Earth Explorer-3) a finales de los setenta y principios de los ochenta del siglo pasado; o como, más recientemente, el SOHO (SOlar and Heliosferic Observatory), en órbita en el punto L1 y manteniendo una privilegiada vista continua del Sol; o del WMAP (Wilkinson Microwave Anisotropy Probe), situado en L2 y siempre mirando al espacio profundo con el fin de muestrear el fondo cósmico de microondas. Por su parte, L3, el punto donde los autores de ciencia ficción siempre sitúan la contra-Tierra también presenta un período de estabilidad, en este caso de 150 años. Esto podría hacer posible la existencia de unas hipotéticas bases invasoras extraterrestres, pero nunca de un planeta X, pues éste ya habría sido lanzado fuera de su órbita hace mucho, mucho tiempo. Lástima, era una idea tan bonita y romántica...

Capítulo 8

Y dentro de mil años, ¿sorbete de cerebro en el criorífico?

No quiero alcanzar la inmortalidad mediante mi trabajo,
sino simplemente no muriendo.

Woody Allen

En el año 3978, el coronel Taylor y sus tres compañeros viajan a bordo de una nave espacial. Una repentina avería les obliga a realizar un aterrizaje forzoso en un planeta "desconocido". Debido al efecto relativista de la dilatación del tiempo, en la Tierra han transcurrido dos mil años, mientras que a bordo tan sólo han transcurrido unos meses. Cuando Taylor y otros dos miembros de la tripulación recuperan la consciencia, comprueban con horror que una de las cápsulas de animación suspendida ha sufrido un mal funcionamiento durante el viaje y su ocupante, la única mujer de la misión, ha muerto.

La teniente Ripley, junto con el resto de la tripulación de la nave Nostromo duermen plácidamente el sueño espacial mientras regresan a la Tierra, procedentes del planeta Thedus, cuando, repentinamente, son reanimados por Madre, el computador de a bordo. Al parecer, ha detectado una señal de socorro alienígena.

Año 2001. La nave Discovery, en rumbo hacia Júpiter, y tripulada por cinco miembros, dos de ellos despiertos y otros tres en estado de hibernación, comienza a experimentar inexplicables comportamientos de su inteligencia artificial, HAL-9000. Tomando una decisión consciente, decide terminar con la vida de los tres expedicionarios hibernados, desconectando sus sistemas de soporte vital.

1984: el cometa Halley regresa a la Tierra. Pero esta vez, la humanidad está preparada. El módulo espacial Churchill se dirige a su encuentro en misión de exploración. Cuando todo parecía ir bien, descubren

Han Solo, en *El imperio contraataca* (*Star Wars: Episode V- The empire strikes back*, 1980), queda criogenizado con "carbonita".

una extraña nave alienígena camuflada en la cola del cometa. Decididos a desvelar el misterio, unos cuantos miembros son enviados a su encuentro, donde se topan con gigantescas criaturas semejantes a murciélagos y otros tres seres con apariencia humana en estado de animación suspendida.

En la madrugada del 1 de enero de 1999, el humilde y atontado repartidor de pizzas Philip J. Fry queda atrapado accidentalmente en el interior de una cápsula criogenizadora y despierta justo mil años en el futuro. Allí conoce a toda una serie de personajes estrambóticos y se enamora de una "hermosa" mutante ciclópea, de nombre Leela.

Los cinco botones anteriores, correspondientes respectivamente a *El planeta de los simios* (*Planet of the apes*, 1968), *Alien, el octavo pasajero* (*Alien*, 1979), *2001: una odisea del espacio* (*2001: A space odissey*, 1968), *Lifeforce: fuerza vital* (*Lifeforce*, 1985) y *Futurama* (*Futurama*, 1999), bien pueden servir como muestras al azar de uno de los tópicos más reflejados en el cine y la literatura de ciencia ficción. Me refiero, en concreto, al tema de la preservación criogénica, también conocido como animación suspendida.

Os vais a quedar helados

Aunque suele ser muy común confundir ambos términos, se trata, sin embargo, de dos conceptos relativamente diferentes. Así, la preservación criogénica se refiere a la congelación de un ser vivo cuando éste se encuentra, bien a punto de morir (aunque esto es ilegal, actualmente, al menos con seres humanos, que yo sepa), o bien, un tiempo después de muerto. El proceso tiene lugar a muy bajas temperaturas, con el propósito de conservar el cuerpo y la esperanza de revivirlo en el futuro, si es que los medios científicos y tecnológicos lo permiten. En cambio, la animación suspendida es un fenómeno biológico mediante el cual un organismo vivo entra en una especie de estado de letargo o sueño donde la actividad metabólica se reduce de forma drástica (más o menos lo que le ocurría a *La bella durmiente*, en el inmortal cuento de Charles Perrault).

La idea de utilizar temperaturas muy bajas para preservar cuerpos de seres vivos o muertos se remonta, al parecer, a más de 4.500 años, cuando los antiguos egipcios usaban el frío para rebajar la inflamación y tratar heridas. Más recientemente, en el siglo XVII se llegó a especular con que la muerte del filósofo Francis Bacon había tenido lugar durante el transcurso de un experimento criogénico. En la actualidad, la animación suspendida se les induce a los pacientes antes de intervenirlos quirúrgicamente, reduciendo así su temperatura corporal de 37 ºC a unos 22 ºC, con la consiguiente detención del flujo sanguíneo y el latido cardíaco.

De hecho, parece que la cosa funciona correctamente a la hora de despertar de nuevo a los seres previamente conservados criogénicamente. Al menos, en formas de vida no demasiado complejas. Se han encontrado tanto algas como bacterias en aguas saladas en la Antártida que han permanecido congeladas durante casi 3.000 años, o incluso más de 30.000 años en una cierta especie de bacteria, en Alaska. Tanto las bacterias como otros organismos pueden mantener sus funciones vitales a temperaturas tan bajas como -55 ºC. Se han descubierto microbios de millones de años criogénicamente preservados a casi cuatro kilómetros de profundidad, sepultados en el *permafrost*, la capa de suelo que se encuentra permanentemente congelada en las regiones polares. Los óvulos femeninos y los espermatozoides masculinos, junto con embriones, se conservan a bajísimas temperaturas de forma habitual, para poder ser utilizados tiempo después. Ciertas especies de peces poseen una sustancia natural anticongelante en su sangre que les permite sobrevivir a períodos más o menos largos de frío extremo. La función de esta sustancia no es otra que evitar la formación de cristales de hielo en las células de los tejidos del cuerpo del pez. Funciona de forma análoga a como lo hace el anticongelante que empleamos en los vehículos, es decir, disminuyendo el punto de fusión del agua para que se congele a una temperatura más baja de lo normal. Se cuenta que los percebes, esas criaturitas tan escurridizas que tienen la mala costumbre de vivir en las rocas poco accesibles y golpeadas por las olas del mar, pueden sobrevivir incluso a temperaturas de -18 ºC mientras una proporción superior al ochenta por ciento del agua de su cuerpo permanece congelada.

Todo lo anterior está muy bien, pero los seres humanos no somos ni bacterias, ni microbios, ni peces, aunque sí podamos encontrar entre

nosotros bastantes percebes. Así, pues, ¿resulta posible, por ejemplo, someter a una persona a un proceso de criogenia después de morir o incluso inducirle un estado de animación suspendida, con el objeto de "resucitarla" en un futuro lejano, cuando las enfermedades hayan desaparecido por completo o cuan-

Tanque de criopreservación humana, o vaso Dewar, utilizado por la fundación Alcor Life Extension; en su interior se pueden acomodar cuatro cuerpos completos de pacientes, sumergidos en nitrógeno líquido a -196º C., con la esperanza de que en el futuro, la ciencia médica avance lo suficiente como para revertir las causas de su muerte.

do exista una cura para la causa de su muerte, en el primer caso, o con el propósito de enviarla al espacio en una misión de larga duración, en el segundo caso, para posteriormente reanimarla y restaurar sus funciones vitales normales?

Los genios de las botellas

Veamos, el término *cryonics* ("criogenia" para nosotros, los hispanos) fue acuñado por primera vez por Karl Werner en 1965, cuando en compañía de Curtis Henderson y Saul Kent fundaron la Cryonics Society of New York. Pero el tema ya había adquirido gran popularidad a partir de 1964, fecha en que R.C.W. Ettinger había publicado el libro *The Prospect of inmortality*. Ettinger proponía que los cuerpos de personas recientemente fallecidas o, en su defecto, sus cabezas separadas del tronco, fuesen congelados en nitrógeno líquido a -196 ºC con el noble propósito de conservar cerebros sanos, al menos hasta el momento en que la tecnología del futuro hubiese adquirido un nivel de desarrollo tan avanzado que permitiese devolverlos a la vida.

Así, siguiendo las directrices de Ettinger, la Cryonics Society of California comenzó a criogenizar seres humanos a finales de los años 1960, cuando el doctor James Bedford se convirtió históricamente en la primera persona en someterse al tratamiento. Desafortunadamente, una avería eléctrica les devolvió el calorcito corporal perdido a unos cuantos cadáveres en el año 1981. Mala propaganda para una empresa que se dedicaba a asuntos no demasiado bien vistos por una gran parte de la sociedad. Una cosa era leer relatos más o menos fantasiosos como *Who goes there?* del célebre John W. Campbell, escrito en 1938, en el que se hablaba de un alienígena devuelto a la vida tras ser encontrado congelado durante miles de años en el Polo Sur y otra muy diferente era ver la imagen de tu padre, madre, amigo o vecino bien fresquito mirándote a los ojos desde el más allá. Un inciso: posteriormente, este relato fue adaptado al cine en *El enigma... de otro mundo* (*The thing... from another world!*, 1951) y, más recientemente, en un remake estupendo titulado *La cosa* (*The thing*, 1982).

Allá por 1972 se fundaron, asimismo, Trans Time, con sede en San Leandro, California y Alcor Life Extension, en Scottsdale, Arizona. Ésta última es en la actualidad la empresa más importante del mundo en el campo de la conservación criogénica de cadáveres; eso sí, al módico y popular precio de unos 150.000 dólares como mínimo por un cuerpo completito y tan sólo 80.000 dólares por un cerebro. A fecha de 31 de agosto de 2011 Alcor tenía registrados oficialmente 994 miembros, así como 107 pacientes en sus contenedores, a la espera de un mañana más prometedor. A veces me pregunto qué pasaría si en unos años una moda semejante se instalase en nuestra sociedad y el número de pacientes comenzase a incrementarse de forma alarmante. ¿Dónde almacenar tantos cadáveres? ¿Qué hacer con ellos? ¿Se les podría sacar alguna utilidad?

Una vez más, el mundo de la ciencia ficción ha propuesto respuestas a interrogantes como éstos. Así, Norman Spinrad, en *Incordie a Jack Barron* (*Bug Jack Barron*, 1969) utiliza la criogenia como medio de soborno y chantaje; Larry Niven, en *The Defenseless dead* (1973) propone la idea de utilizar los restos de cadáveres criogenizados y obtener órganos aptos para trasplantes; Greg Bear, en *Heads* (1990) sugiere la posibilidad de extraer datos de los cerebros muertos antes de ser descongelados; por último, Charles Sheffield, en *Tomorrow and tomorrow* (1997) soluciona los problemas de espacio para el almacenamiento enviando los cuerpos nada menos que a Plutón (cuando éste aún no había perdido su título oficial de planeta del sistema solar). Es de suponer que los viajes espaciales estarían baratitos en esa época.

Según la información que Alcor proporciona en su propia página web, la empresa sólo actúa sobre personas legalmente fallecidas, es decir, en las que se ha detenido su corazón, nunca sobre aquéllas en las que haya tenido lugar la muerte cerebral, ya que demostrar este hecho haría perder un tiempo precioso debido a la cantidad de técnicas y procesos diferentes y complejos que hay que llevar a cabo. Si un cerebro puede preservarse con su memoria y personalidad, cosa que está por demostrar, entonces devolver la salud a la persona congelada parece más un problema de ingeniería a largo plazo, siempre según opinión de Alcor.

Ahora bien, ¿sigue siendo la misma persona alguien que ha vuelto a la vida cientos de años después de fallecida? ¿Se mantienen sus recuerdos? ¿Tiene algo que ver la personalidad con estos recuerdos? ¿Dónde reside el alma del individuo, si es que existe? ¿Le importa algo de todo esto a la gente que decide someterse al tratamiento de preservación criogénica? Hasta hace bien poco se pensaba que la memoria a corto plazo depende de la actividad eléctrica cerebral. Por el contrario, la memoria a largo plazo está basada en cambios permanentes, tanto a nivel estructural como molecular dentro del cerebro. Sin embargo, recientemente, un grupo de neurólogos, experimentando con ratas, ha conseguido eliminar recuerdos de hasta seis semanas inyectándoles en la parte del cerebro donde reside la memoria de los sabores un inhibidor de la proteína quinasa M zeta. Sus resultados aparecen publicados en el número 317 de la revista *Science*. Por otro lado, en la publicación *Annals of Neurology*, se cuenta un caso opuesto al anterior. Al parecer, cuando se intentó reducir el apetito de una persona de 50 años de edad mediante estimulación cerebral de la zona del hipotálamo vinculada a la sensación de hambre, el individuo afirmó que había comenzado a recordar claramente sucesos acaecidos 30 años atrás. Así pues, estamos comenzando a aprender a manipular los recuerdos y quizá esto cambie para siempre nuestra forma de percibir conceptos como personalidad, alma, etc. Bien podríamos llegar a concluir que lo que hoy en día entendemos por muerte, mañana cambie por completo.

Crioprotégete

Pero volviendo al tema, ¿cómo se lleva a cabo el proceso de criogenización de una persona con los medios actuales? Justo antes de la década de 1990 se utilizaban sustancias crioprotectoras, digamos, modestas. Con ellas se consiguió que cerebros completos recuperasen brevemente actividad eléctrica normal después de permanecer congelados a -20 ºC durante cinco días. La sustancia crioprotectora en cuestión era el *glicerol*. Más tarde, en 1995, se logró preservar estructura cerebral a una temperatura tan baja como -90 ºC al utilizar una solución concentrada, también de glicerol. Sin embargo, esta concentración no era posible incrementarla arbitrariamente, ya que entonces se volvía tóxica. A partir del año 2001, Alcor comenzó a sustituir el glicerol por otras sustancias capaces de provocar la *vitrificación* del cerebro completo y desde el año 2005 emplea el M22, mucho menos tóxico.

Una sustancia crioprotectora está constituida, básicamente, por moléculas pequeñas que penetran fácilmente en el interior de las células, reduciendo el punto de congelación del agua. Además del glicerol, otros

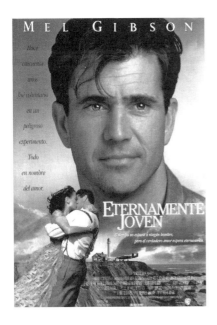

Una de las películas más conocidas que presenta a la criónica (y sus errores potenciales) es la película de 1992 *Eternamente joven* (*Forever Young*) protagonizada por Mel Gibson.

crioprotectores son el etilenglicerol, el sulfóxido de dimetilo, la "carbonita" en la que queda criogenizado Han Solo en *El imperio contraataca* (*Star Wars: Episode V- The empire strikes back*, 1980) y el suero de supersoldado del Capitán América, que le permitió sobrevivir durante años en un bloque de hielo, tras precipitarse al Ártico cuando, en compañía de su amigo Bucky, intentaba detener el lanzamiento de una bomba sobre Londres por parte del malvado agente nazi, el Barón Zemo I. Rescatado por los esquimales, fue adorado como un dios durante años, hasta que Namor arrojó el bloque a las aguas del océano, donde lo hallaron posteriormente Los Vengadores, quienes lo reanimaron.

El crioprotector se introduce en el torrente sanguíneo, con lo cual llega a prácticamente todas las células del cuerpo. El proceso se lleva a cabo a 0 ºC durante horas, alcanzándose una concentración superior al 50%. La mayor dificultad reside en conseguir que la sustancia crioprotectora alcance lo más rápidamente posible a todas las células y tejidos antes de que tenga lugar la formación de cristales de hielo a causa del descenso prolongado de la temperatura. Para lograrlo, el tiempo de difusión de los crioprotectores debe ser lo más pequeño posible, por lo que el glicerol no constituye un candidato muy prometedor. Evidentemente, si el tamaño o extensión del tejido no es demasiado grande, el resultado mejora notablemente. Por ejemplo, en grupos de células de menos de 1 cm, los resultados son excelentes. En un órgano tan grande como un cerebro o incluso en un cuerpo humano completo, la cosa cambia por completo, no pudiendo predecirse con seguridad los efectos a largo plazo.

En todo lo anterior juega un papel decisivo el proceso anteriormente aludido de la *vitrificación*. A medida que la temperatura del cuerpo que se pretende preservar se va reduciendo (recordad que se conservan en nitrógeno líquido a -196 ºC), ocurre la denominada transición vítrea, durante la cual el crioprotector experimenta un aumento drástico de su viscosidad, transformándose en algo así como una sustancia intermedia entre un sólido y un líquido, una especie de sólido vidrioso o vítreo en cuyo seno quedan bloqueadas todas las moléculas, ocupando sitios más o menos fijos. La vitrificación tiene lugar al utilizar una concentración de sustancia crioprotectora tan elevada que los cristales de hielo no llegan a formarse. Por debajo de la temperatura de transición vítrea, el movimiento de traslación molecular cesa y la química se detiene, en cierta manera. El reloj biológico se ha parado.

El proceso de vitrificación no presenta el problema del tamaño de las muestras criogenizadas. Por el contrario, puede ocurrir a cualquier escala (se han logrado vitrificar riñones de conejo, por ejemplo) y a cualquier velocidad de enfriamiento (células vivas a un ritmo sostenido de 20 ºC/min), pero siempre que se sustituya suficiente cantidad de agua de las células y tejidos por otra equivalente de crioprotector. Con las técnicas disponibles en la actualidad, la vitrificación, seguida de un retorno del metabolismo normal, solamente se consigue en tejidos pequeños como pueden ser los vasos sanguíneos; en órganos grandes se acumulan efectos tóxicos que aún no están bien comprendidos. La vitrificación preserva la estructura del tejido, pero no la suficiente bioquímica como para devolverle su metabolismo normal.

Así y todo, con las enormes dificultades y numerosos interrogantes aún por contestar, algunas personas, con unos ciertos ahorros, siguen decidiendo someterse a la preservación criogénica y darse el último bañito en los fríos contenedores de Alcor Life Extension, en nuestro mundo real, o en nuestras peores pesadillas acudir a empresas de ficción como L.E., tal y como hace el protagonista de la estupenda película de Alejandro Amenábar *Abre los ojos*; despertar al bueno de John Spartan treinta y seis años después de ser criogenizado para acabar con el malvado Simon Phoenix en *Demolition man* (*Demolition man*, 1993); o tener una aventura con Mel Gibson en *Eternamente joven* (*Forever young*, 1992). Al fin y al cabo, ¿no resultaría mucho más económico quedar atrapado en un bloque de hielo, como el Capitán América, o la masa gelatinosa e informe de *The blob* (*The blob*, 1958), o la terrible criatura de *El monstruo de tiempos remotos* (*The beast from 20.000 fathoms*, 1953)?

Mientras todas las dificultades anteriores no queden definitivamente resueltas, no nos quedará más remedio que seguir, o bien disfrutando del cine y la literatura de ciencia ficción, o bien confiar en las predicciones de K. Eric Drexler, Ralph Merkle y otros, quienes, allá por 1987, especularon con la posibilidad de que el uso de la nanotecnología molecular (término sugerido por Richard Feynman en 1959) podría proporcionar medios para reparar y proteger los cuerpos de los riesgos potenciales durante los procesos de criogenización y posterior reanimación. Hasta entonces, permitidme que permanezca en una respetuosa animación suspendida...

Capítulo 9

Agujeros negros sin pelo y tan calentitos que te ponen a mil, dándote ganas de quedarte a vivir en su interior

Los agujeros negros son el paraíso de los físicos teóricos,
pero el infierno para el resto de la humanidad.
Anónimo

Pocos objetos han despertado la imaginación de las personas tanto como han hecho los agujeros negros desde hace prácticamente 100 años, cuando Albert Einstein formuló su teoría general de la relatividad en 1915 y Karl Schwarzschild logró hallar la primera solución a las ecuaciones de campo que predecía su existencia (al menos, en teoría). Lo más curioso es que estos misteriosos objetos ya se conocían desde el siglo XVIII, aunque nunca recibieron la denominación con la que los conocemos en la actualidad, gracias a los trabajos pioneros de John Michell (1724-1793) y Pierre Simon de Laplace (1749-1827). Ambos personajes se plantearon, prácticamente de forma simultánea, la posibilidad de que una estrella fuese lo suficientemente pesada y densa como para que ni siquiera la luz lograse escapar a su poderoso campo gravitatorio. Llegaron a la conclusión que una estrella tal debería ser negra y poseería un radio crítico que dependía de su masa. Cuando Schwarzschild encontró su solución utilizando las hipótesis simplificadoras de una estrella esférica y que no girase ni estuviese cargada eléctricamente, obtuvo el mismo radio crítico que Michell, pero con un significado totalmente distinto. Efectivamente, para Michell el valor de esta distancia crítica debía ser el del tamaño de la estrella colapsada para que la *velocidad de escape* en su superficie coincidiese con la velocidad de la luz en el vacío. En cambio, para Schwarzschild, la misma distancia representaba el radio de una esfera imaginaria que envolvería a la estrella original en colapso; fuera de dicha esfera la luz no podría escapar. A la superficie de esta esfera imaginaria se la empezó a conocer como horizonte de eventos u horizonte de sucesos y a su radio como el radio de Schwarzschild, denominación que ha prevalecido hasta nuestro días.

El mundo de la ciencia ficción no tardaría en apropiarse de ideas tan sugerentes y prometedoras para sus historias y resulta relativamente sencillo encontrar docenas de ejemplos. Todas clases de usos de lo más variopintos se les han atribuido a estos enigmáticos objetos, desde su empleo como meros instrumentos a la hora de viajar por el espacio interestelar, como hace Joe Haldeman en su extraordinaria novela *La guerra interminable*, o como base de un sistema de comunicaciones, hasta atribuirles la capacidad de sentir (Gregory Benford en *Eater*) o la misma inteligencia (John Varley en *Lollipop and the Tar Baby*).

El cine tampoco se ha quedado atrás en el desafío y unas cuantas películas han abordado el tema, desde distintos puntos de vista, unas intentando ser lo más fieles posible a la ciencia (aunque sin conseguirlo, como veremos) y otras, en cambio, elevando el nivel de especulación hasta límites insospechados, rayando incluso en la ciencia ficción más audaz y alocada.

La época dorada de la investigación científica en el campo de los agujeros negros se desarrolló durante la segunda mitad de los años 1960 y la primera mitad de 1970. Fue precisamente a lo largo de este período cuando se publicaron los resultados más llamativos e importantes y el área de estudio creció enormemente. De hecho, el término *agujero negro* fue acuñado como tal por John Wheeler en 1969.

Exactamente el día de Año Nuevo de 1979 la todopoderosa compañía Disney estrenaba *The Black hole* (penosamente traducida al español como *El abismo negro*). En ella se narran las peripecias de la nave espacial Palomino (¿no habrá nombres más adecuados y menos escatológicos con los que bautizar una nave espacial?) y su encuentro casual con otra nave, la U.S.S. Cygnus, desaparecida veinte años atrás y actualmente orbitando un enorme agujero negro galáctico. A bordo de la Cygnus (el nombre probablemente hace referencia al primer objeto astronómico identificado como potencial agujero negro, el ya célebre *Cygnus X1*) se encuentra el doctor Hans Reinhardt, un científico genial e incomprendido que ha inventado un sistema antigravitatorio que permite a su nave no ser engullida por el cercano agujero negro alrededor del que orbita. La intención del demente doctor es introducirse en lo desconocido e intentar averiguar lo que allí se esconde (si es que hay algo). Aprovechando la inesperada visita de la tripulación de la nave Palomino, pretende que ésta "observe su viaje", según reconoce literalmente el propio Reinhardt.

Aprovecharé este esbozo del argumento para contaros unas cuantas cosas acerca de los agujeros negros, aunque es probable que ya las conozcáis, pues quizá sea uno de los términos astrofísicos más divulgados. No pretendo en absoluto ser exhaustivo enumerando aquí y ahora un sinfín de datos y otras cosas que sin duda podéis encontrar en los miles de sitios que abundan en la red o en las decenas de fantásticos libros que se han escrito y publicado sobre el tema, sino que mi objetivo es utilizar la osada idea del doctor Reinhardt para contaros, sobre todo, el efecto vulgarmente conocido como "espaguetificación" o "espaguetización" y que tiene lugar cuando un objeto pretende acercarse más de la cuenta a un agujero negro.

Un desagüe poco recomendable

Sin ánimo de meterme en camisas de once varas y expresado de una forma extremadamente falta de rigor, un agujero negro es un objeto extraordinariamente simple (de nuevo, John Wheeler acuñó la expresión "los agujeros negros no tienen pelo" para hacer referencia a esta simplicidad) del que no puede escapar ni tan siquiera la luz debido a su intensa gravedad, que se puede caracterizar por tan sólo tres parámetros: su masa, su momento angular (relacionado con su velocidad de rotación) y su carga eléctrica. Un agujero negro de Schwarzschild es aquél que no gira ni tiene carga eléctrica; si resulta que gira, pero en ausencia de carga eléctrica, se denomina agujero negro de Kerr; en cambio, si no posee movimiento alguno de rotación pero sí está cargado eléctricamente recibe el nombre de agujero negro de Reissner-Nordstrom; por último, cuando rota y está dotado de carga se le conoce como agujero negro de Kerr-Newman. Si, por no complicar en exceso el asunto, nos detenemos en la primera de estas cuatro categorías, la expresión del radio de Schwarzschild a la que ya aludí más arriba, permite determinar que para el caso del Sol, si éste, por ejemplo, deviniese en un agujero negro, para lo

Representación artística del sistema binario HDE 226868 Cygnus X-1.
(Ilustración ESA/Hubble).

cual sería preciso comprimirlo enormemente, su horizonte de sucesos se extendería solamente hasta 3 km desde su centro; si le sucediese lo mismo a la Tierra, aquél llegaría a escasamente 9 milímetros; finalmente, un agujero negro supermasivo, como el que puede haber en el centro de nuestra propia galaxia podría poseer un tamaño de hasta cientos de millones de kilómetros.

Es justamente en esta región del horizonte de sucesos en la que me voy a fijar en particular, pues presenta unas particularidades de lo más pintorescas y estimulantes que me van a permitir hacer alguno de esos cálculos simples y poco rigurosos pero, al mismo tiempo, esclarecedores. Me permitiré la licencia de utilizar como puntos de apoyo algunas de las afirmaciones de los protagonistas de la película. Así, en una de las primeras escenas, cuando el rumbo de la Palomino se ve alterado repentinamente por la presencia del agujero negro, el robot V.I.N.C.E.N.T. (de aspecto un tanto jocoso, similar a los cubos de metal que también adoptaron los célebres daleks, los malvados archienemigos del doctor Who) informa al resto de la tripulación que se trata del "agujero negro más enorme que jamás haya encontrado". Esta frase resulta de gran utilidad, pues a la hora de precipitarse hacia el interior de un agujero negro, su tamaño puede tener una gran influencia en lo que hipotéticamente llegaría a observar el intrépido astronauta, en sus sensaciones y en el tiempo que duraría su caída hasta el mismo punto central del agujero, donde le espera la terrible *singularidad*, una región diminuta donde la gravedad es tan intensa que términos como espacio y tiempo dejan de tener sentido y nadie sabe ni remotamente lo que allí sucede.

Para un agujero negro supermasivo similar al que se encuentra en el centro de nuestra galaxia, la Vía Láctea, con una masa de 5 millones de veces la de nuestro Sol (el mayor registrado hasta la fecha se encuentra en el objeto conocido como OJ 287, en la constelación de Cáncer, a unos 3.500 millones de años luz de la Tierra, y posee una masa estimada de 18.000 millones de masas solares, un auténtico monstruo galáctico) el tiempo que emplearía el desequilibrado doctor Reinhardt en alcanzar la singularidad central no superaría los 16 segundos (medidos éstos en un reloj a bordo de la nave Cygnus, que cae hacia el interior del agujero, pues la gravedad afecta tanto al espacio como al tiempo). En cambio, para un agujero negro de tamaño estelar, con una masa 10 veces superior a la del Sol, llevaría únicamente algo menos de una diezmilésima de segundo.

Como la desquiciada idea de Reinhardt consiste en adentrarse en el interior del agujero (todo sea por la ciencia, aunque sepas a buen seguro que la desmesurada e irracional sed de conocimiento te va a liquidar) y obligar a los miembros de la tripulación de la nave Palomino a observar el tenebroso descenso, cabría preguntarse quizá por lo que verían éstos en semejante situación, suponiendo que se encuentran a salvo a una distancia razonablemente grande del horizonte de sucesos del agujero negro. Pues bien, un objeto que se acercase al horizonte de sucesos de un agujero negro se encontraría, como ya se ha dicho, una gravedad que va aumentando paulatinamente hasta valores ciertamente inimaginables. Esta enorme fuerza tiene como uno de sus efectos colaterales el llamado desplazamiento al rojo gravitacional, que consiste en que la longitud de onda de la luz que procede del objeto y que llega al observador que se encuentra suficientemente alejado del horizonte de sucesos va incrementándose paulatinamente hacia valores cada vez más y más grandes, pasando de los colores visibles (rojo, verde y azul, principalmente) al infrarrojo, microondas, radiofrecuencias, etc. Más aún, en el probable caso de que la nave Cygnus intentase enviar un mensaje de radio para comunicarse con el exterior (las ondas de radio son ondas electromagnéticas y, por tanto, viajan a la velocidad de la luz), debido al mismo efecto, el receptor debería estar continuamente resintonizando la señal a frecuencias más y más bajas. La pega de esto es que, si se pretenden captar dichas señales, el tamaño de la antena debería incrementarse en consonancia. Al fin y al cabo, los radiotelescopios constan de unos platos parabólicos de cientos de metros de diámetro, con el fin de captar señales extraterrestres de longitudes de onda comprendidas entre unos pocos centímetros y los milímetros.

A medida que la Cygnus fuese aproximándose al horizonte de sucesos, desde una distancia suficientemente grande lejos del mismo como para no verse afectada seriamente por los efectos de la gravedad predichos por la teoría de la relatividad general de Einstein, iría atravesando distintas regiones. En primer lugar, una región, la más alejada de la singularidad, donde se cumplirían casi exactamente las leyes clásicas de Newton, las leyes que rigen casi toda nuestra vida cotidiana, y en la cual todas las órbitas circulares que describiese la nave en torno al agujero negro serían estables; a continuación, una segunda región donde éstas se volverían inestables, es decir, que dependiendo de cómo se conectaran los cohetes de la nave, ésta podría bien salir despedida al espacio o, por el contrario, precipitarse irremediablemente en el interior del agujero negro. Una vez atravesada esta segunda región, se llega a la zona donde no existen órbitas circulares permitidas. Aquí los cohetes deben permanecer forzosamente encendidos todo el tiempo; en caso contrario, no habrá vuelta atrás y la nave acabará atravesando el temido horizonte, el punto de no retorno. Entre tanto, los tripulantes de la Palomino, situados a una distancia segura, hubiesen contemplado la aproximación de la Cygnus hacia el agujero negro como si de una película a cámara lenta se tratase, a causa de los efectos relativistas de dilatación temporal que tendrían lugar. Cuando, finalmente, se alcanzase el horizonte, y al contrario de lo que se suele pensar, la nave no quedaría congelada en el tiempo en la referida posición. Muy al contrario, si somos consecuentes con lo que hemos dicho más arriba, la luz que procediese de la nave iría desplazándose rápidamente hacia las longitudes de onda más largas del espectro electromagnético y, por tanto, caería enseguida en la región no visible del mismo, desapareciendo tanto ante los ojos artificiales de V.I.N.C.E.N.T. como de los humanos y totalmente naturales de sus compañeros. Nunca los verían atravesar el horizonte y mucho menos alcanzar la singularidad.

Pero todo lo anterior, ¿significa que el doctor Reinhardt no traspasa realmente la frontera que marca el horizonte de sucesos? Todo lo con-

Cartel de la película *Horizonte final*, en la que se aborda la posibilidad de usar los agujeros negros para propulsar naves.

trario, la tripulación de una nave que lograse ir acercándose cada vez más a un agujero negro, experimentaría cosas asombrosas. Si tras haber atravesado el horizonte levantase la mirada, por ejemplo, contemplaría unos efectos ópticos increíbles, ya que la tremenda curvatura espacio-temporal (gravedad, dicho en lenguaje menos pretencioso) distorsionaría la luz proveniente del exterior de tal manera que los rayos procedentes de una misma estrella describirían trayectorias curvas al pasar por las inmediaciones del agujero, unas veces, y otras, en cambio, rodearían a éste en una o varias órbitas, dando lugar finalmente a varias imágenes simultáneas de la misma estrella, un fenómeno conocido como *anillo de Einstein*. Tampoco parece ser cierta otra creencia muy difundida como es la de que en cuanto se atravesase el horizonte, el astronauta quedaría sumergido en una oscuridad absoluta. Más bien, lo que muestran las simulaciones por ordenador es que el Universo entero se concentraría en un punto de luminosidad infinita que le dejaría ciego al instante. Claro que estamos suponiendo que el osado astronauta ha logrado sobrevivir justamente hasta ese preciso instante, cosa harto discutible por lo que os contaré a continuación.

Si recordáis de vuestros tiernos tiempos colegiales la ley de la gravitación universal de Newton, ésta dice poco más o menos que la fuerza con la que se atraen dos masas es directamente proporcional al producto de las mismas e inversamente proporcional al cuadrado de la distancia que las separa. Apliquemos esta ley a nuestros amigos a bordo de la Palomino (sí, ahora son éstos los que se precipitan al fondo del "abismo negro", ya que en el cine, sobre todo el de Disney, el malo malísimo casi siempre se lleva la peor parte y el doctor Reinhardt fallece finalmente, no sin antes condenar a los buenos buenísimos a un vertiginoso periplo suicida). Aunque en la película no se dan datos numéricos concretos, sí que aportan alguna pista. Como ya aludí anteriormente, el agujero negro al que se enfrenta ahora la Palomino es "el más enorme jamás encontrado". Pues bien, cuando un cuerpo masivo se halla sometido a la acción de la gravedad por parte de otro, se producen las denominadas fuerzas de marea, esto es, variaciones o diferencias en la fuerza gravitatoria que actúa sobre las diferentes partes de un mismo objeto. Así, la Luna ejerce una atracción mayor sobre los océanos terrestres que miran hacia ella que sobre la tierra que tienen por debajo debido a que ésta se encuentra más alejada del satélite y, por tanto, experimentan una fuerza gravitatoria menor; en el lado opuesto de nuestro planeta sucede algo similar, pues allí, al estar más alejada de la Luna el agua del océano que la propia tierra, se produce el efecto contrario. El resultado es que la superficie de los mares y océanos se abomba, dando lugar a las mareas que observamos en nuestras playas.

Espaguetis y la factura de la compañía eléctrica

Un análisis completamente análogo al anterior se puede llevar a cabo en el caso de los agujeros negros. Dependiendo de la masa concreta de éstos, los efectos de marea pueden ser desde normalitos hasta dramáticos. Volvamos por un momento a la Tierra. Su fuerza de gravedad es tan débil que aunque nuestra cabeza esté separada casi 2 metros de nuestros pies, no notamos una diferencia apreciable entre la fuerza con que nuestro planeta tira de una y de los otros. En cambio, en un agujero negro, cuanto más cerca nos encontremos de su horizonte y a medida que nos adentremos en su interior, los efectos de marea tienen consecuencias devastadoras (la rapidez a la que sucede este fenómeno depende de la masa del agujero negro, aumentando la primera al disminuir la segunda). La fuerza que tira de la cabeza del astronauta puede ser miles de veces menor que la que tira de sus pies. Por otro lado, debido a la esfericidad del agujero, el cuerpo del mismo viajero espacial se verá sometido a una compresión lateral que acercará entre sí sus orejas, tetillas u otras partes más delicadas de su anatomía (si el agujero negro fuese plano, lo anterior no tendría lugar).

El resultado final es que el objeto arrojado al interior del agujero negro, sea un astronauta, un animal o una cafetera exprés, será sometido tanto a un estiramiento longitudinal como a una compresión lateral extremos (en la jerga de los agujeros negros, esto recibe el nombre de "espaguetificación" o "espaguetización"), desgarrándolo primero y reduciéndolo finalmente a un montón de partículas elementales.

¿Por qué los tripulantes de la Palomino no se lo hacen encima de miedo cuando finalmente se dirigen en picado hacia las profundidades de lo desconocido (para ellos, al menos)? ¿No resultaría más coherente, en este dramático instante, preguntarse quizá las verdaderas y auténticas razones del ingeniero diseñador de la nave a la hora de bautizarla con semejante nombre, probablemente de carácter premonitorio, en clara y consciente alusión a su segunda acepción en el glorioso D.R.A.E.?

Dejando las bromas aparte, la respuesta más evidente a la ausencia total de terror de nuestros héroes es bien simple: se trata de una película, de una película de Disney. Y en las películas de Disney siempre hay un final feliz. Con esto no me estoy refiriendo a que los intrépidos astronautas se encuentran de repente con Bambi, ni con su mamá resucitada. Nada de eso, en este caso la solución de los guionistas fue más ingeniosa: al otro lado del agujero negro había algo, y no era ni un cervatillo ni tampoco una tribu de enanitos del bosque o un muñeco de madera con la nariz espaguetificada. Había algo inesperado, increíble... y estaba lleno de estrellas.

No son pocos los autores de ciencia ficción, y entre ellos algunos científicos, que han especulado con la existencia de otros universos más allá de la singularidad de un agujero negro. Incluso en el cine, y como suele ser muy socorrido tema, los científicos acostumbran a cometer errores imperdonables, como así sucede en *The Black hole* (*The black hole*, 2006) donde un experimento fallido (es curioso, de éstos siempre surgen cosas interesantes; en cambio, cuando aparentemente son exitosos, ni siquiera se hace una triste película de serie Z de ellos) provoca la generación de un enorme agujero negro en la Tierra que, ni corto ni perezoso, comienza a absorber todo lo que se encuentra a su alrededor, creciendo más y más. Por si no fuera poco el peligro y el horror que infunde semejante engendro, le acompaña, procedente de otro universo, al que, de alguna manera, se conectaba el agujero negro, un misterioso ente incorpóreo que se alimenta a base de electricidad. Así, además de la oscuridad negra muy negra del agujero negro que se extiende con su negro manto, el ser alienígena nos deja sin luz, en la más completa oscuridad, ante la estupefacción de las compañías suministradoras del servicio.

A pesar de todo este revoltijo de teorías, sugerencias, relatos e ideas más o menos fantásticas que han sido publicadas hasta la saciedad, lo cierto es que en 1964 el matemático y físico británico Roger Penrose demostró mediante argumentos de tipo topológico que todo agujero negro, sin excepción, debe tener una singularidad en su interior. Una posibilidad menos audaz, aunque también bastante atrevida, es la que ha sugerido recientemente Vyacheslav I. Dokuchaev, de la Academia de Ciencias rusa, quien ha propuesto que podrían existir regiones en el interior del horizonte de ciertos agujeros negros supermasivos dotados de carga eléctrica que albergarían órbitas estables. En estas órbitas resultaría plausible la existencia de planetas capaces de albergar a una civilización suficientemente avanzada que debería haber resuelto los enormes problemas derivados de la abundante radiación proveniente de las inmediaciones de la singularidad central, de la que se abastecerían energéticamente. ¿No apetece quedarse a vivir para siempre dentro de uno de estos agujeros y permanecer ajeno a todo lo que sucede en el exterior, ya que ellos tampoco pueden recibir noticias nuestras?

Propulsión a chorro negro

Sería también el mismo Penrose quien sugeriría la posibilidad de que una hipotética civilización avanzada pudiese extraer energía a expensas de la rotación de un agujero negro, con lo que quizá lograse propulsar incluso una nave espacial intergaláctica. De hecho, un argumento muy similar se emplea en la película *Horizonte final* (*Event Horizon*, 1997) cuya acción se desarrolla en el año 2047, cuando la nave que justamente da título a la película (la traducción literal al español es "horizonte de eventos", en clara alusión a los agujeros negros, de los que se

En 1979 la compañía Disney estrenaba *The Black hole* (traducida al español como *El abismo negro*), en la que se narran las peripecias de la nave espacial Palomino.

sirve para su propulsión) aparece repentinamente siete años después de su misteriosa desaparición emitiendo una señal de socorro de alguien en su interior.

¿Resultaría plausible la idea de propulsar una gigantesca nave espacial a base de energía extraída de un agujero negro? Plausible sí, aunque difícil, con nuestro nivel de desarrollo tecnológico actual. Al menos esto piensan Louis Crane y Shawn Westmoreland, ambos investigadores de la Universidad estatal de Kansas, en su preprint titulado *Are black hole starships possible?*

Los argumentos de Crane y Westmoreland descansan en el crucial descubrimiento por parte de Stephen Hawking durante los primeros años de la década de 1970 de que los agujeros negros no son tan negros, después de todo, sino que deben radiar energía hacia el exterior de su horizonte debido a que se comportan de la misma manera que un cuerpo caliente y que emite ondas electromagnéticas por el simpe hecho de encontrarse a una temperatura determinada (todos hemos visto este fenómeno en alguna ocasión, no hay más que acercarse y contemplar el grill de un horno al rojo vivo a medida que se calienta). Esta energía que sale de un agujero negro recibe el nombre de *radiación Hawking* y puede ser de cualquier tipo: electromagnética, en forma de fotones o cuantos de luz; gravitatoria, bajo el aspecto de gravitones u ondas gravitatorias; neutrinos, etc.

La razón última de por qué todos los agujeros negros deben emitir radiación Hawking es lo que se denominan las *fluctuaciones cuánticas del vacío*. Una forma sencilla y poco rigurosa de entenderlas consiste en imaginar el vacío no como un lugar donde no hay absolutamente nada de nada, sino más bien al contrario, como un lugar rebosante de actividad, lleno de partículas virtuales que aparecen y desaparecen continuamente en lapsos de tiempo tan cortos que no se pueden medir. Estas fluctuaciones siempre se manifiestan dando lugar a la aparición de un par de partículas (unas veces es una pareja de fotones, otras veces se trata de una pareja formada por una partícula y su antipartícula asociada, como por ejemplo un electrón y un positrón). Pues bien, si uno de estos pares virtuales surgiese en las proximidades del horizonte de un agujero negro, podría ocurrir que una de las partículas cayese al interior del mismo, mientras que la otra lograse escapar (esto resulta posible gracias a las fuerzas de marea, que actúan más intensamente sobre la partícula que está más próxima a la singularidad que sobre la otra, más alejada). Es justamente la compañera fugitiva la que se lleva energía del agujero negro y la que un observador externo interpreta como radiación procedente del mismo, concretamente la radiación Hawking. Como la temperatura de un agujero negro, según Hawking, aumenta en proporción inversa a la masa del agujero, a medida que éste continúa emitiendo radiación, su masa disminuye y, en consecuencia, la temperatura se incrementará. El agujero se hace cada vez más caliente y también se contrae, con lo que el ritmo de "evaporación" se acelera cada vez más. En los agujeros muy masivos, la temperatura es bajísima, incluso muy por debajo de la del espacio vacío y, por tanto, requieren tiempos de evaporación muchos órdenes de magnitud superiores a la edad actual del universo. En cambio, los agujeros negros pequeños, con unas masas de entre unos miles y unas cuantas decenas de millones de toneladas acabarán por explotar violentamente, en tan sólo una fracción de segundo.

Los requisitos que les piden Crane y Westmoreland a sus agujeros negros (jijiji...) tienen que ver con la esperanza de vida de éstos, es decir, deben sobrevivir sin evaporarse por completo durante un tiempo comparable al del viaje; han de ser suficientemente potentes como para permitir acelerar la nave hasta una fracción apreciable de la velocidad de la luz, en un tiempo razonable, con el fin de que la travesía no suponga un porcentaje elevado de la duración de una vida humana; la energía necesaria para producir el agujero negro no debe ser demasiado grande, pues no podríamos acceder a ella con nuestra tecnología; por último, la masa tiene que ser comparable a la de la nave o inferior. ¿Cómo lograr satisfacerlos todos?

En primer lugar se debe disponer de un generador de agujeros negros. La idea consistiría en concentrar una gran cantidad de energía en una región del espacio de tamaño muy pequeño. Para ello, se situaría una batería de láseres de rayos gamma en disposición perfectamente esférica (esta es quizá la dificultad más grande). Otra alternativa contemplaría la instalación de un panel solar cuadrado de alta eficiencia, con unos pocos cientos de kilómetros de lado, a una distancia aproximada de un millón de kilómetros del Sol.

Una vez que se dispone del agujero negro, habría que situarlo en el foco de un panel reflector parabólico (similar a una antena) anclado a la nave espacial. Las partículas provenientes de la radiación Hawking del agujero podrían ser dirigidas mediante campos eléctricos y magnéticos, y tras reflejarse producirían el impulso necesario, de forma análoga a como el viento impulsa un barco al incidir sobre las velas. Pero esto restaría potencia a la nave, ya que en la radiación Hawking no sólo hay partículas con carga eléctrica (fácilmente dirigibles) sino también fotones y otras partículas sin carga, imposibles de redireccionar adecuadamente. Quizá añadiendo alguna clase de material absorbente para la radiación gamma y que, posteriormente, la reemitiese en forma de fotones visibles (otra posibilidad consistiría en hacer que el fotón gamma se transformase en un par partícula-antipartícula, ambas cargadas eléctricamente) sería muy útil a la hora de aprovechar la reflexión de éstos, incrementando considerablemente la propulsión.

Los mismos autores proporcionan valores numéricos que satisfacen los requisitos previos expuestos más arriba. Así, un agujero negro con una esperanza de vida de unos 3,5 años tendría un tamaño ligeramente por debajo de 1 attómetro (la trillonésima parte de un metro), su masa ascendería a unas 600.000 toneladas y desarrollaría una potencia de alrededor de 160 PW (miles de billones de watts). En tan sólo 20 días, acelerando uniformemente con la misma aceleración de la gravedad terrestre, unos $10 \, \text{m/s}^2$, para que los astronautas no se sintiesen incómodos, superaría la décima parte de la velocidad de la luz, esto es, unos

30.000 km/s. Habrían alcanzado en esos 3,5 años la estrella más cerca-na, Próxima Centauri.

Con un panel solar de 370 km de lado y situado a un millón de kiló-metros del Sol sería posible generar una energía suficiente como para dar lugar a un agujero negro de 2,2 attómetros. Con un poco más, unos 2,7 attómetros, la esperanza de vida del agujero ascendería hasta los 100 años (un límite muy optimista para la duración de una vida humana), aunque la masa del mismo se incrementaría hasta llegar a rozar los 2 millones de toneladas, con una potencia de 17 PW que le permitiría al-canzar el diez por ciento de la velocidad de la luz en algo más de año y medio, en las condiciones más optimistas de eficiencia energética. ¡In-genieros de la Tierra, manos al ojete! Quiero decir, al agujero negro...

Capítulo 10

¡A velocidad warp y... más allá!

A los que corren en un laberinto su misma velocidad les confunde.

Lucio Anneo Séneca

El espacio, la última frontera. Estos son los viajes de la nave Enterprise en una misión que durará cinco años, dedicada a la exploración de mundos desconocidos, al descubrimiento de nuevas vidas, de nuevas civilizaciones... hasta alcanzar lugares donde nadie ha podido llegar.

¡Ay, cuántos recuerdos evocará a más de uno el párrafo anterior! A buen seguro que a las personas de cierta edad, al igual que yo, mientras estábamos sentados confortablemente en el sofá de nuestros salones, disfrutando de nuestro refresco favorito en una cálida tarde de verano. De pronto, el capitán Kirk se dirigía al señor Sulu y todos nos estremecíamos de emoción:

Ahora, señor Sulu, poder impulsor.

¡Ah, qué sensación de velocidad! Allá iba, a toda pastilla, la nave Enterprise, rumbo a otra trepidante misión en los confines del Universo conocido o por conocer. En un abrir y cerrar de ojos, los protagonistas de Star Trek llegaban a su lugar de destino, dejaban atracada la nave y aparecían por arte de birlibirloque sobre la superficie de cualquier planeta inexplorado, gracias al maravilloso transportador, impecablemente operado por el siempre eficiente señor Scott (Scotty, para los amigos).

¿Cómo era posible tanta maravilla? ¿Qué era aquello del "poder impulsor"? ¿Se trataba del mismo dispositivo que, en otras ocasiones, recibía el nombre de "velocidad warp"? ¿En qué consistía y de qué pasta estaba hecho? ¿Quién había sido el genio capaz de inventar algo seme-

Zefram Cochrane (*Star Trek: Primer contacto*), es el inventor humano del motor warp (año 2063) que permite hacer viajes a velocidades mayores a la de la luz.

jante? Intrigado, me decidí a investigar por mi cuenta y esto fue lo que conseguí averiguar.

Cuenta la historia de la mítica serie de televisión que un hombre llamado Zefram Cochrane (2030-2117), a la tierna edad de 33 años terrestres, diseñó y construyó el motor warp, también conocido como motor de curvatura: un ingenio capaz de llevar una nave espacial de un extremo del Universo a otro a una velocidad prácticamente infinita o, dicho de otra manera, en un tiempo arbitrariamente pequeño. Desde ese mítico año de 2063, la historia de los viajes espaciales se vio cambiada para siempre, permitiendo el descubrimiento y posterior contacto con infinidad de razas extraterrestres.

Desafortunadamente, todos sabemos que el universo de Star Trek es puramente ficticio. Sin embargo, puede que el caso del motor de curvatura no sea una idea tan disparatada como parece. Es más, quizá se trate de uno de esos raros y peculiares ejemplos en que la ciencia ficción haya inspirado a los científicos reales.

Hace más de cien años que Albert Einstein propuso su teoría especial de la relatividad y diez menos que nos obsequió con su mayor legado: la denominada teoría general. De entre las conclusiones que se pueden extraer de la primera, una resulta particularmente interesante y adecuada al tema que nos ocupa. Se trata de la imposibilidad de que un objeto con masa, es decir, constituido por cualquier clase de materia, supere la velocidad de la luz en el vacío, esto es, unos 300.000 km/s aproximadamente. En cuanto a la segunda de las teorías, la relatividad general, establece (entre otras muchas cosas) que la materia es la causa de la deformación del espacio y también del tiempo, y estos dos con-

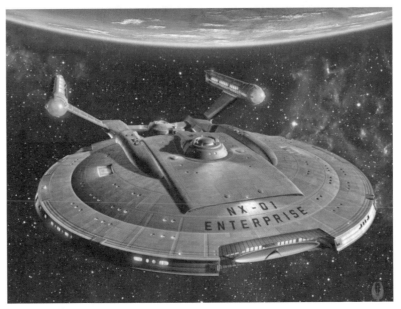

En el universo *Star Trek* las naves se propulsan con un motor warp o de curvatura. Ello permite velocidades de hasta casi mil veces superiores a la de la luz.

ceptos están tan inextricablemente unidos para Einstein que suelen denominarse en conjunto, y más adecuadamente, espaciotiempo. Todos los cuerpos que forman parte del Universo (gas, polvo, asteroides, planetas, estrellas, galaxias, etc.) se encuentran suspendidos en una especie de malla elástica que llamamos espacio, produciendo una deformación en aquélla tanto más grande cuanto mayor sea la masa del objeto que la provoca.

En la actualidad, se cree que nuestro Universo se creó hace más o menos 13.700 millones de años, durante una inmensa e inimaginable *explosión* (en sentido estricto, no fue tal, pero la naturaleza exacta del fenómeno no es relevante en este momento), a partir de un punto primigenio, de una densidad enorme y con una temperatura elevadísima, denominada Big Bang. Antes del Big Bang no existía nada (mejor dicho, sólo el punto del que se originó), ni siquiera el espacio o, más correctamente, el espaciotiempo. Éste surgió con la misma explosión, expandiéndose sobre sí mismo y llevando toda la materia con él. Aún hoy continúa esta expansión y, si miramos al cielo, podemos ver todas las galaxias alejándose de nosotros a unas velocidades tanto mayores cuanto más grandes sean las distancias que de ellas nos separan.

Tan sólo 1.000 billonésimas de billonésima de billonésima de segundo después del Big Bang, tuvo lugar un suceso muy extraño y fue que el espaciotiempo que se estaba expandiendo justamente a partir de ese instante, lo hizo a una velocidad superior a la de la luz. Este lapso de tiempo se conoce como inflación cósmica y no se sabe a ciencia cierta cuánto tiempo duró (volveré sobre estas cuestiones en el último capítulo del libro). Tuvieron que transcurrir casi 13.700 millones de años desde que se produjese el nacimiento del Universo hasta que viniese al mundo un niño mexicano de nombre Miguel y de apellido Alcubierre. Este muchacho, como tantos otros en su época, estaba fascinado por la serie televisiva Star Trek. Pero Miguel Alcubierre decidió ir más allá que el resto de los admiradores del capitán Kirk. En 1990 eligió llevar a cabo sus estudios de doctorado en la Universidad de Gales, en Cardiff. Cuando los hubo concluido, allá por 1994, escribió un artículo de tan sólo cinco páginas que fue publicado en la revista *Classical and Quantum Gravity*. Su título lo decía todo: *The Warp drive: hyperfast travel within general relativity* (para los hispanos, *El motor warp o de curvatura: viaje hiperveloz en el marco de la relatividad general*). ¡Zefram Cochrane existía!

Ex somnium ad astra

En aquel, ya histórico, artículo, Miguel Alcubierre proponía la idea de diseñar una "burbuja warp", una deformación del espaciotiempo consistente nada menos que en plegar éste de manera que una hipotética nave espacial introducida en la burbuja vería cómo aquél se encogería por delante de la proa, al mismo tiempo que se estiraría por detrás de la popa. Así, la nave alcanzaría su destino a la misma velocidad a la que tuviese lugar el plegamiento del espaciotiempo. Y aquí es donde viene lo realmente novedoso del método propuesto por Alcubierre, pues resulta que la malla espaciotemporal, en teoría, puede deformarse a una velocidad arbitrariamente elevada. Dicho en otras palabras, no hay ningún impedimento en la teoría general de la relatividad para que se supere la velocidad de la luz en el vacío cuando es el propio espacio el que se "mueve". De hecho, la nave espacial no se habrá desplazado "localmente" (dentro de su propia burbuja warp) a una velocidad hiperlumínica en ningún momento. Más aún, Alcubierre demostró que los pasajeros a bordo de la nave no sufrirían ni siquiera las terribles aceleraciones de los viajes "convencionales", ni tampoco las consecuencias de la dilatación temporal, producto de las velocidades relativistas (cercanas a la velocidad de la luz en el vacío). Todo parecía ideal, se podría llegar a cualquier lugar del Universo en un tiempo razonable y sin encontrarte a tu familia disfrutando de la pensión a tu vuelta. Únicamente restaba poner manos a la obra y construir la burbuja.

Pero las dificultades surgen a la hora de determinar la cantidad de energía requerida en la deformación del espaciotiempo. Tres años después de la aparición del artículo de Alcubierre, otros dos investigadores, Michael J. Pfenning y Larry H. Ford, publicaban en la misma revista unos resultados desoladores para todos los "trekkies" que en el mundo mundial son. Se necesitaba más energía de la que había disponible en la masa de todo el Universo conocido. ¡Adiós al sueño de una posible nave Enterprise! Y no terminaban aquí las dificultades. Como todo podía ser peor, efectivamente, lo fue. La energía necesaria tendría que ser NEGATIVA. ¿Qué, cómo, dónde, cuándo?

Pues sí, queridos lectores. Energía negativa a montones. ¿Qué era la energía negativa? ¿Existía semejante aberración? ¿Cómo se obtenía? ¿Había que buscarla en algún lado o simplemente sería suficiente con sintetizarla de alguna manera? ¿Había existido alguna vez o todo era producto de unas ecuaciones que habían alcanzado su límite y ya no eran aplicables? Si, según la teoría de la relatividad, la energía y la masa (positiva) son dos manifestaciones diferentes de una misma cosa y si la masa es responsable de la curvatura del espacio, ¿cómo se podía curvar éste al revés, si es que realmente semejante cosa era posible? ¿Existían las deformaciones negativas? Evidentemente, en el marco de la teoría general de la relatividad, la masa y, por ende, la energía negativa no tenían cabida. Malo, malo, malo.

No obstante, algún resquicio parecía abrirse en el oscuro panorama. Casi 50 años antes de que se propusiese el motor de curvatura, dos físicos holandeses, Hendrik Casimir y Dirk Polder, habían utilizado la teoría cuántica para demostrar la existencia de la energía negativa. Predijeron que si se situaban en el vacío dos placas metálicas, eléctricamente neutras, paralelas entre sí, aparecería una fuerza de atracción entre ellas que sería directamente proporcional a sus áreas superficiales e inversamente proporcional a la cuarta potencia de su separación. Sería una fuerza tan pequeña que tan sólo se manifestaría de forma apreciable

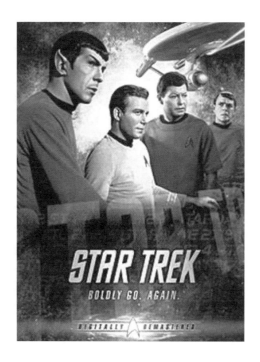

La serie introdujo varias ideas que luego serían usadas de forma regular por películas de ciencia-ficción, como los motores warp, la teletransportación o los campos de fuerza.

cuando el espacio entre las placas fuese muy muy pequeño (del orden de las milmillonésimas de metro). De hecho, si éste fuese de una micra, la fuerza por unidad de área (presión) sobre las placas apenas llegaría a ser de una milésima de pascal, es decir, 100 millones de veces menor que la presión atmosférica. La aparición de esta fuerza atractiva misteriosa era una manifestación de las *fluctuaciones cuánticas del vacío* y podía interpretarse como un efecto debido a la existencia de una energía negativa en el espacio entre las placas metálicas. ¿Entendéis algo? Yo ni papa, sinceramente. Está bien, intentaré aclararlo algo más.

El caso es que los físicos, en la actualidad, pensamos que el vacío no es ese sitio que aparenta carecer de todo absolutamente, la nada absoluta. Más bien, todo lo contrario, parece comportarse como si fuese un hervidero de partículas y antipartículas que aparecen y desaparecen continuamente a un ritmo inimaginable. El comportamiento de estas parejas partícula-antipartícula viene regido por la mecánica cuántica. Según esta teoría, todas las partículas muestran un comportamiento ondulatorio y llevan asociada una longitud de onda. Pues bien, cuando se disponen en el vacío las dos placas conductoras aludidas en el párrafo anterior, el espacio entre las mismas, al ser tan extraordinariamente pequeño, no permite la existencia de cualquier valor de la longitud de onda y, por tanto, siempre habrá allí menor energía que en el exterior de las placas, donde todos los valores de la longitud de onda están permitidos. El resultado global es la aparición de una presión negativa (entendida en el sentido de que es menor que la presión exterior a las placas) en el espacio de separación entre las mismas que provoca su atracción mutua. ¿Qué tal ahora? ¿Mejor?

De todas maneras, ahí estaba la esperanza de nuevo, ante los ojos de los insaciables conquistadores del cosmos. La energía negativa era real, no constituía un producto de ninguna imaginación calenturienta y la fuerza de Casimir había sido medida de forma precisa en el año 1997 por Steven Lamoreaux en el laboratorio nacional de Los Álamos, justo el mismo año de la publicación de Ford y Pfenning. Sin embargo, restaba la cuestión de la cantidad exacta requerida. ¿De dónde sacar más energía que la disponible en el Universo? ¿De otro Universo? Algo había que hacer, y rápido, muy rápido, a velocidad warp.

En el año 1999, otro físico holandés, de nombre Chris Van Den Broeck, por aquel entonces en la Universidad católica de Leuven, en Bélgica, introdujo una variante en el método propuesto por Miguel Alcubierre cinco años antes. Se trataba de modificar ligeramente la geometría del espaciotiempo utilizada por el físico mejicano, introduciendo dentro de la burbuja warp una especie de "bolsillo". De alguna manera, la corteza exterior de la burbuja se haría microscópicamente muy pequeña (del orden de las millonésimas de nanómetro), mientras que el volumen interior sería macroscópicamente grande (cientos de metros). Algo que solamente se podía lograr con materia exótica, esto es, otra vez la omnipresente energía negativa. Pero ¿cuál era la ventaja de esta nueva geometría? Pues, sencillamente, que los requerimientos energéticos para construir la burbuja capaz de albergar la nave espacial disminuían drásticamente en varios órdenes de magnitud. Ahora, ya únicamente se requerían cantidades de energía negativa equivalentes a la masa de una estrella no demasiado diferente al Sol. ¿Estábamos más cerca de nuestro sueño de alcanzar las estrellas? Capitán Kirk, ¿me oye? Señor Spock, ¿le parece perfectamente lógico?

Desafortunadamente, no todo eran buenas noticias. Van Den Broeck también señalaba en su artículo varias dificultades que resultarían prácticamente insalvables para los ingenieros. Al parecer, si la burbuja warp se desplazase a mayor velocidad que la luz, su corteza exterior sería dejada atrás y una parte de la materia exótica requerida no sería capaz de mantenerse unida al resto, con lo que el efecto warp desaparecería. Peor aún, la misma materia exótica se desplazaría con movimiento taquiónico, es decir, a una velocidad superior a la de la luz, provocando la aparición de una singularidad desnuda en la parte frontal de la burbuja. Algo terrible, un horror, señor Sulu, oiga.

A tiro de una longitud de Planck

Desde el trabajo pionero de Alcubierre, han sido no pocas las contribuciones en relación a las posibilidades e imposibilidades, a las ventajas e inconvenientes y a las dificultades para la construcción de un motor de curvatura capaz de propulsar una nave espacial interestelar. Uno de los obstáculos más serios que se ha puesto a la burbuja warp es su "desconexión causal" del exterior. Dicho en términos sencillos, ninguna acción llevada a cabo en el interior de la nave espacial podría afectar al exterior de la misma. Por lo tanto, la nave sería incontrolable, no sería posible pilotarla y, por tanto, ¿cómo desconectarla al llegar a Vulcano? Debería existir una especie de "autopista exótica" previamente dispuesta por la que viajar que proporcionase la deformación necesaria del espaciotiempo disponiendo, por ejemplo, de una serie de mojones generadores de energía negativa (materia exótica). Más aún, tendrían que ser los compatriotas de Spock los que apretasen el botón OFF cuando la Enterprise alcanzase su destino en el planeta de los vulcanianos. Pero ¿qué sucedería si la Enterprise viajase hasta un destino no habitado? ¿Quién o qué sería el encargado de frenar y detener la nave?

Una solución imaginativa a la dificultad anterior fue propuesta en el año 2000 por Pedro F. González, quien sugirió que si el pasajero de la burbuja warp fuese capaz de viajar al pasado, entonces podría contribuir a la creación de aquélla y controlarla después, ajustando las condiciones iniciales. Otras soluciones consistieron en demostrar que solamente una parte de la región afectada por la curvatura espaciotemporal quedaba causalmente desconectada de la nave cuando ésta superaba la velocidad de la luz, pero, sin embargo, podía ser aún manipulada y controlada mientras se desplazase a velocidad infralumínica. El control de velocidad debía instalarse en la parte de la burbuja que todavía permanecía conectada causalmente a la nave.

Asimismo, otras dificultades, aparentemente más mundanas, deberían ser afrontadas por las intrépidas tripulaciones de los ingenios propulsados por motores de curvatura o warp. Y éstas tenían que ver con los potenciales objetos susceptibles de colisionar a tan elevadas velocidades: fragmentos de cometas, asteroides, polvo interestelar, etc. Incluso los mismísimos cuantos de luz, los fotones que se dirigiesen al casco de la nave estarían afectados por el *efecto Doppler*, lo que haría que su frecuencia estuviese desplazada hacia la parte del espectro de la radiación gamma, con el consiguiente riesgo tanto para la propia nave como para sus pasajeros. En este sentido, algunos autores han demostrado, haciendo uso del diseño de burbuja ideado por Van den Broeck, que los fotones dañinos podrían ser frenados convenientemente hasta valores razonables de sus velocidades, en una zona relativamente cercana a la nave denominada *región de Broeck*. En cuanto a los cuerpos materiales en curso de colisión con el fuselaje, los de mayor tamaño serían fragmentados por las fuerzas de marea causadas por la misma burbuja warp; los de dimensiones demasiado pequeñas como para sufrir estos efectos serían frenados en la región de Broeck e impactarían a velocidades mucho más lentas.

Más recientemente, y con objeto de soslayar algunas de los problemas anteriores y algunos más que no os contaré por no acabar con vuestros sueños más audaces de viajar a las estrellas a bordo de la inefable Enterprise, se han propuesto revisiones acerca del motor warp. Una de estas revisiones es la desarrollada por Richard K. Obousy y Gerald Cleaver, de la universidad estadounidense Baylor, en Texas. La idea consiste en utilizar las controvertidas teorías cuánticas de la gravedad, más conocidas como teorías de supercuerdas o, simplemente, teoría M. Según estos modelos, nuestro Universo esconde dimensiones espaciales venidas a menos, es decir, demasiado pequeñas como para ser observadas por nosotros, humanos limitados que únicamente podemos experimentar con las familiares ancho, alto y largo. Tal y como cuento en mi primer libro, *La guerra de dos mundos* (Robinbook, 2008), en la actualidad se cree que algunas de esas dimensiones extras podrían alcanzar longitudes del orden de las micras (millonésimas de metro). Pues bien, si fuésemos capaces de modificar el tamaño de estas dimensiones a nuestro antojo, en teoría, podríamos ser capaces de alterar el ritmo al que se expande el mismísimo espacio, sin más que cambiar el valor de la *constante de Hubble*, pues se demuestra que ésta varía inver-

En un abrir y cerrar de ojos, los protagonistas de Star Trek aparecían
sobre la superfície de cualquier planeta inexplorado gracias
al maravillosos teletransportador.

samente con el cuadrado del tamaño de la dimensión extra. La constante de Hubble es la razón entre la velocidad de alejamiento mutuo de las
galaxias debido al Big Bang con el que se originó el Universo y la distancia que las separa. Por lo tanto, da cuenta de lo rápido que se alejan las
galaxias entre sí o, lo que es equivalente, de la velocidad a la que se expande el espacio. Y conviene no olvidar que la expansión mayor o menor del espacio es la idea que subyace escondida detrás del motor de
curvatura.

El valor actual de la constante de Hubble, H, es de alrededor de 2,17
10^{-18} (m/s)/m. Traducido a una imagen fácil de imaginar, esto quiere
decir que para que un solo metro de espacio se expanda hasta los dos
metros han de transcurrir nada menos que 65.000 millones de años.
Modificando el valor de H a voluntad se lograría que la expansión del
Universo fuese más o menos rápida, permitiéndonos un control sobre
el espaciotiempo. Resultaría, entonces, posible viajar a puntos arbitrariamente lejanos en tiempos arbitrariamente cortos. Obousy y Cleaver
han determinado que para lograr que el espacio se expandiese a la velocidad de la luz, una civilización suficientemente avanzada (nosotros

no lo somos) debería poder alterar el valor de la constante de Hubble hasta hacerlo cien cuatrillones de veces mayor que el actual. Equivalentemente, la dimensión espacial extra tendría que reducir su tamaño hasta las décimas de attómetro (trillonésima de metro). Ahora bien, ¿cómo se lleva a cabo esta manipulación del tamaño de las dimensiones extra del espacio? Pues como se suele hacer todo en estos casos, es decir, disponiendo de cantidades enormes de energía. Los mismos autores anteriores han estimado que para que la burbuja warp llegase a albergar en su interior una nave de forma cúbica de tan sólo 10 m de lado, serían necesarios 10^{45} joules, es decir, la cantidad equivalente a convertir en energía pura la masa de un planeta del tamaño de Júpiter.

La teoría M guardaría aún más sorpresas. Según la misma, el motor warp no podría propulsar el vehículo espacial hasta una velocidad infinita. Muy al contrario, la rapidez de la nave estaría limitada debido a que las dimensiones extra no pueden hacerse arbitrariamente pequeñas. En efecto, la *longitud de Planck*, equivalente a algo más de 10^{-35} metros, representa el valor más pequeño que puede tener una medida, pues la física actual no parece funcionar por debajo de dicho valor. Admitiendo que el tamaño de las dimensiones extra fuese el de la longitud de Planck, la nave nunca podría desplazarse a una velocidad superior a cien millones de cuatrillones de veces la velocidad de la luz, para lo cual se requeriría la masa de cien cuatrillones de cuatrillones de galaxias como la Vía Láctea. A semejante velocidad, la Enterprise cruzaría el Universo de un extremo al otro en tan sólo 30 femtosegundos (milbillonésimas de segundo). ¡Señor Sulu, velocidad máxima!

Capítulo 11

Luz lenta y planetas incomprensibles

Vemos la luz del atardecer anaranjada y violeta porque llega demasiado
cansada de luchar contra el espacio y el tiempo.

Albert Einstein

En el año 1966, el escritor de ciencia ficción irlandés Robert "Bob" Shaw publicaba un relato breve bajo el sugerente título de *Light of other days* (*Luz de otros días*). Seis años más tarde lo ampliaría para dar lugar a una novela titulada *Other days, other eyes* (*Otros días, otros ojos*, 1972).

Y Garrod dijo: ¡Deténgase la luz!

En la obra anterior se narra el descubrimiento de un material maravilloso, la *retardita* o vidrio lento. Esta sustancia posee la fantástica cualidad de retrasar el paso de la luz a través de la misma, desde unos pocos segundos hasta decenas de años. Su inventor, Garrod, explica a un colega el hallazgo mostrándole dos bombillas que brillan de forma intermitente y acompasada. Al situar un cristal de retardita de 4 centímetros de grosor delante de una de ellas y observar desde el otro lado, ambas bombillas dejaban de alumbrar de forma armónica, desacompasándose su luz, la cual empleaba ahora en recorrer el espesor de la lámina casi un segundo. A partir de este momento, se dice que dicha lámina posee un espesor de un segundo, algo que resulta chocante, pues se utiliza una unidad de tiempo para expresar una distancia; sin embargo, el significado queda claro, pues indica que la luz ya no se propaga a 300.000 km/s, sino que lo hace con una velocidad tal que recorre el grosor del vidrio en el tiempo estipulado como espesor. La primera utilidad que se le ocurre a Garrod para su extraño material es hacer que su mujer sea

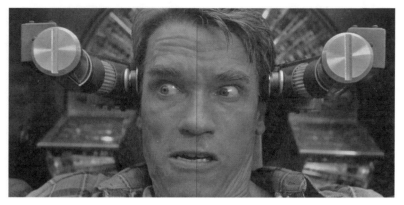

Arnold Schwarzenegger en *Desafío total* (Total Recall, 1990).

la primera persona en contemplar la imagen de su propio rostro "tal y como es en realidad" y no invertida de izquierda a derecha, que es como nos la devuelve la superficie de un espejo. Para ello se hace valer de una lámina de 11 segundos de espesor. Colocada delante del rostro un tiempo prudencial, se le da la vuelta y se observa por la otra cara. Al cabo de un instante igual al espesor del vidrio, aparece como por arte de magia la imagen allí registrada.

Unas cuantas páginas más adelante en la novela, Shaw explica que los cristales fabricados con retardita son completamente negros cuando son nuevos y no han sido aún expuestos a luz alguna. Así, se les puede situar cerca de un lago, en medio de un bosque. Dejando allí el cristal durante un año y esperando un tiempo igual al espesor de éste, podríamos instalarlo en un deprimente piso urbano y disfrutar durante un año de una espléndida vista, algo muy similar a lo que se puede contemplar en las primeras escenas de la película *Desafío total* (*Total Recall*, 1990) donde la pareja protagonista formada por Sharon Stone y Arnold Schwarzenegger (qué pareja más ridícula e irreal hacían) gozan de una espectacular pantalla que bien podría estar construida a base de retardita. Finalmente, otras aplicaciones maravillosas del descubrimiento de Garrod tienen que ver con el alumbrado nocturno, el cual es sustituido por láminas de retardita que han estado recogiendo la luz diurna durante las horas de sol, permitiendo de esta manera obtener iluminación prácticamente gratuita.

Pero, claro, no todo podía ser tan bonito e ideal. Enseguida llegaron las aplicaciones malvadas, que son las que siempre nos muestran los autores de ciencia ficción en sus moralizantes obras literarias. Así, las cámaras de vigilancia y espionaje fueron sustituidas por cristales de vidrio lento que los agentes disimulaban en forma de espinillas, cicatrices y lunares por todo el cuerpo. Al volver a sus cuarteles, no tenían más que quitárselas y recopilar toda la información almacenada. Cuando se deseaba mantener una reunión fuera del alcance de ojos curiosos, se rociaban paredes, suelo y techo de la sala en cuestión, justo un instante antes, con plástico de endurecimiento rápido. Con estas premisas, no era de extrañar que la gente se mostrase reacia a instalar ventanas en sus casas, ya que las cosas que hiciesen quedarían allí registradas por quién sabe cuanto tiempo, pudiendo ser contempladas por otros. La intimidad había muerto para siempre.

A medida que mejoraba el conocimiento sobre la retardita, se pudo avanzar enormemente en la miniaturización de los dispositivos. Se demostró que el retraso temporal de los vidrios no guardaba relación con su grosor. De haber sido así, la luz que entrase con diferentes ángulos en la lámina invertiría diferentes lapsos de tiempo en salir. Sin embargo, esto no se observaba, pues al cortar el vidrio en láminas más delgadas resultaba del todo imposible acceder antes a la información.

¿Cuál era, entonces, la explicación de la increíble propiedad de la retardita? Pues, inicialmente, se pensó que se trataba de un material con un índice de refracción infinito o, por lo menos, muy grande. Esta explicación, mis queridos e intrigados lectores, podría parecer satisfactoria para una gran mayoría de personas con unos modestos conocimientos de óptica. Efectivamente, recordando brevemente que el índice de refracción de un material es el cociente entre la velocidad de la luz en el vacío y la velocidad de la luz en ese material, rápidamente nos podemos dar cuenta de que para que se ralentice la luz es necesario que el índice de refracción aumente. Así, el agua presenta un valor de su índice de refracción de 1,33 queriendo decir que la luz viaja un 33% más lentamente que en el vacío o el aire; análogamente, en el diamante lo hace a una velocidad 2,4 veces menor. Si tuviésemos un trozo de vidrio lento con un índice de refracción de 300.000, la luz se propagaría por su interior a una velocidad de tan sólo 1 km/s. A medida que fuese aumentando más y más el índice de refracción, la velocidad de la luz iría haciéndose más y más pequeña.

Pero ahora es cuando aparecen los problemas. En cuanto un haz de luz incide sobre la superficie de separación existente entre dos medios con diferentes índices de refracción, las leyes de la óptica nos permiten afirmar (la experiencia también) que una cierta fracción de la energía de la luz incidente desde el primer medio se transmite al segundo mediante el fenómeno que conocemos como refracción, y la fracción restante (justo la necesaria para que se conserve la energía total) sale despedida de nuevo hacia el primer medio, proceso que se denomina reflexión. El físico francés Augustin Jean Fresnel (1788-1827) dedujo las expresiones correspondientes a dichas fracciones, conocidas como ecuaciones de Fresnel. Pues bien, si se observan detenidamente, resulta muy sencillo comprobar que en el caso de que la luz incidiese procedente de un medio como el aire (con un índice de refracción muy pequeño) sobre un cristal de retardita (con un índice de refracción infinito o muy grande), toda la luz rebotaría, siendo completamente reflejada. Dicho de otra manera: nuestro vidrio lento maravilloso no dejaría pasar nada de luz a su través, comportándose como un espejo perfecto. Adiós al espionaje en las duchas de los vestuarios femeninos (y masculinos)…

Bien, dejando las bromas aparte por un momento, en lo que sigue os mostraré que las ideas de Shaw podrían, en un futuro no demasiado lejano, convertirse en realidad. Además, al final del capítulo os propondré alguna idea altamente especulativa que se me ha pasado recientemente por la quijotera. Tened un poco de paciencia y seguid leyendo, porque se avecinan cosas asombrosas.

Y la luz se detuvo

En el segundo tercio de los años 1920, el físico de origen hindú Satyendra Nath Bose llevó a cabo unos estudios encaminados a deducir en qué condiciones dos fotones (cuantos o partículas de que consta la luz) debían de ser considerados como idénticos. Bose se encontró con dificultades para dar a conocer sus resultados a la comunidad científica y decidió enviárselos al mismísimo Albert Einstein, quien le ayudó a publicarlos, no sin antes generalizarlos y extenderlos a los átomos (en realidad, sólo a ciertos tipos de átomos en particular). El conjunto de reglas que debían satisfacer las partículas anteriores fue denominado estadística de Bose-Einstein, en honor de los dos físicos, y a las partículas se las pasó a conocer como "bosones" ("einsteiniones" debió de sonarles muy feo). Entre sus características distintivas (para diferenciarlas del otro tipo, denominadas "fermiones") se encuentran la de poseer un espín dado por un número entero y la de no cumplir el *principio de exclusión de Pauli*, pudiendo dos de ellas ocupar el mismo estado cuántico, es decir, tener todos sus números cuánticos idénticos, algo totalmente prohibido para las partículas que seguían la estadística de Fermi: los fermiones.

Llegado a este punto, me paro y, cual profesor sensato, me pregunto: ¿Habrá alguien que haya entendido algo en el párrafo anterior? Lo dudo mucho porque la física cuántica, además de abstracta, resulta tremendamente contraria a eso que llamamos sentido común aunque, como decía H. Greele, sea el menos común de los sentidos. A ver si explicándolo de otra manera algo queda. Para que un átomo, por ejemplo, sea un bosón, debe cumplirse que la suma de su número de electrones, protones y neutrones tome un valor par. Un ejemplo es el sodio, pues posee 11 protones, 11 electrones y 12 neutrones. Un total de 34, que es un número par. Otros ejemplos de bosones son el núcleo de deuterio (un isótopo del hidrógeno), el helio-4 y el fotón.

Bose y Einstein no se contentaron con deducir las reglas de la estadística de los bosones, sino que especularon sobre la manera en que deberían comportarse dichas partículas cuando se encontrasen a temperaturas cercanas al cero absoluto (- 273,15 grados centígrados), ya que en esa situación el movimiento de los átomos debería cesar y, por lo tanto, según el *principio de incertidumbre de Heisenberg*, la ignorancia acerca de la posición de los mismos sería enorme (no se pueden conocer con una certidumbre absoluta y simultáneamente la posición y la velocidad de las partículas). La consecuencia que se sigue de forma lógica es que los átomos enfriados así deben agruparse de una forma tan peculiar que se asemejará a una especie de nube difusa, sin forma definida. A esta estructura se la denominó condensado de Bose-Einstein (CBE).

Cuando una sustancia formada por bosones se encuentra a temperaturas extremadamente bajas (del orden de miles de millones de veces inferiores a la temperatura del espacio interestelar) todos sus átomos deben encontrarse en el nivel cuántico más bajo posible (los fermiones no pueden, debido al principio de exclusión de Pauli). En la mecánica cuántica, todas las partículas se pueden representar mediante una onda, con su función de onda correspondiente. Pues bien, en el nivel cuántico más bajo, todas esas funciones de onda de cada átomo se superponen unas sobre otras, haciendo que sean indistinguibles entre sí y dando lugar a una especie de onda de materia "gigantesca", desde un punto de vista microscópico (de hecho, aunque es muy pequeño, el condensado de Bose-Einstein resulta lo suficientemente grande como para ser contemplado a simple vista), algo que se ha venido en denominar comúnmente como "superátomo".

El primer CBE no fue posible crearlo hasta el año 1995 (evidentemente, en la época de Bose y Einstein no se disponía de la tecnología adecuada para ello), cuando Eric Cornell, en el NIST (National Institute of Standards and Technology) y Carl Weiman, en la Universidad de Colorado, lo consiguieron con un gas formado por átomos de rubidio, enfriado hasta nada menos que 50 milmillonésimas de kelvin. Simultáneamente, Wolfgang Ketterle, en el MIT (Massachusetts Institute of Technology), lo había logrado con átomos de sodio. Los tres compartieron el premio Nobel de física del año 2001 pos sus logros. Por supuesto, todas las predicciones de Bose y Einstein fueron observadas y corroboradas, casi 70 años después de ser formuladas por primera vez.

Pero lo más increíble aún estaba por llegar. En febrero de 1999, la doctora Lene V. Hau y sus colaboradores Zachary Dutton, Cyrus Behroozi y Steve Harris, mientras trabajaban en el instituto Rowland, en Harvard, fueron capaces de crear un CBE. Cuando hizo propagar en su interior un haz láser, la luz del mismo redujo su velocidad hasta la increíble velocidad de 60 km/h. ¡La retardita había nacido!

A lo largo de los años posteriores, tanto el equipo de la doctora Hau como otros han logrado incluso detener la luz, almacenar su información en un medio material y recuperarla intacta posteriormente en otro medio material. Imaginaos las potenciales aplicaciones de esto a la hora de almacenar información de forma óptica, con el consiguiente incremento en la capacidad y velocidad de los sistemas, algo que veremos en el futuro, aunque aún queda mucho por hacer. Investigadores de las universidades de California en Berkeley, de Oregon y de Illinois creen que una reducción de la velocidad de la luz en un factor 31.000, por ejemplo, permitiría el envío de 600 películas de dos horas de duración cada una, desde un ordenador a otro, en aproximadamente un segundo. Connie Chang-Hasnain, de la Universidad de California en Berkeley, ha propuesto la creación de chips semiconductores capaces de manipular pulsos de luz lenta, lo cual podría contribuir enormemente a eliminar la conversión óptica-electrónica que actualmente tiene lugar

En *Solaris* se aborda la posibilidad de la vuelta a la vida de seres ya fallecidos.

en los sistemas de comunicaciones mediante fibra óptica, con la ventaja adicional de que ya no se requerirían temperaturas tan bajas como las necesarias para generar un CBE (el experimento de Chang se llevó a cabo a 10 K). En el año 2005, la compañía IBM afirmó haber creado un chip formado por un cristal fotónico que era capaz de reducir la velocidad de la luz en un factor 300. La gran ventaja de semejante dispositivo consistía en que estaba fabricado con materiales estándares, lo que ayudaría a su producción comercial y a sustituir de forma rentable los componentes electrónicos por otros ópticos.

Y, como ya seguramente muchos de vosotros estéis empezando a impacientaros por la aparente ausencia de ciencia ficción, acudo ya presto a daros satisfacción.

En 1961, el escritor polaco Stanislaw Lem publicaba *Solaris*, una novela misteriosa, deslumbrante, oscura, intrigante y enormemente especulativa. Considerada hoy en día como una de las obras maestras de la ciencia ficción, *Solaris* fue llevada al cine en 1972 por Andrei Tarkovsky y, posteriormente, por Steven Soderbergh en 2002. A grandes rasgos, aunque las distintas versiones puedan diferir, todas ellas cuentan cómo el doctor Kelvin es reclamado para viajar a una estación espacial en órbita alrededor del planeta Solaris a causa de unos misteriosos acontecimientos que allí tienen lugar. Nada más llegar, Kelvin se encuentra con que algunos de los tripulantes han muerto y otros se han vuelto completamente locos. Al parecer, durante el sueño se les aparecen seres queridos ya fallecidos, pero con una salvedad: al despertar, éstos ya no se desvanecen, sino que han tomado forma material real, se mueven por la base, hablan, sienten, piensan, recuerdan. En apariencia, es el planeta Solaris, constituido prácticamente en su totalidad por un océano inteligente, el que produce dichos "visitantes", pero nadie es capaz de comprender el motivo.

Entre los argumentos esgrimidos para justificar la existencia real de los "visitantes", me quedo con la de que probablemente sean producto de ciertas infiltraciones de la atmósfera de Solaris. Más aún, en la película de Soderbergh se llega a proponer que estos seres están compuestos por neutrinos o por bosones de Higgs (partículas hipotéticas aún no descubiertas) y únicamente se les puede hacer desaparecer para siempre utilizando un haz de antibosones de Higgs. Aunque no voy a discutir aquí y ahora nada sobre estas partículas, sí que me quiero detener un poco en la primera de las hipótesis, la referente a la atmósfera de Solaris.

¿Qué ocurriría si esas infiltraciones atmosféricas estuviesen constituidas por algo parecido a condensados de Bose-Einstein, como los expuestos en párrafos anteriores? Al fin y al cabo, los bosones de Higgs, de existir, podrían quizá dar lugar a CBE's ya que, como su propio nombre indica, son efectivamente bosones. ¿No podría ser posible que existiesen en medio del vacío interestelar nubes de CBE's? Evidentemente, con lo que sabemos actualmente sobre éstos, sólo tienen existencia a temperaturas extremadamente bajas, pero ¿quién se atreve a negar que no puedan existir a temperaturas de unos pocos kelvin? Por otro lado, los condensados que somos capaces de fabricar en un laboratorio son muy frágiles y cuentan con tan sólo unos pocos millones de átomos. ¿No podría resultar posible la existencia de enormes masas de ellos en las atmósferas de algunos planetas increíbles? ¿Qué pasaría con la luz que viajase a través de ellas? ¿No podría quedar allí atrapada durante años y ser devuelta después, dando lugar a imágenes de objetos o seres desaparecidos mucho tiempo atrás, tal y como podría haber hecho la mismísima retardita de Bob Shaw? Así, nuestros seres queridos parecerían volver a la vida como espectros salidos de ultratumba. Aunque no seré yo quien niegue tal posibilidad, se me ocurre una dificultad y es la que tiene que ver con la capacidad de estos supuestos CBE's interestelares para poder transmitir no sólo la luz atrapada en ellos, sino también el sonido de las voces de los "visitantes", pues éstos hablan, razonan e interactúan de forma activa con sus "visitados". Al fin y al cabo, quizá nunca seamos capaces de entender a otras inteligencias del Universo, a excepción de la humana. ¿Acaso lo hacemos siquiera con el vecino de al lado?

Capítulo 12

¿Pitufos gigantes en Pandora?

Evitemos suplantar con nuestro mundo el de los demás.

José Ortega y Gasset

Uno de los éxitos de taquilla más recientes que ha dado el cine ha sido la película de James Cameron *Avatar* (*Avatar*, 2009). Rodada con unos medios técnicos vanguardistas, la historia del pueblo na'vi ha dado la vuelta al mundo.

La acción transcurre en el lejano mundo de Pandora, una de las 14 lunas del planeta Polifemo, en órbita alrededor de la estrella Alfa Centauri A, que se halla a una distancia de 4,3 años luz de la Tierra (un año luz es la distancia recorrida por la luz en un año a la increíble velocidad de casi 300.000 kilómetros por segundo). Alfa Centauri A forma parte del sistema estelar triple de Alfa Centauri, constituido por dos estrellas muy similares a nuestro Sol (Alfa Centauri A y B) y una tercera (Alfa Centauri C) clasificada dentro de las categorías estelares como enana roja (más pequeña y fría que el Sol).

Hacia el año 2129 la Tierra se encuentra deforestada y una gran parte de la vida salvaje se ha extinguido. Superados los 20.000 millones de

La atmósfera de Pandora está compuesta por una serie de gases que la hacen un 20% más densa que la terrestre.

habitantes, nuestro planeta ha comenzado a plantearse el salto al espacio en busca de otros mundos habitables en la galaxia. Uno de estos mundos es Pandora, donde se han descubierto vastos yacimientos de un mineral desconocido en la Tierra, el *unobtainium* (deformación del vocablo inglés que podría traducirse literalmente como *inobtenible*, que no se puede obtener), cuyas propiedades podrían terminar con la crisis energética global.

Un reloj bien ajustado siempre te hace puntual

Tras casi 25 años de preparación, la imponente nave ISV Venture Star emprende su periplo rumbo a Pandora llevando a bordo una remesa de marines en estado de animación suspendida (ver capítulo 8). Junto con ellos, los "avatares", cuerpos fabricados mediante ingeniería genética capaz de combinar el ADN humano con el de los habitantes de Pandora, una especie inteligente conocida como na'vi. El propósito de los avatares consiste en sustituir los débiles e inadaptados cuerpos humanos por otros del todo semejantes a los de los nativos de Pandora, permitiendo así su estudio directo.

La tecnología humana se ha desarrollado hasta el punto que la Venture Star es capaz de alcanzar una velocidad máxima de 0,7 veces la velocidad de la luz en el vacío, esto es, unos 210.000 kilómetros por segundo. A esta increíble rapidez y sin considerar el tiempo necesario de aceleración al comienzo del viaje ni el de frenado al final del mismo, la duración de la expedición ha debido de extenderse unos 6 años, aproximadamente. Si nos atenemos a la teoría de la relatividad especial de Einstein, enunciada por primera vez en el año 1905, estos 6 años han de estar medidos con relojes situados en la Tierra, ya que debido a los efectos de dilatación temporal y contracción de longitudes predichos por la teoría, el lapso de tiempo transcurrido en la nave ha de ser menor, de tan sólo unos 4,3 años. Quizá esta sea la razón por la que uno de los miembros de la tripulación de la nave espacial, cuando está a punto de llegar a a su destino, afirme: «Llevan criogenizados 5 años, 9 meses y 22 días».

Polifemo es un planeta tan sólo algo más pequeño y más denso que Júpiter cuya órbita cae plenamente dentro de la denominada "zona habitable" de su estrella madre, una región ni demasiado cercana como para que la elevada temperatura vaporice el agua ni demasiado lejana

Una baja gravedad y una más alta densidad del aire, favorece la existéncia de grandes seres alados en los cielos de Pandora.

como para que la temperatura descienda hasta el punto en que el agua se congele.

Rodeado por cinturones de radiación formados por partículas cargadas eléctricamente a causa de la relativa proximidad a su estrella, Pandora experimenta, de cuando en cuando, los efectos espectaculares de estos cinturones, mostrando unos cielos iluminados con auroras semejantes a las terrestres. La radiación no parece tener efecto nocivo alguno sobre los na'vi y el resto de especies animales y vegetales de Pandora; en cambio, los humanos deben buscar protección e ingerir yodo para evitar la acumulación del isótopo radiactivo de este elemento en la glándula tiroides, la misma solución que se contempla en los protocolos adoptados en caso de accidente nuclear en la Tierra, cuando se produce emisión de materiales nocivos a la atmósfera.

Cuestión de gases, tamaños y otros bichos

La atmósfera de Pandora está compuesta por una serie de gases como el nitrógeno, oxígeno, dióxido de carbono (18%), xenón (5,5%), metano y sulfuro de hidrógeno (1%) que la hacen un 20% más densa que la terrestre. Especialmente dañina y venenosa para los humanos resulta la elevada concentración del dióxido de carbono, así como la de sulfuro de hidrógeno (concentraciones por encima del 0,1% pueden causar un colapso inmediato, incluso tras una sola inhalación) por lo que éstos deben protegerse en todo momento con exomáscaras, ya que, en caso contrario, "sin ellas se pierde el conocimiento en 20 segundos y la vida en 4 minutos", tal y como afirma uno de los protagonistas de la película de James Cameron.

Una atmósfera más densa presenta interesantes efectos, como los que pueden contemplarse en algunas de las escenas más espectaculares, cuando los na'vi efectúan saltos desde enormes alturas sin sufrir daños físicos aparentes en sus cuerpos. Veamos, cuando un objeto se desplaza en el seno de un fluido (como puede ser un líquido o un gas) experimenta una fuerza de fricción que se opone a su avance. Esta fuerza depende directamente del valor de la densidad del fluido, del área de la superficie del objeto en contacto con el mismo fluido, así como de la

Cartel de la película Avatar.

velocidad de desplazamiento relativa entre ambos. Esta última característica tiene como consecuencia que la velocidad a la que cae un cuerpo en Pandora adquiera un valor máximo (conocido como velocidad terminal) más pequeño que en la Tierra, donde la atmósfera posee una mayor densidad. Al precipitarse al vacío y alcanzar velocidades de caída más pequeñas, los na'vi tienen mayor probabilidad de alcanzar el suelo indemnes. Por otro lado, a la hora de caminar o correr, la fuerza que deben ejercer los músculos también debe incrementarse en proporción, dificultad que muchos de los seres vivos de Pandora han suplido al estar dotados de seis extremidades, como los caballos hexápodos o los lobos víbora.

El radio de Pandora es de 5.724 kilómetros (un diez por ciento menor que el terrestre) y su masa asciende hasta los 4,3 trillones de toneladas (un veintiocho por ciento inferior a la terrestre). Así, la gravedad en su superficie resulta ser aproximadamente un ochenta por ciento de la que experimentamos en la Tierra, favoreciendo la formación de estructuras naturales que alcanzan alturas considerablemente más grandes que en otros mundos con gravedades mayores (ver capítulo 3). La gravedad es la fuerza con la que un planeta, satélite, estrella, etc. atrae hacia su centro a todos los cuerpos que se encuentren sobre su superficie, experimentando lo que llamamos peso. Si esta fuerza aumenta, el crecimiento en vertical de dichos cuerpos se ve desfavorecido, con lo que su altura máxima disminuye; en el caso opuesto, es decir, cuando se da un valor menor de la fuerza de atracción gravitatoria, las estructuras naturales suelen alcanzar tamaños verticales considerablemente más grandes. Un ejemplo evidente y muy llamativo lo podemos encontrar en el planeta Marte, donde se halla la montaña más alta de todo el sistema solar, el descomunal Monte Olimpo, de casi 28 kilómetros desde la base hasta la cumbre. La gravedad sobre la superficie del planeta rojo es casi tres veces inferior a la que tenemos en la Tierra, donde el monte más alto, el Everest, posee una altura de algo menos de 9.000 metros (justamente un tercio de la del Monte Olimpo anteriormente aludido).

Los na'vi poseen apariencia humana, aunque resultan bastante más altos y esbeltos y su piel exhibe un tono azulado brillante cuyo origen no queda muy claro, en principio, aunque podría estar justificado por las características espectrales concretas del sol de Pandora, es decir, por la mayor o menor cantidad de luz de determinado color (o, equivalentemente, longitud de onda) presente en la energía luminosa procedente de la estrella, Alfa Centuari A. Dotados de una complexión atlética, los ejemplares adultos llegan a alcanzar estaturas de hasta 3 metros y poseen una fuerza cuatro veces superior a los humanos. Para mantener el equilibrio están dotados de una larga cola prensil, de la que se ayudan durante sus vertiginosas acrobacias aéreas. Estas cualidades físicas se pueden entender, asimismo, en base a los razonamientos expuestos en los párrafos anteriores. Evidentemente, una menor gravedad favorecerá el mayor tamaño de las distintas criaturas oriundas de Pandora, como son el thanator (*palulukan* en la lengua na'vi), similar a la pantera y que alcanza una longitud de más de 5 metros y una altura superior a los 2,5. Sin embargo, y en contrapartida, la baja gravedad puede ocasionar una mayor debilidad en los tejidos óseos, así como en la resistencia de los músculos. Los astronautas humanos que experimentan prolongadas estancias en el espacio, en condiciones de microgravedad, sufren los terribles efectos de la descalcificación de sus huesos y la atrofia muscular; con el fin de paliar en lo posible estas desagradables consecuencias deben mantenerse en un estado de forma óptimo, para lo cual deben llevar a cabo ejercicio físico constante. Muchos de los seres de Pandora, como los prolémures, de hasta 1,5 metros de altura y con pesos de hasta 6 kilogramos y los mismos na'vi, han solucionado estos problemas desarrollando de forma natural huesos reforzados con una fibra de carbono.

Cuando se combinan ambas características, una baja gravedad y una más alta densidad del aire, se comprende mucho mejor la existencia de los grandes seres alados que pululan por los cielos de Pandora. El tetrapteron, una especie de flamenco con cuatro alas y una cola para mantener el equilibrio; los *ikran*, enormes criaturas que viven en las regiones montañosas, encontrándose los de mayor tamaño en las Montañas Aleluya, poseen alas membranosas, así como los consabidos huesos huecos de fibra de carbono natural y alcanzan envergaduras de hasta 12 metros con las que logran superar velocidades de 140 nudos. Finalmente, el leonopteryx o *toruk* es el mayor de todos los depredadores aéreos. Se alimenta de *ikrans* y, ocasionalmente, de medusas aéreas, o *lonataya*, así como de hexápodos. Su envergadura puede superar los 30 metros.

Llegado el momento adecuado en su vida, cada adulto na'vi ha de viajar hasta las Montañas Aleluya con el objetivo de establecer un vínculo físico y espiritual permanente con un *ikran*. Para ello, se sirven de una larga trenza de su cabello que unen mediante terminaciones sensibles a

El propósito de los avatares consiste en sustituir los débiles e inadaptados cuerpos humanos por otros del todo semejantes a los de los nativos de Pandora, permitiendo así su estudio directo.

unos órganos externos análogos en el cuerpo del animal, una hazaña que ha de realizarse con sumo cuidado, pues puede llegar a producir la muerte del osado, de no llevarse a cabo de la forma apropiada. Cuando la misión concluye con éxito, la relación que se establece entre ambos seres es de por vida, permitiendo el ikran que el na'vi monte a su lomo sin sufrir daño alguno.

Lo que no se puede... no se puede... y, además, es inobtenible

Los na'vi son seres pacíficos y viven alrededor de los "árboles madre" o *kelutral*, enormes moles vegetales de 460 metros de altura y 30 de diámetro. Debajo de uno de estos árboles se encuentra un riquísimo depósito subterráneo de unobtainium, el mineral codiciado por los humanos que viajan hasta Pandora. Sus inusuales propiedades magnéticas y superconductoras han hecho posible que en la Tierra se haya podido desarrollar una tecnología avanzada y se sueñe con resolver para siempre la crisis energética mundial.

La superconductividad es una propiedad física que presentan algunos materiales y que consiste en conducir la electricidad sin resistencia alguna al paso de la corriente, evitando el efecto pernicioso de la disipación de energía en forma de calor y las consiguientes pérdidas. La conductividad eléctrica está relacionada con el movimiento de los electrones, más o menos libremente, por todo el material, transportando de esta manera la energía eléctrica. Cuando estos electrones pasan cerca de los núcleos de los átomos, interaccionan con ellos, perdiendo parte de su energía. Esta energía se transforma en calor, que se suele desaprovechar, salvo en casos excepcionales donde se utiliza a propósito, por ejemplo, para producir incandescencia, como en las bombillas.

Por otro lado, el movimiento más o menos ordenado de los electrones viene afectado por la temperatura, que contribuye a aumentar la agitación desordenada de los mismos y, en consecuencia, reduciendo la conductividad eléctrica del material de que se trate. En cambio, a medida que la temperatura se reduce paulatinamente hasta alcanzar un valor crítico que depende de cada material concreto, llega un momento en que éste ve reducida abruptamente su resistividad a cero. La comprensión del fenómeno de la superconductividad involucra conocimientos avanzados de mecánica cuántica y no es el objeto de este texto. Tan sólo cabe señalar que únicamente a temperaturas extraordinariamente bajas, del orden de muchas decenas de grados bajo cero, se logra alcanzar el estado superconductor. De hecho, el récord actual está en los -135 ºC, en posesión de un compuesto formado por mercurio, talio, bario, calcio, cobre y oxígeno.

En Pandora, el unobtainium es superconductor a temperatura ambiente, con lo que no se requiere el costoso proceso de enfriamiento a base de nitrógeno líquido (su temperatura de ebullición es de unos

Los na'vi poseen apariencia humana, aunque resultan bastante más altos y esbeltos y su piel exhibe un tono azulado brillante.

-196 grados Celsius) que se precisa en la Tierra. El efecto más espectacular que produce el maravilloso mineral en Pandora puede contemplarse en las Montañas Aleluya, las cuales levitan a grandes alturas como consecuencia del conocido efecto Meissner-Ochsenfeld, descubierto por Walter Meissner y Robert Ochsenfeld en 1933.

Cuando a un material que presenta superconductividad (por debajo de su temperatura crítica) se le aplica un campo magnético externo, aquél expulsa las líneas de campo de su interior. Por tanto, si colocamos por encima del superconductor un imán (que es el que produce o genera el campo magnético externo), éste se verá repelido y levitará en el aire. Se dice en este caso que el superconductor se comporta como una sustancia perfectamente diamagnética, y éstas siempre responden con fuerzas repulsivas en presencia de campos magnéticos. Aprovechando esta propiedad, se ha logrado hacer levitar pequeños animales, como saltamontes y ranas, o vegetales como las fresas, al someterlos a imanes enormemente poderosos. La razón es que estos animales y vegetales son ricos en agua, una sustancia conocida por presentar diamagnetismo. Ahora bien, en el caso de Pandora, el material superconductor es el unobtainium, que abunda en las Montañas Aleluya y en sus gigantescas rocas flotantes. Estas rocas son superconductoras a temperatura ambiente y, por tanto, para levitar deben estar situadas en una región donde exista previamente un campo magnético. Por eso no se encuentran rocas levitadoras en todos los lugares de Pandora, sino solamente en ciertas regiones, precisamente en aquéllas donde haya un campo magnético (en el suelo) suficientemente intenso. Las razones anteriores explican también que el *kelutral* de los na'vi no levite en el aire aunque bajo sus raíces se encuentre una cantidad infinita de unobtainium, pues el árbol no tiene por qué generar un campo magnético, condición imprescindible para que se dé la levitación.

Quizá lo que más extrañe es que, después de toda la buena ciencia que se muestra en la película, los guionistas y asesores científicos no hayan caído en el detalle de las impresionantes cataratas existentes en las rocas levitantes de las Montañas Aleluya, pues tratándose de agua y siendo ésta una sustancia claramente diamagnética, lo correcto hubiese sido que el líquido elemento "cayese" hacia arriba en lugar de hacerlo precipitándose hacia abajo. ¿No hubiese resultado aún más bello y exótico el paisaje?

Capítulo 13

Terraforma, que algo queda

De qué sirve una casa si no se cuenta con
un planeta tolerable donde situarla.

Henry David Thoreau

Flash Gordon se enfrenta al malvado emperador Ming en el imaginario mundo de Mongo en *Flash Gordon* (*Flash Gordon*, 1980); los últimos supervivientes del cataclismo provocado por la estrella Bellus llegan a su planeta compañero Zyra en *Cuando los mundos chocan* (*When worlds collide*, 1951); el doctor Meacham intenta desesperadamente evitar la conquista de la Tierra desde el planeta Metaluna en *Retorno a la Tierra* (*This Island Earth*, 1955); los tripulantes de la nave Planetas Unidos C-57D acuden al rescate del doctor Morbius y de su hija, habitantes de Altair IV, en *Planeta prohibido* (*Forbidden planet*, 1956). ¿Qué característica común presentan todas estas películas? ¿Lo adivináis? ¿No? Pues entonces, permitidme continuar.

El afable alienígena Klaatu aterriza con su platillo volante en Washington para advertirnos sobre los peligros y las terribles consecuencias que conlleva experimentar con armas atómicas en *Ultimátum a la Tierra* (*The Day the Earth stood still*, 1951); los malvados marcianos llegan a bordo de cilindros tripulados con el fin de apropiarse de nuestro planeta y llevar a cabo la aniquilación de la raza humana en *La guerra de los mundos* (*The War of the worlds*, 1952); una extraña criatura vegetal humanoide siembra el terror en una base científica de la Antártida en *El enigma... ¡de otro mundo!* (*The Thing... from another world!*, 1951); un depredador despiadado dotado de sangre corrosiva se infiltra en la nave Nostromo en *Alien, el octavo pasajero* (*Alien*, 1979); dos seres procedentes de mundos muy diferentes encuentran la amistad más sincera tras un accidente en la superficie del planeta Fryine IV en *Enemigo mío* (*Enemy mine*, 1985); un indescriptible ser de largo cuello y ojos saltones hace las delicias del niño Elliott en *E.T., el extraterrestre* (*E.T.: the extra-terrestrial*, 1982). La verdad es que se podría continuar, prácticamente, de forma indefinida, pero creo que ya es suficiente. ¿Habéis adivinado? ¿Aún no? ¿Desconcertados? ¿Os rendís? Está bien, os desvelaré el misterio.

La completa totalidad de las películas anteriores y muchísimas más que se podrían enumerar presentan dos variantes de una misma característica común: los protagonistas son, en todos los casos, o bien terrícolas que respiran en la atmósfera de un planeta distinto a la Tierra o, análogamente, alienígenas que respiran perfectamente el aire de la atmósfera terrestre. ¿Era difícil la adivinanza, verdad? Sin embargo, me sirve muy bien para contaros con un poco de detalle el porqué de que unos cuerpos celestes posean atmósferas y otros, en cambio, carezcan absolutamente de ellas o, alternativamente, sean muy tenues.

¡Respirad, respirad, malditos!

La respuesta a la cuestión anterior, aunque relativamente sencilla, quizá no es todo lo conocida que debería y, muy probablemente, bastantes personas crean o piensen que moverse sin escafandra por las exóticas superficies de otros mundos alienígenas puede resultar algo relativamente fácil y/o rutinario. Sin embargo, nada más lejos de la realidad. La existencia de una atmósfera planetaria depende, esencialmente, de dos magnitudes físicas como son la velocidad de las moléculas gaseosas que constituyen aquélla y la *velocidad de escape* del cuerpo celeste en cuestión. Además, la mera existencia de atmósfera tampoco asegura que ésta resulte inocua para una criatura adaptada a respirar y vivir en otra que puede ser muy diferente en densidad y composición. Si un ser humano intentara prescindir del sistema adecuado de supervivencia, como hacen los osados protagonistas de *La mujer en la Luna* (*Frau im Mond*, 1929), aunque hipotéticamente hubiese oro bajo su superficie, enseguida comprobaría cómo las gasta nuestro satélite. Y no digamos nada sobre nuestros héroes favoritos de la saga de Star Wars, quienes se mueven por mundos de infinita variedad, todos ellos divinamente agraciados con gravedades similares y unas atmósferas amigables a más no poder. Algo parecido es de imaginar que les sucedería a los habitantes de esos otros mundos si decidiesen visitar nuestra acogedora y cálida atmósfera terrestre.

En *La mujer en la Luna (Frau im Mond*, 1929), los protagonistas respiran
en nuestro satélite sin ninguna ayuda artificial.

Pero volvamos a la cuestión principal. ¿Por qué algunos planetas
como la Tierra, Venus, o Marte, por ejemplo, poseen cubiertas gaseosas
y, en cambio, otros como Mercurio carecen de ella? Como ya os indiqué
unas líneas más arriba, la clave de la cuestión se encuentra en la interrelación que existe entre la velocidad de escape del planeta y las velocidades con las que se desplazan las moléculas que conforman la mezcla gaseosa que constituye la atmósfera. La primera de estas dos
magnitudes se define como aquella velocidad mínima que precisa un
cuerpo para abandonar el campo gravitatorio en el que se encuentra inmerso. Como la intensidad de éste depende de la distancia al centro del
planeta, lo mismo le sucede a la velocidad de escape. Así, en la superficie de la Tierra tiene el valor de 11,2 km/s y va disminuyendo paulatinamente a medida que nos alejamos de la misma. Cuando proporcionamos a un objeto una energía tal que le haga adquirir una velocidad
superior a esos algo más de 11 km/s nos abandonará sin remedio (a no
ser que planeemos concienzudamente su trayectoria, como hacemos
con los cohetes espaciales). Cuando la velocidad del objeto no supera a
la de escape, éste puede quedar atrapado en una órbita elíptica o, incluso, volver a caer a tierra. Consideremos ahora las partículas que componen los gases de una atmósfera. Por el simple hecho de encontrarse a

una cierta temperatura, adquieren velocidades que dependen, a su vez, de sus masas. Esto parece bastante lógico, ¿verdad? Cuanto más pesadas sean las moléculas del gas más lentamente se moverán. Pero hay que hacer una salvedad. Un gas está constituido, normalmente, por un número ingente de átomos o moléculas. Por ejemplo, en un solo metro cúbico de aire que se encuentre al nivel del mar y a una temperatura de 0 ºC se pueden contar nada menos que unos 27 cuatrillones de moléculas. Como consecuencia, se encuentran colisionando continuamente unas con otras, tras recorrer únicamente distancias de una décima de micra, a un ritmo de varios miles de millones de veces por segundo, lo que hace que no todas ellas se muevan con la misma velocidad. Rigurosamente, siguen la llamada *ley de distribución de velocidades de Maxwell*, que es una función matemática que nos viene a decir cómo están repartidas las distintas velocidades de las moléculas para una temperatura determinada y una masa molar fija (esto es, la masa que hay en un mol, que es la cantidad de sustancia donde hay algo más de 600.000 trillones de partículas); proporciona la fracción de moléculas con una velocidad determinada.

Debido a los enormes números que se manejan, la física de los gases viene gobernada por leyes de tipo estadístico. Así, se suele trabajar con la denominada *velocidad cuadrática media*, que se obtiene calculando la raíz cuadrada del valor medio de los cuadrados de cada una de las velocidades de las partículas. Es esta velocidad cuadrática media de las moléculas del gas la que se compara con la velocidad de escape y, en caso de que la supere, la fuerza de gravedad del planeta nunca será capaz de retener las partículas formando parte de su atmósfera y éstas escaparán, más o menos rápidamente, al espacio. Ejemplos numéricos de velocidades cuadráticas medias son los siguientes: para el oxígeno a 0 ºC es de 461 m/s, para el nitrógeno 493 m/s, para el helio 1.304 m/s y para el hidrógeno 1.845 m/s. Si la temperatura asciende hasta los 600 ºC, el incremento en las velocidades de las moléculas sería de casi el ochenta por ciento. Se puede apreciar perfectamente que los gases más ligeros (hidrógeno y helio) se mueven, en promedio, más velozmente que los más pesados (nitrógeno y oxígeno). Si se comparan estos valores con los 11.200 m/s requeridos para que las partículas abandonasen el campo gravitatorio terrestre, enseguida resulta evidente que se encuentran bastante alejados. Por lo tanto, nuestro planeta tiene la capacidad para retener a estos gases formando parte de su envoltura gaseosa, de la cual disfrutamos afortunadamente todos los habitantes de este increíble mundo azul.

Pero no todo resulta tan sencillo. Me gustaría llamar vuestra atención sobre lo siguiente. Comparemos los valores de las velocidades moleculares anteriores con las velocidades de escape en otros mundos, como la Luna o Mercurio. Éstas resultan ser de 2.400 m/s y 4.250 m/s, respectivamente. Como veis, se sitúan muy por encima de las correspondientes velocidades cuadráticas medias de los gases consideradas anteriormente. Entonces, ¿por qué no poseen atmósferas estos dos astros? La razón es que no os he contado toda la verdad...

El misterio de las atmósferas desaparecidas

La solución al enigma tiene que ver con el hecho de que las velocidades de las moléculas vienen dadas por una función de distribución (la de Maxwell, en este caso). ¿Qué significa esto? Dicho de forma llana y sencilla, que no todas ellas se están moviendo con la misma velocidad. La velocidad cuadrática media, como su propio apellido indica, representa un valor promedio, no un valor instantáneo ni un valor exacto. De hecho, se pueden definir otras velocidades de forma análoga a como hicimos con la velocidad cuadrática media. Por ejemplo, suele ser habitual definir la *velocidad media* o también la *velocidad más probable*, que es aquélla para la cual la distribución de Maxwell presenta un máximo, es decir, representa la velocidad que poseen una mayor fracción de las moléculas. Por ejemplo, para los mismos casos considerados más arriba (gases a 0 ºC) las velocidades más probables para el hidrógeno, el oxígeno, el nitrógeno y el helio resultan ser 1.506 m/s, 376 m/s, 402 m/s y 1.065 m/s, respectivamente. Pero aún se puede ir más allá. Resulta que, a pesar de que la mayor parte de las moléculas se mueven con las velocidades anteriores, también existe una porción o fracción de las mismas que puede ser más o menos grande (dependiendo del gas en particular y, sobre todo, de la temperatura) con velocidades muy superiores. Estas velocidades pueden, según los casos, ser del mismo orden que la velocidad de escape. Como consecuencia, estarían en disposición de huir de la gravedad que intenta retenerlas. Al escapar, las moléculas restantes volverían a redistribuir sus velocidades para adaptarse de nuevo a la función de Maxwell y el proceso de escape se repetiría incesantemente hasta la práctica desaparición total de las moléculas. Es algo bastante parecido a lo que ocurre cuando se calienta al fuego un recipiente con agua. A medida que asciende la temperatura, parte de las moléculas de agua que están en la superficie del líquido adquieren más velocidad que el resto y pueden pasar al estado gaseoso (al aire). Al desaparecer, dejan sitio libre a otras que ascienden hasta la superficie y el mismo proceso vuelve a tener lugar. Si se espera el tiempo suficiente, el recipiente quedará vacío, es decir, la totalidad del agua se habrá evaporado.

Bien, parece que el misterio de la desaparición de las atmósferas planetarias ha quedado, al fin, resuelto. Sólo me resta proporcionaros un ejemplo numérico de las afirmaciones anteriores. Veréis. Resulta que la atmósfera terrestre está constituida por varias capas. De abajo arriba nos encontramos primero con la troposfera, que se extiende hasta unos 10-15 km de altura, luego está la estratosfera (hasta unos 40-50 km), la mesosfera (90 km), la termosfera y, finalmente, la exosfera. Casi un 99,9 % de la masa de nuestra atmósfera se encuentra en la primera de ellas, la troposfera, pero eso no significa que las otras zonas no sean importantes. De hecho, el ozono que nos protege de la dañina radiación ultravioleta procedente del Sol se encuentra en la estratosfera. ¿Por qué os cuento esto ahora? Pues, sencillamente, porque es justamente la ausencia de moléculas en las capas altas de la atmósfera lo que permite que allí las temperaturas (el Sol zumba allí de lo lindo) sean tan elevadas que pueden ser incluso de muchos cientos e incluso miles de grados centígrados. Por ejemplo, a unos 500 km de altura se pueden alcanzar fácilmente los 600 °C. Si se calcula la velocidad más probable de las moléculas de hidrógeno y oxígeno para este valor resultan ser de unos increíbles 3.000 m/s para el primero y 800 m/s para el segundo. Utilizando, de nuevo, la función de distribución de velocidades de Maxwell, se puede determinar que la fracción de moléculas que poseen una velocidad igual a la de escape es de 1 entre 1.000.000 para el hidrógeno y de 1 entre 1.000.000 (y otros 78 ceros más) para el oxígeno. ¿Qué quiere decir esto? Nada más y nada menos que el hidrógeno, en caso de que hubiera estado presente en nuestra atmósfera primigenia, se nos habría ido escapando muy lentamente a lo largo de muchos eones, mientras que el oxígeno lo ha tenido trillones de trillones de trillones (y más trillones) de veces más difícil y, por eso, aún sigue presente y permitiéndonos que lo respiremos por mucho tiempo.

Se podría, quizá, pensar en una cierta relación existente entre la tectónica de placas y la ausencia de atmósferas en sitios como Mercurio o la Luna. Efectivamente, determinados gases se hallan presentes en las atmósferas planetarias debido a que han escapado del interior de sus respectivos mundos mediante procesos de tipo geológico, tales como la actividad volcánica. Sin ir más lejos, éste es el caso de la Tierra. En cambio, otros gases como el oxígeno proceden de procesos como la disociación de las moléculas del agua por la acción de los rayos ultravioletas solares u otros de carácter biológico, como la fotosíntesis. Evidentemente, no tenemos evidencia alguna sobre la existencia de vida en Mercurio, con lo cual la presencia potencial de gases en él debería tener su origen en fenómenos de otro tipo.

Volviendo, sólo por un instante, al mundo de la ciencia ficción, parece evidente que la solución para que todos nuestros amigos de las películas puedan caminar en paz y tranquilidad de forma confortable por las exóticas superficies de otros exóticos mundos puede consistir en adoptar dos posturas: o bien nos adaptamos a esos otros mundos o, por el contrario, los modificamos de acuerdo a nuestras necesidades. Este segundo proceso recibe el nombre de *terraformación*.

Los tres contratiempos de los giiesícolas

Aunque pueda aparentar ser una solución de lo más razonable, lo cierto es que la terraformación de otros mundos no resulta una tarea demasiado sencilla, al menos con los medios tecnológicos de los que disponemos en la actualidad. Pero ¿por qué terraformar? ¿No sería más fácil tratar de encontrar planetas similares al nuestro, con la capacidad de albergar la vida tal y como la conocemos? Al fin y al cabo, hasta la fecha, se han catalogado más de 700 planetas extrasolares. De entre todos ellos, destaca uno conocido como Gliese 581 g, descubierto en septiembre de 2010, pues se caracteriza por presentar las propiedades físicas más parecidas a las de la Tierra. Se encuentra a unos 20 años luz de nosotros, formando parte de un sistema integrado por otros cuatro planetas que orbitan alrededor de la estrella Gliese 581, en la constelación de Libra.

De todos modos, no conviene ser demasiado optimistas. El hecho de que se trate del exoplaneta con una mayor semejanza a nuestra querida Tierra no significa en absoluto que pueda soportar vida parecida a la nuestra. Quizá la vida terrícola sea más un producto de una tremenda casualidad cósmica que un proceso ubicuo y nunca seamos capaces de hallar unos parientes, aunque sean muy lejanos. Según afirma Peter Nicholls en su libro *La ciencia en la ciencia ficción*, entre las condiciones necesarias para la vida que debe poseer un planeta se encuentran una gravedad adecuada, ni demasiado grande ni demasiado pequeña. Lo primero provocaría que nos sintiéramos excesivamente pesados, poco ágiles a la hora de desplazarnos, por no enumerar la variedad de problemas fisiológicos o de tipo circulatorio que podrían presentarse. Tal y como señala Jeanne Cavelos en *The Science of Star Wars*, quizá el límite superior pueda estar en una gravedad 1,5 veces mayor que la terrestre. Lo segundo tendría, entre otras consecuencias, una excesiva pérdida tanto de mása ósea como muscular, haciéndonos seres excesivamente débiles como, de hecho, les sucede a los astronautas que han permanecido en condiciones de microgravedad durante lapsos de tiempo prolongados.

Otro de los requisitos para la vida, tal y como la conocemos, es la existencia de una franja de temperaturas adecuada, pues ésta debe ser tal que permita la aparición de agua en estado líquido. Para ello, es necesario que el planeta se encuentre dentro de la denominada "zona de habitabilidad" de su estrella (o sistema de estrellas, aunque semejante

Flash Gordon se enfrenta al malvado emperador Ming en el imaginario mundo de Mongo en *Flash Gordon* (*Flash Gordon*, 1980).

caso suele presentar inconvenientes serios) a una distancia no demasiado próxima que haga que el excesivo calor vaporice el agua, pero tampoco muy alejada con la consiguiente congelación de la misma. Aquí también juega un papel decisivo el tipo de estrella de que se trate. No es lo mismo que el astro que suministra luz y calor sea una gigante azul o roja o, por el contrario, que presente el aspecto de una enana blanca, roja o amarilla. A esta última clase pertenece nuestro Sol y, aunque pueda parecer extraño, se cree que tan sólo un ocho por ciento de todas las estrellas son semejantes. De hecho, Gliese 581 pertenece a la categoría de las enanas rojas y éste sí que parece ser el tipo de estrella más abundante en el Universo.

La presión del aire y una atmósfera de constitución apropiada, masas de tierra firme y océanos, vientos y mareas no demasiado fogosos ni agitadas, ausencia de radiaciones dañinas, períodos de rotación que hagan posibles fases de luz y oscuridad no muy prolongadas, estabilidad geológica y ausencia de microorganismos letales conforman toda una larga serie de condicionantes básicos para el desarrollo de la vida. Por lo menos eso es lo que creemos. Si no, ¿por qué no la hemos hallado aún?

Veamos. Prestemos un poco de atención más en detalle a nuestra más esperanzadora promesa fuera de nuestro afortunado sistema solar. La masa de Gliese 581 g es entre 3 y 4 veces mayor que la terrestre y su radio entre un 30% y un 100% superior (existe una gran incertidumbre en estos datos ya que no resulta sencillo determinar el tamaño de un planeta extrasolar que se encuentra a varias decenas de años luz de distancia). Esto hace que la gravedad superficial pueda encontrarse en el rango comprendido entre 11 y 17 m/s^2. Ya estamos rozando el límite establecido un poco más arriba. Primer contratiempo.

Pasemos a la temperatura. Esta es una cuestión difícil porque depende directamente de factores como el tipo de atmósfera que cubra el planeta. Así, una parte significativa de la luz (por consiguiente, también de calor) proveniente de la estrella puede ser reflejada y devuelta al espacio. La relación entre la cantidad de luz reflejada e incidente sobre un cuerpo se denomina *albedo*. Los descubridores de Gliese 581 c, uno de los hermanos de Gliese 581 g, han estimado que en el caso de que el albedo de aquél fuese similar al de Venus (0,65), la temperatura media podría rondar los -3 ºC, mientras que si el albedo se pareciese más al de la Tierra (0,35), entonces se podrían alcanzar los +40 ºC. Evidentemente, estos valores caen dentro de un rango razonable, que podría estar en torno a los -10 ºC como límite inferior y +40 ºC como límite superior. Sin embargo, se requiere información más precisa acerca de la composición específica de la atmósfera ya que, dependiendo de la misma, podría darse un efecto invernadero mayor o menor que fuese susceptible de elevar la temperatura superficial por encima de lo tolerable. Un ejemplo muy claro lo tenemos en Venus, cuya temperatura media asciende hasta nada menos que los 460 ºC debido a la abundante presencia (96%) de dióxido de carbono en su atmósfera, un gas de lo más adecuado para contribuir a un efecto invernadero considerable. Otro ejemplo igualmente ilustrativo del carácter estimativo de los cálculos anteriores es que si se aplica el mismo modelo teórico a la Tierra, se obtiene que la temperatura media debería rondar los -17 ºC, cuando en realidad se acerca mucho más a los +15 ºC. La conclusión es que el valor real de la temperatura superficial de Gliese 581 g puede oscilar ostensiblemente. Segundo contratiempo.

La siguiente cuestión tiene que ver con las mareas provocadas por la relativa proximidad a la estrella. Gliese 581 presenta un tamaño próximo al 38% del de nuestro Sol. Debido a que el planeta dista tan sólo 11 millones de kilómetros (14 veces más cerca que la Tierra al Sol), los hipotéticos habitantes gliesícolas pueden presenciar y disfrutar crepúsculos espectaculares mientras contemplan a su roja estrella con un tamaño 5,2 veces mayor que el que presenta nuestra enana amarilla favorita en los rojizos atardeceres terrícolas. Pero tanta belleza tenía que matar a la bestia, como hizo la deslumbrante Jessica Lange con King Kong, y es que todo lo anterior hace que el período de rotación de Gliese 581 g ascienda a tan sólo 37 días. Esto, aunque serio, no resultaría excesivamente grave a no ser porque las mareas provocadas por la excesiva proximidad a su estrella resultan decenas de veces más agitadas que las causadas por nuestra Luna, aquí en la Tierra. Y no es todo, porque semejantes efectos tienen una consecuencia aún peor. Efectivamente, al igual que les ocurre a nuestro vecino Mercurio con el Sol o a la misma Luna con la Tierra, nuestro desventurado y desafortunado planeta extrasolar siempre presenta la misma cara a su estrella, fenómeno conocido como *rotación síncrona*. De esta forma, en la mitad de su superficie siempre es de día y en la otra mitad siempre de noche. Unas excelentes condiciones para que en la primera habiten niños, ancianos y gente de bien y en la segunda los juerguetas, vividores y demás mangantes ansiosos de vida nocturna. ¿Tercer contratiempo?

Los orígenes

A pesar de todo lo que hemos visto hasta ahora y aunque en otros sistemas estelares puedan encontrarse planetas semejantes al nuestro, siempre tendremos el problema de desplazarnos hasta allí, pues las distancias son enormes. Hasta que no desarrollemos una tecnología que nos permita viajar a velocidades comparables a la de la luz (así y todo podríamos tardar décadas en alcanzar otros mundos), tendremos que conformarnos con intentar modificar planetas más cercanos y hacerlos habitables. Echemos un vistazo, a continuación, al sistema solar.

Como ya sabemos, el conjunto de técnicas mediante las cuales se puede modificar un cuerpo celeste (planeta, satélite, asteroide, etc.) hasta adoptar las características propias de la Tierra se denomina terraformación. El término, como casi siempre, surgió inicialmente en el mundo de la ciencia ficción. Fue Jack Williamson quien lo acuñó por vez primera en sus *CT stories*, allá por el año 1942, aunque Olaf Stapledon había preparado Venus para ser habitable mediante la electrólisis del agua presente en sus océanos, ya en una fecha tan temprana como 1930, con su novela *La última y la primera humanidad*. Por aquellos años la exploración espacial aún no había nacido y resultaba poderosamente atractiva la idea de un Venus cálido y húmedo, con agua abundante. Con los datos proporcionados por las modernas sondas espaciales, hoy sabemos que el idílico mundo imaginado por Stapledon y otros autores dista enormemente de la realidad. No hay océanos de agua líquida ni nada que se le parezca y, por tanto, la electrólisis del agua (un proceso físico mediante el que, haciendo pasar una corriente eléctrica, se descomponen las moléculas en sus componentes atómicos: hidrógeno y oxígeno) constituye una idea, como poco, inocente e ilusa.

Nuestro vecino más cercano no fue el único objeto de deseo por parte de las imaginaciones desbordantes de los escritores de ciencia ficción. Durante la década de los años cincuenta del siglo pasado, época de oro del género, aparecieron no pocas obras en las que, de una manera u otra, los humanos conseguían habitar otros mundos del sistema solar. Así, se pueden citar las *Crónicas Marcianas*, de Ray Bradbury, donde se cuenta la historia de la conquista humana del planeta rojo; *El granjero de las estrellas*, de Robert A. Heinlein, narra la terraformación de Ganímedes, uno de los satélites de Júpiter; *Las arenas de Marte*, de Arthur C. Clarke, quien sugiere a las plantas como las encargadas de

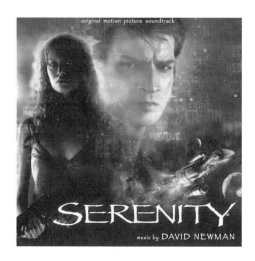

En *Serenity* se presenta un mundo que ha sido terraformado, es decir, se ha adaptado el planeta para que vivir en él sea igual que vivir en la Tierra.

metabolizar los óxidos presentes en el agreste terreno marciano mientras liberan oxígeno; *Ciudad*, de Clifford D. Simak, muestra a los seres humanos adaptados a la vida en Júpiter, esta vez mediante la estimable ayuda de una máquina muy peculiar, y un larguísimo etcétera.

El tema de la terraformación siguió despertando un relativo interés entre la comunidad literaria del género de ciencia ficción, pero sería a raíz de un trabajo científico del inolvidable Carl Sagan publicado en 1961 en la elitista revista *Science* y titulado *The Planet Venus: Recent observations shed light on the atmosphere, surface, and possible biology of the nearest planet* cuando el asunto empezó a tomarse muy en serio y no sólo como una forma elegante de colocar al ser humano en otros mundos ajenos a la Tierra. En dicho trabajo se sentaban las bases científicas para la terraformación de nuestro vecino, Venus. Sagan proponía sembrar la atmósfera del planeta con algas productoras de clorofila que viajarían a bordo de centenares de cohetes. El propósito no era otro que utilizarlas para producir el oxígeno necesario a partir del dióxido de carbono que conforma casi toda su atmósfera (prácticamente, el 96%; un 3% es nitrógeno). Un problema evidente al que deberían enfrentarse las algas sería el hostil ambiente de Venus, con una presión atmosférica casi un centenar de veces superior a la de la Tierra y una temperatura del orden de los 450 ºC. Algo no demasiado diferente a lo que hacen ciertos organismos terrestres denominados extremófilos, capaces de sobrevivir en ambientes extremos y muy hostiles. Si el proceso de conversión atmosférica se llevase a cabo con éxito disfrutaríamos de un planeta cuyas características físicas son muy similares a las del nuestro. En efecto, el radio de Venus es de unos 6.000 km y la gravedad en su superficie tan sólo un 10% inferior, con unas sorprendentes salidas y puestas de sol por el oeste y el este, respectivamente.

Posteriormente, el término terraformación saldría fuera del ámbito académico y sería definitivamente popularizado, tanto por el mismo Carl Sagan en su libro de divulgación *La conexión cósmica* (el mismo año había publicado otro artículo en la revista *Icarus* sobre la terraformación, esta vez de Marte, bajo el título *Planetary engineering on Mars*) como por Adrian Berry en *Los próximos diez mil años*, ambos aparecidos en el año 1973.

De aquellos polvos, estos lodos

El acceso del gran público al concepto de terraformación, en parte gracias al trabajo divulgador de Sagan y Berry, animó aún más si cabe a los autores de ciencia ficción para seguir explotando la idea de adaptar otros mundos a una hipotética habitabilidad de los mismos por parte de los seres humanos. Así, surgieron obras como *Venus of dreams*, en 1986, donde su autora, Pamela Sargent, narraba la terraformación de Venus. Dos años más tarde ampliaría su obra con *Venus of shadows*. El éxito sería tal que no tendría más remedio que finalizar su trilogía en 2001 con *Child of Venus*. Las tres novelas, desgraciadamente, no han sido traducidas a la lengua de Cervantes, hasta ahora.

Pero sería el planeta rojo el que acaparase la atención preferente de los escritores. Así, un planeta Marte ya terraformado se puede encontrar en *Camino desolación*, de Ian McDonald, publicada en 1988. En la década de los años noventa, concretamente en 1992, aparecería la que quizá con toda seguridad sea la obra más impresionante que jamás haya abordado el tema de la terraformación de un planeta. Se trata de la enciclopédica trilogía de Kim Stanley Robinson. Comenzada con *Marte rojo* en 1992, continuaría con *Marte verde* al año siguiente, para finalizar con *Marte azul* en 1996. A lo largo de más de 2.000 páginas, se relata con pelos y señales la terraformación de nuestro planeta vecino. Otros relatos de no menos calidad quedan eclipsados ante semejante magnitud. Entre estos se pueden citar, por ejemplo, *Los mineros del*

Oort, de Frederik Pohl, o *Marte se mueve*, de Greg Bear, publicadas en 1992 y 1993, respectivamente. Pero la idea no podía quedar reducida únicamente a un tratamiento exclusivamente literario. Y, como no podía ser de otra manera, llegó finalmente al terreno cinematográfico. Y, también, como ocurre casi siempre, la forma de enfrentarlo resultó mucho menos rigurosa y, consecuentemente, errónea desde un punto de vista exclusivamente científico.

¿Cuál es el proceso que hay que llevar a cabo para terraformar un planeta? Esta pregunta puede tener distintas respuestas, dependiendo de las características concretas del planeta. No es lo mismo hacer habitable un mundo infernal como Venus que el helado Marte, donde la temperatura promedio ronda los 60 °C por debajo de cero, casi como en nuestro Polo Sur, y las máximas y mínimas alcanzan los +20 °C y -150 °C, respectivamente. La imaginación de los científicos ha propuesto una enorme variedad de métodos y técnicas para hacer habitable un mundo yermo como Marte, que parece ser el elegido como candidato más adecuado y con mayor probabilidad de éxito. Veamos un poco más detenidamente qué es exactamente lo que se pretende y cómo lograrlo.

Si se desea que nuestro vecino planeta rojo se asemeje lo máximo posible a la Tierra, hay que conseguir principalmente dos objetivos: aumentar su temperatura e, igualmente, su presión atmosférica. Cuando se alcancen ambas metas, se habrá logrado indirectamente que el agua pueda mantenerse en su estado líquido, quizá el requerimiento más básico de todos. Actualmente, sabemos que la atmósfera de Marte está constituida por un 95% de dióxido de carbono y casi un 3% de nitrógeno, pero con una densidad tan baja que hace que la presión atmosférica no supere los 1.000 pascales, es decir, la centésima parte de la que disfrutamos los terrícolas. La ausencia de oxígeno es un problema decisivo. En la Tierra, la radiación ultravioleta procedente del Sol contribuye de forma decisiva para que, de cuando en cuando, tres átomos de oxígeno se combinen y formen una molécula de ozono. Se genera, de esta manera, una capa que sirve, a su vez, de protección contra la misma radiación ultravioleta que participó en su génesis. Si no fuese por la capa de ozono de nuestra atmósfera, estaríamos prácticamente achicharrados por un chaparrón de rayos letales o, como poco, cancerígenos. Parece, pues, imprescindible la necesidad de fabricar aire. Si conseguimos incrementar la densidad de la atmósfera de Marte, también estamos contribuyendo a aumentar la presión atmosférica en la superficie del mismo. Ahora bien, cabe la posibilidad de que, en el pasado, el planeta rojo hubiese poseído una atmósfera más densa y que los gases presentes en ella no hubiesen escapado al espacio exterior, encontrándose, posiblemente, combinados químicamente con las rocas de la superficie o atrapados bajo la superficie del helado suelo marciano, sobre todo en los polos. ¿Cómo extraerlos?

Una posibilidad podría consistir en aprovechar el llamado "efecto albedo". Me explico. Todos los cuerpos reflejan una cierta parte de la radiación que reciben. Esa razón recibe el nombre de albedo, como ya sabemos. La parte de la radiación no reflejada es absorbida por el cuerpo. Así, un objeto que refleje la mitad de la luz que incide sobre su superficie presenta un albedo del 50% o, equivalentemente, de 0,5. El color del objeto influye, a su vez, de forma decisiva. La nieve, por ejemplo, tiene un albedo mucho mayor que el carbón. Una forma muy sencilla de poner de manifiesto este peculiar efecto consiste en colocar sendos helados sobre las carrocerías de dos coches, uno de color blanco y otro negro y comprobar que el segundo se derrite en un tiempo considerablemente más corto. Cuando se trata de un planeta, la atmósfera de éste también influye en el valor de su albedo. Así, la Tierra presenta un albedo de 0,3; Venus de 0,65 y Marte de tan sólo 0,15. Pero, volviendo al asunto, ¿cómo se puede sacar provecho de semejante propiedad física? Pues, sencillamente, procediendo a diseminar gran cantidad de sustancias oscuras por la superficie de los casquetes polares marcianos, con lo que la cantidad de radiación solar absorbida se incrementará enormemente, elevando su temperatura y haciendo que éstos se fundan y liberen a la atmósfera los gases atrapados en su interior. Sin embargo, resta la cuestión de cómo llevar hasta allí las maravillosas sustancias con bajo albedo. Carl Sagan había estimado que se precisarían varios centenares de cohetes espaciales para transportarlas, con un coste económico inabordable, por lo menos en un futuro cercano. ¿Soluciones?

Alicia, a través del espejo, hacia el planeta de las maravillas

No se requiere ninguna inteligencia excepcional para darse cuenta de que los cientos de cohetes que se precisarían para semejante cometido quedan fuera del alcance económico de casi cualquier país. Resulta, entonces, conveniente pensar en otras alternativas. Quizá la incipiente nanotecnología sea capaz, en un futuro más o menos cercano, de proporcionar algún método viable por el que los organismos que enviásemos a Marte pudiesen, de alguna manera, autorreproducirse y, consecuentemente, solamente se requiriesen pequeñas poblaciones iniciales de los mismos para iniciar la misión encomendada. Pero la raza humana no puede cruzarse de brazos y esperar, entre tanto, a que la nanotecnología adquiera el necesario nivel de desarrollo. Muy al contrario, desde el principio se han propuesto gran variedad de soluciones alternativas o complementarias.

Entre las más destacadas se puede citar la ubicación de grandes espejos o reflectores en órbita alrededor del planeta rojo, con la intención de desviar la luz solar hacia su superficie y poder fundir, igualmente, los casquetes polares. El mismo objetivo podría alcanzarse mediante la detonación selectiva de ingenios nucleares que, al derretir el material de los polos, produjese la liberación de posibles gases atrapados, expulsándolos hacia la atmósfera. Por otro lado, las mismas explosiones podrían levantar enormes cantidades de polvo que contribuirían a reducir el albedo de forma apreciable. Finalmente, se podría obtener muy probablemente dióxido de carbono si las detonaciones tuviesen lugar por debajo de la superficie del suelo, haciendo que la densidad atmosférica se incrementase.

Os estaréis preguntando, a buen seguro, cuál es la finalidad de enviar dióxido de carbono a la atmósfera marciana. Si lo que se pretende es hacerla respirable por los seres humanos, para qué demonios nos sirve un gas que es irrespirable. Veamos, estad tranquilos, todo tiene explicación.

Resulta que el CO_2, junto con otros gases como el metano y el amoníaco, formaba parte de la atmósfera terrestre hace unos 3.000 millones de años. ¿Qué ocurrió para que desapareciese y actualmente disfrutemos de una maravillosa envuelta de nitrógeno y oxígeno? Pues, sencillamente, que sobre la faz de la Tierra aparecieron y se desarrollaron unas criaturitas llamadas algas, que eran increíblemente eficientes metabolizando dióxido de carbono, utilizando una técnica conocida como fotosíntesis. Este proceso consiste, básicamente, en combinar el CO_2 con agua en presencia de la luz solar, produciéndose glucosa en la reacción química, así como también oxígeno (que se libera a la atmósfera). De esta forma, durante quizá más de mil millones de años, el anhídrido carbónico fue desapareciendo y nuestra atmósfera se fue enriqueciendo con oxígeno hasta alcanzar la proporción actual del 21% en volumen.

Aprendiendo de la historia, se podría proceder de forma parecida con la cubierta atmosférica de Marte y, haciendo uso de algas, plantas y bacterias fotótrofas (capaces de realizar la fotosíntesis), se intentaría ir generando el oxígeno necesario. Y con lo de necesario no solamente estoy pensando en la respiración de los seres humanos que potencialmente habitasen Marte. En efecto, actualmente, parece haber bastante acuerdo en que la vida humana le debe mucho a la capa de ozono protectora que se extiende sobre nuestras cabezas a una altura de entre 15 y 40 kilómetros. Y el ozono no es más que una molécula formada por tres átomos de oxígeno. Se produce cuando la molécula de oxígeno ordinaria (constituida por dos átomos) "es atacada" por los fotones ultravioletas provenientes de la radiación solar. Y aquí viene la paradoja: una vez que se forma el ozono a causa del efecto de la radiación ultravioleta, aquél sirve como escudo protector frente a ésta, impidiendo que alcance la superficie y nos achicharre literalmente.

Pero la utilidad del dióxido de carbono no consiste exclusivamente en ser una condición previa en la generación de oxígeno atmosférico, sino que su mera presencia resulta decisiva a la hora de elevar la gélida temperatura de Marte, ya que se trata de un gas dotado especialmente para producir el denominado *efecto invernadero*. El efecto invernadero es un fenómeno que tiene lugar cuando la radiación procedente del Sol que alcanza la superficie terrestre es incapaz de retornar al espacio, debido a que ciertos gases presentes en nuestra atmósfera (dióxido de carbono, amoníaco, metano, etc.) la vuelven a reflejar en forma de radiación infrarroja (esto es, calor) hacia el suelo, provocando un calentamiento. Si no fuera por esto, la Tierra se comportaría prácticamente como un *cuerpo negro* y entonces su temperatura rondaría tan sólo los 6 ºC de promedio y no los confortables 15 ºC que disfrutamos. Por eso, un cierto grado de efecto invernadero es más que necesario.

De todas maneras, no todo es tan bonito como parece. Un enorme inconveniente de los gases de efecto invernadero es que atacan de forma despiadada al ozono. Por lo tanto, de un lado, son buenos para contribuir a elevar la temperatura de Marte y, del otro, participan en la destrucción del escudo protector contra la dañina radiación ultravioleta. ¿Cuál es la salida de esta aparente encrucijada?

Paraterraformación y pantropía

Los métodos ideados con el objeto de lograr semejantes objetivos han sido de lo más variados. Así, se han sugerido tanto las detonaciones nucleares como la puesta en órbita de sistemas reflectores, esto es, gigantescos espejos que redirigiesen la luz solar hacia la superficie del planeta. Otras posibles soluciones podrían consistir en desviar asteroides y cometas hacia la órbita de Marte y hacerlos estrellarse contra su superficie, con lo cual se conseguiría hacer crecer la masa y, consiguientemente, la gravedad superficial del planeta rojo, aunque no es menos cierto que para ello se requeriría un gran número de impactos. Además, como se cree que muchos de estos cuerpos cometarios pueden ser ricos en metano, se matarían dos pájaros de un tiro. Recordad que el metano es una sustancia capaz de producir efecto invernadero.

Sin embargo, volviendo a lo dicho en párrafos anteriores, no todo es tan bonito como podría parecer a priori. Os he contado que los gases de efecto invernadero presentan un inconveniente muy serio, que no es otro que su capacidad destructiva del ozono, gas que tiene una importancia decisiva a la hora de proteger la vida humana de las nocivas y dañinas radiaciones ultra-

Carátula de *Ultimátum a la Tierra* (*The Day the Earth stood still*, 1951).

violetas procedentes del Sol. La ciencia siempre se ha caracterizado por su espíritu de superación y cada vez que surge un problema, inmediatamente busca una posible solución al mismo. Y este caso no iba a ser menos. ¿Qué es lo que pretendemos? Incrementar la temperatura de Marte. ¿Qué podemos utilizar para lograrlo? Gases de efecto invernadero. ¿Qué inconveniente presentan? Destruyen el ozono. ¿Cuál puede ser la solución? Gases de efecto invernadero que no dañen el ozono. Elemental, querido Watson. ¿Existen esos gases? Sí, y se llaman perfluorocarbonos (PFC's). A veces, se les conoce como gases de superefecto invernadero porque resultan mucho más poderosos que los gases de efecto invernadero tradicionales, tales como el dióxido de carbono, metano, vapor de agua, CFC's, etc. Los perfluorocarbonos se pueden obtener a partir de técnicas tan dispares como la fundición del aluminio o la fabricación de semiconductores. Lo que los hace tan interesantes en la cuestión de la terraformación de Marte es su enorme capacidad para producir efecto invernadero, incluso en concentraciones muy bajas. De hecho, pueden llegar a ser miles de veces más potentes que el dióxido de carbono, como sucede, por ejemplo, con el tetrafluorometano o el hexafluoroetano. Y todo ello con la enorme ventaja de resultar inocuos para el ozono.

Ahora bien, una vez llegados a este punto, cabe hacerse algunas preguntas adicionales. ¿Realmente es posible terraformar un planeta y hacerlo habitable? ¿Hemos resuelto el problema de la superpoblación en la Tierra? ¿Existen otras alternativas?

La respuesta a la primera cuestión es relativamente sencilla: rotundamente, sí. Lo que pasa es que no os he dicho que un proyecto de ingeniería planetaria de semejante envergadura no se consigue de un día para otro. Los expertos se muestran bastante de acuerdo en que el proceso de terraformación podría llevar siglos (y no es una forma de hablar). Cálculos estimativos predicen un aumento de entre 6 y 8 grados centígrados en 100 años. Esto no tendría por qué constituir un problema insalvable, pero dejadme que os recuerde de nuevo que la temperatura media de Marte ronda los 60 ºC por debajo de cero. Por lo tanto, para entonces, vuestro equipo de fútbol favorito habrá celebrado unos cuantos centenarios. En todo caso, absolutamente nada que ver con la impresionante rapidez con la que se consigue hacer respirable la atmósfera marciana en *Desafío total* (*Total Recall*, 1990), aunque semejante hazaña se lleve a cabo con ayuda de una gigantesca máquina abandonada en el planeta rojo por una misteriosa raza alienígena. Por cierto, ¿para qué demonios fabricaría una raza extraterrestre un dispositivo terraformador capaz de hacer el aire respirable para una raza como la humana, tan aparentemente distinta a la suya? ¿Acaso procedían de un planeta similar al nuestro? Igualmente veloz resulta el proceso terraformador llevado a cabo por el dispositivo Génesis que se muestra en *Star Trek II: la ira de Khan* (*Star Trek II: The Wrath of Khan*, 1982). En cambio, James Cameron nos presentó una terraformación algo más razonable, de unas cuantas décadas, en la luna LV-426 en *Aliens, el regreso* (*Aliens, 1986*). Se notaba que Cameron había iniciado los estudios de física en la Universidad pública de California, aunque posteriormente los abandonase para dedicar toda su atención al séptimo arte. A buen seguro que su cuenta bancaria da fe de lo acertado de su decisión.

Pero vuelvo, una vez más, a las cuestiones planteadas más arriba. En concreto, me refiero al asunto de la superpoblación. En el momento de la entrada de este libro en prensa, el número de habitantes de la Tierra ronda los casi 7.000 millones (terrícola arriba, terrícola abajo). Probablemente, en otras seis décadas más, alcanzaremos los 12.000 millones, es decir, la densidad de población se habrá duplicado, aunque también podría darse el caso de que la población se llegase a estancar. En todo caso, ¿qué habremos conseguido con emigrar a Marte? El diámetro del planeta rojo ronda los 6.800 km (prácticamente la mitad del terrestre), con lo que su superficie habitable es la cuarta parte de la de la Tierra y, por tanto, nuestros primeros colonos marcianos estarían cuatro veces más apretaditos de lo que estamos ahora nosotros aquí (esto si no tenemos en cuenta que tres cuartas partes de la superficie de nuestro planeta no constituyen tierra firme; en caso contrario, la superficie sólida terrestre coincide con toda la superficie de Marte). Parece que no hemos avanzado gran cosa ¿no? ¿Por qué no emigramos mejor rumbo al sistema solar donde transcurre la acción de *Serenity* (*Serenity*, 2005), en el que todos los planetas que forman parte del mismo ya han sido terraformados? Viajemos, gocemos del amor sin parar y multipliquémonos alegremente por todos ellos, que hay sitio de sobras para todos.

Llegados a este punto, únicamente resta abordar la cuestión referente a las posibles alternativas o soluciones a la terraformación total de un planeta. En concreto, me refiero a dos: la *paraterraformación* y la *pantropía*. ¿Qué? ¿Cómo? ¡Me repita, por favor!

Calma, queridos y sufridos lectores. Me explicaré lo más claramente que me sea posible. Empezaré por la primera de ellas y luego me referiré a la segunda. ¡Qué tremenda capacidad de organización! La paraterraformación consiste en una terraformación, pero parcial. Su mayor ventaja consiste en que lograría llevarse a cabo en un lapso de tiempo mucho más breve del que llevaría adaptar todo el planeta. Para ello se construirían hábitats como pueden ser cúpulas cerradas del estilo de las que pueden verse en la previamente aludida *Desafío total*. Para explicar qué es la pantropía, permitidme que os recuerde un viejo refrán. Dice, más o menos, así: «Si Mahoma no va a la montaña, que la montaña venga a Mahoma». ¿Qué significa esto? Pues, sencillamente, que si el proceso de terraformación es tan lento y dificultoso, no permitiendo que el hombre adapte otro mundo a sus necesidades, entonces quizás podamos adaptar nosotros al hombre para que pueda sobrevivir en planetas diferentes a la Tierra. Aunque el términó surgió inicialmente en los gloriosos años cincuenta del siglo XX, cuando James Blish publicó sus célebres relatos bajo el título común de *Semillas estelares*, o Poul Anderson su relato breve *Llamadme Joe*, en el cual se cuenta cómo los seres humanos pueden deambular por Júpiter mediante transferencia mental a un ser cuyo cuerpo ha sido adaptado al hostil mundo joviano. También Clifford D. Simak adaptó al hombre, en su afán por habitar el mayor planeta del sistema solar, en su novela *Ciudad*. Pero sería Frederik Pohl quien llevaría la idea a su máxima expresión en 1976, con su ya inmortal obra *Homo plus*, en la que se narra la colonización de Marte mediante la creación de ciborgs perfectamente diseñados, con la inestimable ayuda de la ingeniería genética, para habitar un ambiente tan poco favorable a nuestros humanos organismos.

Sin tretas no hay paraíso

Un buen número de textos (tanto de ficción como científicos), así como el cine han abordado la terraformación y sus variantes como la paraterraformación o la pantropía de formas muy diversas, en ocasiones con relativo acierto, en otras no tanto. Las dos alternativas que se contemplan siempre se centran, por un lado, en adaptar otros mundos al medio ambiente terrestre y, por el otro, en modificar al ser humano haciéndolo apto para sobrevivir en dichos medioambientes hostiles. Sin embargo, no hemos contemplado en absoluto la cuestión no antropo-céntrica. Dicho en palabras simples, ¿pueden darse las condiciones para la existencia de vida no humana? ¿Qué características debe pose-er un mundo extraterrestre para albergar vida compleja? Evidentemen-te, hasta la fecha, los seres humanos no hemos sido capaces de detectar otros planetas dotados de esa vida. Sí que disponemos, en cambio, de un catálogo cada vez más amplio de mundos extrasolares, pero de aquí a que sean habitables o habitados por otras especies hay un enorme trecho. ¿O no? Dejadme que os cuente, muy brevemente, tres historias increíbles, todas ellas frutos de la imaginación y el trabajo científico más audaces.

En el año 1983 tuvo lugar la conferencia CONTACT: Cultures of the Imagination. En ella, se reunieron un numeroso grupo de científicos de diversas especialidades (físicos, químicos, biólogos, geólogos, etc.), es-critores de ciencia ficción y artistas con el sano propósito de intercam-biar ideas y especular acerca del futuro devenir de la civilización huma-na, tanto en la Tierra como fuera de ella. Diez años después, en la edición de 1993 de la misma conferencia, Martyn J. Fogg presentó el di-seño de un hipotético sistema solar en torno a la estrella 82 Eridani, en la constelación Eridanus. Desde entonces, la idea se ha ido desarrollan-do y un grupo de personas que aún hoy sigue creciendo decidieron unirse para formar un grupo de trabajo denominado los WorldBuilders (literalmente, los constructores de mundos). El sistema solar diseñado a partir del trabajo pionero de Fogg está constituido por nueve plane-tas, cuyos nombres (por orden de proximidad a su estrella) son: Bele-nos, Grannos, Epona, Sucellus, Rosmerta, Borvo, Bormo, Bormanus y Sirona.

La estrella 82 Eridani fue bautizada con el nombre de Taranis. Situa-da a 21 años luz de la Tierra, pertenece a la clase espectral G (las estre-llas se clasifican en siete clases espectrales: O, B, A, F, G, K, M, en orden decreciente de temperatura de sus superficies) y posee una masa apro-ximada de 0,91 veces la masa de nuestro sol. En el tercer planeta del sis-tema, Epona, se dan las condiciones necesarias para vida. Epona está constituido por una especie de continente hundido extremadamente sensible a los cambios del nivel oceánico, con lo que afloran por do-quier innumerables islas. Los mares son cenagosos y poco profundos. Aproximadamente cada 100 años ocurre una enorme erupción volcáni-ca en Fire Island (Isla de Fuego), coronada por un enorme volcán de más de 11 kilómetros de altura. Las cenizas que expulsa afectan al clima, produciendo un enfriamiento global que se prolonga varios años.

Los casquetes polares son mucho mayores que los que poseemos en nuestro planeta y se extienden hasta los 60º de latitud. La inclinación del eje de rotación de Epona es de unos 32º (nueve más que el terrestre); su año dura 262 días. La gran excentricidad orbital provoca diferencias substanciales en la duración de las estaciones. En el hemisferio sur los veranos son largos y suaves y los inviernos cortos y templados, mientras que en el hemisferio norte son cortos y cálidos y largos y fríos, respectivamente. Epona no posee satélites naturales y, por tanto, su eje de rotación oscila de forma caótica, con un período de miles de años entre los 0º y los 60º. La atmósfera guarda muchas similitudes con la de la Tierra, con una presión parcial de dióxido de carbono superior, a causa de la actividad volcánica. Sin embargo, en la superficie, la presión es tan sólo de unos 577 milibares. Como la capa atmosférica es más delgada, el cielo en Epona posee un azul brillante. Las gotas de lluvia, debido a la menor gravedad ($7,5$ m/s^2), se precipitan al suelo con lentitud y poseen unos tamaños considerablemente mayores. Los arcoíris son espectaculares y duraderos.

Más recientemente, la compañía británica Big Wave encomendó a un grupo de diez científicos la creación de dos mundos extrasolares. Eligieron para ellos los nombres de Aurelia y Blue Moon.

Aurelia es un planeta que orbita una enana roja, mucho más cerca que la Tierra del Sol. Debido a ello, siempre muestra la misma cara a su estrella. No hay estaciones. El lado oscuro vive en invierno permanente, mientras que el lado brillante tiene en su centro una enorme tormenta que gira constantemente produciendo huracanes y lluvias torrenciales a su paso. Las zonas de penumbra que limitan con el borde oscuro muestran un clima templado y en ellas prosperan seres vivos.

El planeta posee continentes y agua en estado líquido. Debido a la lucha por la luz, se han desarrollado unos seres híbridos (conocidos como "stinger fans") mitad planta mitad animal, de unos 8 metros de altura, que recuerdan a la extraña criatura de *El enigma… ¡de otro mundo!* (*The Thing… from another world!*, 1951). Poseen diez tentáculos, con los que son capaces de desplazarse gracias a una secreción mucosa. Detectan, asimismo, la radiación ultravioleta y tienen la capacidad de producir fotosíntesis. Su sistema vascular consta de cinco corazones.

Otras criaturas que conviven en el mismo ambiente son los "mud-pods", una especie clave, pues construyen embalses para los *stinger fans* y luego se alimentan de ellos. Alcanzan un metro de longitud y un peso de unos 10 kilogramos. Se desplazan por el suelo mediante seis patas, tres a cada lado de su cuerpo alargado, impulsándose para nadar con su cola. Los *gulphogs* son depredadores bípedos de unos 500 kilogramos de peso y 4,5 metros de altura. Se alimentan de mudpods y stinger fans. Se desplazan a 60 km/h. Poseen dientes sensitivos y se protegen los ojos de la radiación ultravioleta mediante una especie de capuchón que los recubre. Un tercer ojo les sirve como órgano detector de los dañinos rayos. Finalmente, los *hysteria* son depredadores multicelulares de medio milímetro de longitud que se agrupan en enormes cardúmenes de más de un millón de individuos. Sobreviven a base de mudpods y gulphogs, a los que atacan con un veneno paralizante.

Blue Moon es un satélite en órbita alrededor de un planeta gigante gaseoso mucho mayor que Júpiter y perteneciente a un sistema estelar binario. Su tamaño es similar al de la Tierra y su atmósfera tiene un 30% de oxígeno. El dióxido de carbono muestra una concentración treinta veces superior a la terrestre. Así, las plantas crecen exhuberantes. La densidad del aire es el triple que en nuestro planeta, con lo que el vuelo, el planeo y la flotabilidad resultan enormemente sencillas. Aquí habitan los árboles pagoda, que cubren enormes áreas de la superficie de Blue Moon. Alcanzan alturas de hasta 1 km. Reflejan luz azul. Cada tres años producen frutos. El diámetro de sus hojas es de unos dos metros y el volumen de agua que pueden recoger alcanza los 2.000 litros.

Los *kites* son enormes seres en forma de cometa dotados de tentáculos. Se fijan a los árboles pagoda y se alimentan elevando el alimento hasta un estómago central. Pesan entre 200 gramos y 5 kg y poseen una envergadura de entre uno y cinco metros. Su carne es tóxica. Otros organismos son los *ghost traps* y los *helibugs*. Estos últimos están dotados de tres alas, tres piernas y otros tantos ojos con los que dominan un campo visual de 360°; las *skywhales*, con cinco metros de longitud y diez metros de envergadura, se alimentan de plancton aéreo; y los *stalkers* que atacan a las skywhales formando enormes bandadas.

Capítulo 14

No me chilles, que no te veo

A veces creo que hay vida en otros planetas, y a veces creo que no.
En cualquiera de los dos casos la conclusión es asombrosa.

Carl Sagan

En el verano de 1950, Enrico Fermi se encontraba trabajando en Los Álamos, Nuevo México. De todos era conocida su increíble habilidad para resolver cuestiones aparentemente imposibles. Su inusual técnica consistía en descomponer dichos problemas en una serie de otros más simples y cuya respuesta fuese más fácilmente obtenible. Sus colegas le pusieron el apodo de "el Papa" porque, al parecer, poseía la misma facultad que el santo padre: la infalibilidad.

Los problemas que resolvía Fermi eran siempre chocantes a simple vista y casi indefectiblemente producían una sensación de irresolubilidad y de perplejidad a quien se los proponía. Ejemplos de estas cuestiones (hoy las conocemos como *problemas de Fermi*) pueden ser los siguientes:

¿Cuántos granos de arena hay en las playas de todo el mundo?

¿Cuántos cabellos tiene un ser humano (sin alopecia)?

¿Cuántos átomos hay en un cuerpo humano?

Pues bien, tal y como cuenta Stephen Webb en su libro *Where is everybody?*, un cierto día de aquel verano de 1950, mientras charlaba apaciblemente con dos de sus amigos, Edward Teller y Herbert York, Fermi les planteó la cuestión que desde entonces se conoce, sorprendentemente, como *Paradoja de Fermi*. Dicha en muy pocas palabras (realmente no necesita muchas más) podría expresarse tal que así:

«Si el Universo está rebosante de alienígenas, ¿dónde demonios están todos, que, aparentemente, no nos tropezamos con ellos continuamente?».

Nueve años después, Giuseppe Cocconi y Philip Morrison publicaron en la prestigiosa revista *Nature* el que se considera como el artículo pionero en la búsqueda de vida extraterrestre y el precursor del programa SETI (búsqueda de inteligencia extraterrestre). En este trabajo, los autores proponían utilizar señales de radio para comunicarse con otras posibles civilizaciones inteligentes que pudiesen estar a la escucha. Tan sólo dos años más tarde, en 1961, el astrofísico Frank Drake proponía la ecuación que lleva su nombre y que permitía estimar, como si de un problema de Fermi se tratase, el número de civilizaciones inteligentes con capacidad para comunicarse existentes en nuestra galaxia. Esta cifra se podía obtener a partir del producto de siete cantidades. Os las describo brevemente:

El número de estrellas nuevas que se forman cada año en nuestra galaxia.

La fracción de estrellas capaces de albergar planetas.

El número de planetas, en promedio, de cada una de estas estrellas.

La fracción de planetas capaces de albergar vida.

La fracción de éstos capaces de albergar vida y que ésta dé pruebas inequívocas de inteligencia (aquí podéis incluir la raza humana, si elimináis a algunos que otros especímenes sospechosos).

La fracción de los mismos que ha alcanzado una tecnología capaz de hacerlos comunicarse con otras potenciales civilizaciones.

La longevidad promedio de cada una de estas civilizaciones, es decir, el número de años que pueden sobrevivir sin desaparecer, extinguirse, etc.

El mismo Drake propuso una solución a su ecuación aquel mismo año. Supuso que el ritmo de formación de estrellas nuevas en la Vía Láctea era de 10 cada año; de ellas, la mitad tendrían la capacidad de albergar planetas; cada estrella poseería, en promedio, un sistema planetario con 2 planetas; todos ellos serían capaces de albergar vida, pero únicamente 1 de cada 100 daría lugar a vida inteligente; de ellos también un 1% solamente poseerían la capacidad de enviar señales al espacio. Si cada una de estas civilizaciones estuviese en condiciones de comunicarse durante unos 10.000 años, entonces el número de ellas ascendería a 10.

Este resultado no parece demasiado optimista, con lo que podríamos tender a pensar que por poco que hubiésemos modificado una de las estimaciones de cualquiera de los siete parámetros que aparecen en la ecuación de Drake, podríamos haber obtenido una cifra aún menor y,

La paradoja de Fermi es la contradicción entre las estimaciones que afirman que hay una alta probabilidad de existencia de civilizaciones inteligentes en el Universo, y la ausencia de evidencia de dichas civilizaciones. En la película *Contact* se aborda la posibilidad real de un encuentro entre humanos y extraterrestres.

por tanto, quizá la respuesta a la paradoja de Fermi. Con un número de civilizaciones tan pequeño, puede que la probabilidad de contactar con alguna de ellas sea tan minúscula que por eso no lo hemos hecho aún.

Ahora bien, ¿cómo saber que los valores introducidos son más o menos correctos y, por tanto, fiables? Desgraciadamente, no parece haber una respuesta a esta pregunta, pues la propia ecuación no es otra cosa que una buena bofetada en nuestro rostro que nos recuerda continuamente nuestra propia ignorancia. No conocemos a ciencia cierta ninguno de los parámetros que aparecen en la ecuación. Sí que es cierto que algunos de ellos se conocen en buena aproximación, como la proporción de estrellas de nueva formación (la NASA estima este valor en 6, actualmente); otros, en cambio, son grandes desconocidos y despiertan una gran controversia en los círculos científicos.

Entre estos últimos se encuentra, indudablemente, la cuestión de la robustez de la vida. ¿Somos los terrestres (todas las criaturas no humanas, incluidas) un accidente cósmico? O, por el contrario, ¿la vida acaba tarde o temprano apareciendo en todos los sitios? Más aún, ¿siempre que surge la vida, ésta desemboca necesariamente en la aparición de seres inteligentes?

Evidentemente, no seré yo (con toda mi infinita ignorancia) quien se atreva a dar una respuesta a semejantes preguntas. Simplemente, quiero llamar vuestra atención sobre la gran falta de información que tenemos a la hora de atribuir un valor u otro a ciertos factores de la ecuación. De hecho, el propio Drake propuso una estimación mucho más optimista en el año 2004, transcurridos 43 años después de presentar al mundo por primera vez los resultados de sus sesudos y concienzudos análisis y pensamientos. En efecto, tan sólo modificando el valor de tres de las siete cantidades, obtuvo un número de civilizaciones igual a 10.000. Para ello, redujo a 5 por año el número de estrellas nuevas en la Vía Láctea, incrementó hasta el 20% la fracción de planetas en los que se desarrollaría vida inteligente y supuso que todos ellos estarían comunicándose con el espacio exterior. Y hete aquí que, cual pescadilla que se muerde la cola, hemos vuelto de nuevo al principio. Si realmente hay tantas civilizaciones utilizando en este preciso instante el teléfono cósmico, ¿dónde diantres se meten?

En el espacio, ¿nadie puede oír tus gritos?

El cine de ciencia ficción siempre ha tratado el tema del contacto con civilizaciones extraterrestres desde diferentes puntos de vista, con más o menos acierto y desde una perspectiva más o menos especulativa, ateniéndose mejor o peor a los conocimientos científicos de la época. Durante la década dorada de los años 1950, los alienígenas solían mostrarse malvados, belicosos e invasores. Los científicos pensaban, en todo momento y situación, bien de ellos y ansiaban establecer comunicación a toda costa; los militares representaban el polo opuesto, siempre desconfiados, temerosos y dispuestos a luchar desde el principio. A esta época pertenecen clásicos imperecederos como *El enigma… ¡de otro mundo!* (*The Thing… from another world!*, 1951), *Los invasores de Marte* (*Invaders from Mars*, 1953), *Vinieron del espacio* (*It came from outer space*, 1953), *Los invasores de otros mundos* (*Target Earth*, 1954) o *Regreso a la Tierra* (*This Island Earth*, 1955). En el extremo contrario, el de los extraterrestres con buenas intenciones, destacan joyas imperecederas: *El ser del planeta X* (*The Man from planet X*, 1951) y *Ultimátum a la Tierra* (*The Day the Earth stood still*, 1951).

Sin embargo, los precedentes sobre el primer contacto con otros seres allende nuestro planeta son bastante anteriores, remontándose in-

Durante la década dorada de los años 1950, los alienígenas solían mostrarse malvados, belicosos e invasores. Los científicos pensaban, en todo momento y situación, bien de ellos y ansiaban establecer comunicación a toda costa; los militares representaban el polo opuesto, siempre desconfiados, temerosos y dispuestos a luchar desde el principio. A esta época pertenecen clásicos como *Vinieron del espacio* (*It came from outer space*, 1953).

cluso hasta el siglo XVII con el *Somnium*, del mismísimo Johannes Kepler o con los trabajos de Camille Flammarion, en la segunda mitad del siglo XIX. Pero a buen seguro que nuestro primer recuerdo sobre alienígenas proviene del clásico de H.G. Wells *La guerra de los mundos*, publicada en 1898 y, posteriormente, llevada al cine en 1953 por Byron Haskin y en 2005 por Steven Spielberg.

En la ecuación de Drake, la estimación del número de civilizaciones comunicativas en nuestro entorno galáctico se puede estimar, ya lo hemos visto más arriba, como un producto de siete cantidades, cuatro de las cuales se expresan en forma de porcentaje. Y esto acarrea un problema, según la opinión del profesor Lawrence Krauss, autor del maravilloso libro *Beyond Star Ttrek*. En él explica cómo a través de una conversación con el mismo Frank Drake durante un congreso, le expresó su opinión sobre la peculiar forma de proceder que implicaba la ecuación de Drake. En efecto, razonaba Krauss, si pretendemos calcular la probablidad de un suceso, por otro lado, bastante improbable, es decir, con una probabilidad de ocurrencia muy pequeña y ésta se calcula, a su vez, mediante el producto de otras cantidades asimismo muy pequeñas, el resultado puede ser bastante engañoso, ya que quizá no conozcamos la dependencia entre dichos sucesos, más simples, en que hemos descompuesto el suceso original. Os pondré un ejemplo del mismo estilo del que propone Krauss, pero con mi propio aderezo. ¿Cuál es la probabilidad de que me encuentre hoy mismo a las 11:30 con la mujer de mi vida en la cafetería que hay frente a mi despacho en la facultad? Evidentemente, todos coincidiréis conmigo en que este suceso es altamente improbable. Pero descomponiéndolo en otros sucesos más simples, la cosa aún puede ser peor. Para que tenga lugar tan maravilloso acontecimiento (sobre todo, para mí) tienen que acontecer antes otras cosas. Previamente, tengo que encontrarme yo mismo frente a la cafetería, lo cual requiere que esta mañana me haya levantado de la cama antes de las 11:30; tengo que haber llegado a mi puesto de trabajo sin percance alguno; tengo que salir de mi despacho antes de la hora prefijada para el encuentro; tiene que estar la mujer de mi vida en la cafetería (esto también requiere que ella se haya levantado, se haya dirigido hacia allí, etc.); yo tengo que verla, me tiene que gustar, etc., etc. Cada uno de estos sucesos puede tener una probabilidad arbitrariamente pequeña y, por tanto, el producto de todas ellas aún será mucho más pequeño, si cabe.

Os planteo ahora otra pregunta. ¿Cuál es la probabilidad de que yo posea un Ferrari exclusivo? Si tengo en cuenta mi mísero sueldo de profesor universitario, con toda seguridad, todos podréis responder sin dificultad a la cuestión. Será un número pequeñísimo. Por otro lado, ¿cuál es la probabilidad de que mi boleto de lotería primitiva resulte agraciado en el próximo sorteo? La respuesta es obvia. En cambio, si os planteo la siguiente cuestión: ¿cuál es la probabilidad de que yo posea un Ferrari exclusivo si me toca la lotería en el próximo sorteo? ¿Qué me diréis? Prácticamente, coincidiréis conmigo en que ahora las cosas han cambiado bastante, es decir, aunque la probabilidad de ocurrencia de cada uno de los dos sucesos anteriores es muy pequeña, cuando se da uno de ellos, el otro se convierte automáticamente en altamente probable, ya que en este caso la probabilidad no se calcula como el producto de otras probabilidades más simples. Esto es lo que los matemáticos llaman probabilidad condicionada y era el meollo del asunto que discutían Krauss y Drake en referencia a la forma que tenemos de evaluar las distintas proporciones que aparecen en la ecuación de Drake. ¿No podría darse el caso de que estuviésemos procediendo de forma incorrecta a la hora de estimar el número de civilizaciones extraterrestres comunicativas presentes en nuestra galaxia? ¿Resulta igualmente probable que se desarrolle la vida inteligente en un planeta rocoso como la Tierra, perteneciente a un sistema solar que, al mismo tiempo alberga un gigante como Júpiter, que en un sistema solar en el que no lo haya? Las simulaciones llevadas a cabo mediante ordenador parecen dar una respuesta bastante clara al respecto. Efectivamente, la presencia de planetas grandes del tipo de Júpiter hacen que el impacto de meteoritos sobre otros planetas más pequeños, como la Tierra, tenga una incidencia mucho menor, lo cual evitaría extinciones masivas demasiado frecuentes como para impedir el desarrollo de formas de vida complejas, inteligentes y con capacidad comunicativa con el espacio exterior.

Entonces, ¿en qué quedamos, es grande, como la estimación de Drake en 2004, o es pequeño, como propuso en 1961, el número de civilizaciones avanzadas con capacidad de comunicarse en nuestra galaxia? En cualquier caso, hasta la fecha, la triste realidad es que no tenemos constancia de habernos encontrado con ninguna de ellas. Y digo triste sin mucha seguridad porque, aunque muchos de vosotros podáis pensar que entrar en contacto con una raza alienígena sería el acontecimiento más grande de la historia, también estoy seguro de que muchas otras personas creerían todo lo contrario. Si no, fijaos en algunas de las escenas que aparecen en la película *Contact* (*Contact*, 1997), cuando se organiza una especie de feria estrambótica alrededor de las instalaciones donde se está construyendo la gigantesca nave "agujero de gusano" que servirá para que los terrícolas visiten Vega y la civilización alienígena que parece habitar en sus proximidades.

Sea como fuere, y para no extenderme demasiado, un hecho está claro. Al parecer, la paradoja de Fermi sigue ahí, sin respuesta. Si el tema despierta vuestro interés, podéis leer el libro anteriormente aludido, *Where is everybody?*, por Stephen Webb. En él, se recogen con todo lujo de detalles, 50 posibles soluciones a la aparente ausencia del "primer contacto" con otra civilización no terrestre. El autor las ha ido reuniendo a lo largo del tiempo y las ha clasificado en tres categorías globales:

Están aquí.
Existen, pero aún no se han comunicado.
No existen.

Dentro de la primera categoría, se pueden encontrar algunas como la de que los alienígenas se mezclan en los asuntos humanos, tal puede ser el caso de *Supermán* (*Superman: The Movie*, 1978), *Alien nación* (*Alien Nation*, 1988) o *Están vivos* (*They Live*, 1988); puede que hayan estado aquí en la Tierra y que hubiesen dejado evidencias de su presencia, como se puede ver en *El pueblo de los malditos* (*The Village of the Damned*, 1960 y 1995), *2001: una odisea del espacio* (*2001: A Space Odissey*, 1968) o en *La guerra de los mundos* (*The War of the Worlds*, 2005); o quizá seamos nosotros mismos los extraterrestres, tal y como sugiere la teoría de la panspermia.

En cuanto a algunas de las potenciales soluciones a la paradoja de Fermi incluidas en la segunda de las categorías anteriores, se citan las enormes distancias a las que se encuentran las estrellas y sus señales aún no han tenido tiempo de alcanzarnos; o quizá no sepamos cómo escucharlos, en qué frecuencia del espectro electromagnético hacerlo. Un buen ejemplo se encuentra en la película *Solaris*, tanto en su versión rusa de 1972 como en la hollywoodiense de 2002, ambas basadas en la

Si el Universo está rebosante de alienígenas, ¿dónde están? ¿Y si están en algún sitio pero resulta que el Universo es un lugar mucho más extraño de lo que pensamos, como en *Star Wars*?

novela homónima de Stanislav Lem y donde se cuenta la relación entre los humanos y una inteligencia diferente, la de un planeta cubierto en su totalidad por un océano sensible.

Igualmente, quizá sea posible que la señal que buscamos ya se encuentre presente en los datos que recibimos del espacio exterior y, sin embargo, no seamos capaces de descifrarla; o que no hayamos escuchado lo suficiente; o que todos seamos tan ineptos que solamente estemos escuchando, pero nadie esté transmitiendo. Puede que no quieran comunicarse o, peor aún, que sus matemáticas sean diferentes y no seamos capaces de reconocer la señal. ¿Y si están en algún sitio, pero resulta que el Universo es un lugar mucho más extraño de lo que pensamos, como en *Star Wars* y *Star Trek*? ¿Podrían estar ocultos en otra dimensión, en el hiperespacio, o en el Nexus?

Finalmente, dentro de la tercera categoría, podemos encontrar respuestas tan razonables como la de suponer que la vida puede haber surgido tan sólo recientemente, o que seamos los primeros en haber adquirido el nivel tecnológico como para habernos comunicado. De cualquier manera, la misma pregunta que se hizo Enrico Fermi más de 50 años atrás, permanece en el aire y sin una respuesta contundente. Y es esta duda la que nos empuja un día tras otro a seguir atentos, a continuar escuchando...

Capítulo 15

Recuentos en la 3ª fase

*Durante mucho tiempo continuaremos viviendo divididos entre el miedo
a las armas misteriosas y la esperanza en los milagros de la ciencia.*

Raymond Aron

Rayos láser y positrónicos, rayos X, Y, Z, alfa, beta, gamma y todas las letras de los alfabetos latino y griego. Las armas más mortíferas que se puedan imaginar han desfilado por la gran pantalla y siempre con efectos devastadores sobre sus víctimas. Unas veces, simplemente aturdiendo, como mal menor; en otras ocasiones, reduciendo sus objetivos a cenizas, vapor o incluso la nada, a pura energía.

Hemos presenciado escenas así en tantas ocasiones que, prácticamente, asumimos que reducir a polvo a un ser humano resulta una tarea más o menos sencilla, sin más requerimiento que el de disponer de un arma adecuada. Reflexionemos un poco sobre esta cuestión. Veamos, creo que todos estaréis de acuerdo conmigo en que un cuerpo humano tiene apariencia sólida, aunque, en el fondo, un buen porcentaje de nuestro cuerpo esté constituido por agua, pero en definitiva podemos admitir que no nos comportamos como un líquido propiamente dicho ni tampoco como un gas. Al menos, que yo sepa, no hay constancia de que persona alguna haya sido capaz de adaptar la forma de su cuerpo a la de un recipiente en el que se haya introducido. ¿Alguien ha visto alguna vez a una persona enlatada, embotellada o encerrada dentro de un globo de feria, de esos que se les compran a los niños?

Bien, una vez puestos de acuerdo en esto (aunque sé que siempre aparecerá alguien para discutirlo), pensemos un poco en lo que supone, desde el punto de vista físico, una situación como la descrita más arriba, es decir, tenemos un cuerpo sólido y lo transformamos en líquido, en gas o simplemente lo reducimos a pura energía, según sea la inquina de nuestro armamento. En física llamamos a estas situaciones cambios de fase o de estado y siempre requieren un intercambio de energía. Cuando se pretende hacer que un cuerpo físico, inicialmente en fase sólida, pase a convertirse en líquido hay que aportarle calor. Y ese calor o energía térmica que se le suministra debe ser suficiente, en principio, para elevar su temperatura hasta aquélla a la que tiene lugar el cambio de fase (en nuestro caso, se denomina temperatura de fusión). Pero ahí no acaba el proceso ya que una vez alcanzado el punto de fusión se hace imprescindible aportar una cantidad de energía adicional denominada *calor latente de fusión* y que es característica de cada sustancia. Durante este último proceso, la temperatura del cuerpo permanece constante hasta que todo él se vuelve líquido. Si, posteriormente, continuásemos aportando calor, lo que conseguiríamos sería un nuevo aumento de temperatura, ahora del líquido, hasta que se alcanzase el conocido como punto de ebullición o, lo que es lo mismo, aquella temperatura a la que se da un nuevo cambio de fase (en este caso, de líquido a gas), tras el consabido suministro del *calor latente de vaporización*. Resumiendo, si se pretende vaporizar un cuerpo sólido hay que elevar, en primer lugar, su temperatura hasta el punto de fusión para, a continuación, llevar a cabo el cambio de fase mediante el aporte del calor latente de fusión. Una vez que todo el cuerpo se encuentra en estado líquido se debe seguir suministrando energía térmica con el fin de elevar su temperatura hasta el punto de ebullición, momento a partir del cual el cuerpo se vaporizará, siempre y cuando se le proporcione el calor latente de vaporización. En determinadas situaciones particulares, también es posible hacer pasar un cuerpo directamente del estado sólido al gaseoso, sin hacerlo antes por el estado líquido. Este proceso recibe el nombre de *sublimación*.

Si lo que se pretende es cuantificar las energías caloríficas anteriores, debemos saber que éstas dependen en proporción directa de la masa del cuerpo que se desea fulminar, desintegrar o vaporizar; asimismo, de la naturaleza del cuerpo, es decir, de la sustancia misma de la que esté formado (esto se describe a través de un parámetro físico conocido como calor específico) y, finalmente, de la variación de la temperatura a la que se le quiera someter. Para entenderlo, os pondré un ejemplo muy sencillo y clarificador. Supongamos que disponemos de un kilogramo de hierro que se encuentra inicialmente a 20 ºC. Si pretendemos vaporizarlo todo, deberemos aportarle la suma de cuatro cantidades distintas de calor, a saber: para elevar su temperatura hasta su punto de fusión (1.803 K), unos 665.000 joules; para licuarlo, 289.000 joules; para llevarlo hasta su punto de ebullición (3.273 K), 647.000 joules más y, por último, para transformarlo en vapor, nada menos que 6,3 millones de joules. En total, casi 8 millones de joules. Si el material fuese cobre el requerimiento energético sería menor, de tan sólo unos 6 millones de joules y, tratándose de plomo, únicamente 1 millón.

Tengo que decir que las cantidades anteriores no resultan especialmente elevadas o fuera del alcance de armas tecnológicamente tan avanzadas como las que se nos muestran en el cine de ciencia ficción. Sin embargo, convendréis conmigo en que muy pocas veces dichas escenas suelen ser coherentes, ya que no aparece por ningún lado el vapor al que se ha reducido el cuerpo sobre el que se ha disparado. En caso contrario, se podrían enfrascar originales fragancias de carro blindado o de tanque, olorosas esencias de hilo de cobre ("Cobbrel nº 5"), perfumes exóticos y sensuales de macetero de plomo (el célebre "eau de plomó" para él y para ella), etc.

En otras ocasiones, los cambios de fase parecen surgir por generación espontánea, sin mediar, aparentemente, fuente de calor alguna. Claro que esto ya es cosa de superhéroes. Por ejemplo, en la película *Sky High: una escuela de altos vuelos* (*Sky High*, 2005) uno de los muchachos que asiste a la escuela de superhéroes para hijos de superhéroes posee el asombroso superpoder de licuarse o "derretirse", como él mismo afirma. Ahora bien, ¿de dónde proviene el calor necesario para semejante habilidad? Más aún, para posteriormente recuperar su forma sólida normal, ¿adónde va a parar el calor que necesariamente debe expulsar de su cuerpo? ¿Sería conveniente encontrarse cerca de él?

*Sky High: una escuela
de altos vuelos
(Sky High, 2005).*

Capítulo 16

Rayosss desssintegradoresss y divinosss de la muerte

¡Triste época la nuestra! Es más fácil desintegrar un átomo que un prejuicio.

Albert Einstein

En el capítulo anterior os había descrito los requerimientos energéticos para llevar a cabo las vaporizaciones a las que se somete a indeseables enemigos, amigos, mascotas y demás seres que pululan por nuestras vidas en este gran teatro del absurdo que es el mundo que habitamos. Pero a buen seguro que muchos de los que tenéis ahora mismo este libro ante vuestros ojos estaréis cuchicheando por lo bajo, mientras pensáis en armas mucho más poderosas, con capacidades inimaginables de destrucción. Nada de vaporizar. Eso es una minucia, capaz de llevarla a cabo cualquier olla a presión y un fogoncito de lo más ordinario en cualquier placa vitrocerámica. ¿Hablamos, entonces, de armas de verdad y nos dejamos de trivialidades poco menos que inofensivas? ¿Sí? Pues, venga, manos al arma.

Me dispongo, ya mismo, a hablaros de las armas más mortíferas jamás pergeñadas por la mente humana, esas armas capaces de desintegrar un cuerpo físico y reducirlo no sólo a vapor, sino a sus componentes más elementales (aún se puede ir más allá, la transformación en pura energía, pero de eso ya os di cuenta en el capítulo 2). Pero, antes de meterme en harina, empapémonos de un poco de historia, que siempre viene bien cultivar las cucurbitáceas.

Hace exactamente cien años, en 1911, George Griffith en *The Lord of Labour* introdujo por vez primera los míticos rayos desintegradores. Percy F. Westerman, en *The War of the Wireless Waves* (1923) describe cómo los británicos hacen uso de los *rayos ZZ* durante una confrontación bélica con los alemanes, mientras éstos tratan de contrarrestar las ofensivas del enemigo sirviéndose de *rayos ultra-K*. En 1932, Edmund

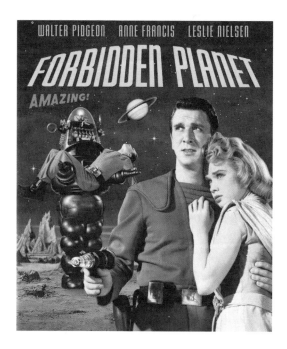

Desintegrar un kilogramo de plomo costaría el equivalente a hacer detonar 100 bombas atómicas como la de Hiroshima. Una simple pistola como la que usan los protagonistas de *Planeta prohibido* (*Forbidden Planet*, 1956), parece tenerlo complicado para suministrar semejante cantidad de energía en cada disparo.

Snell publicó su novela *The Z Ray*. E. E. "Doc" Smith introdujo los *rayos de inducción* en su serie *The Skylark of Space*. El mismo año, el mítico John W. Campbell Jr. escribía *Space Rays*. Dos años más tarde, Jack Williamson va más allá y crea, en su obra *The Legion of Space*, un arma demoledora conocida como *AKKA*, capaz de arrasar flotas espaciales completas con tan sólo pulsar un botón. En 1940 Alfred Noye presenta el "arma del día del juicio final" (doomsday weapon) en *The Last Man*. Los españoles no nos hemos quedado cortos en esto del super-armamento. Así, el mismísimo Pascual Enguídanos (con el seudónimo de George H. White), en su popular *Saga de los Aznar*, hace uso de nuevo de unos poderosos *rayos Z*, consistentes en una modificación más energética del láser, que llevan a cabo un bombardeo intenso del objetivo a base de electrones, lo que tiene como consecuencia la rotura de la cohesión atómica del blanco.

Bien, una vez hecho este pequeño repasito histórico, es el turno de la física. Si se usan rayos desintegradores, habrá que dejar claro lo que significa, de forma precisa, el término "desintegrar". Para un físico, el vocablo desintegrar quiere decir, en palabras muy sencillas, que algo en el núcleo del átomo está sucediendo y ese algo no es otra cosa que la descomposición total o parcial del mismo. En definitiva, que los protones y neutrones que lo constituyen se están separando los unos de los otros y abandonando el núcleo. Y para hacer esto, hay que pagar un precio, como siempre.

Veamos. Todos, más o menos, sabemos que los protones son partículas con carga eléctrica (positiva) y que los neutrones no poseen esa electrizante cualidad. También sabemos que las cargas eléctricas del mismo signo se repelen y no quieren estar juntas ni hartas de espín. Así que la pregunta surge de forma natural. ¿Por qué demonios permanecen juntos, apretaditos y restregándose los unos contra los otros, los protones en el interior del núcleo del átomo? La respuesta no está en sus preferencias sexuales, sino en la fuerza nuclear fuerte. Es realmente fuerte, más fuerte que el sexo. El sexo mueve montañas, piernas, brazos y otras cosas no demasiado pesadas, pero es que la fuerza nuclear fuerte mueve protones y neutrones, y eso..., eso, la verdad es que "mete miedo por la cabeza".

Con los núcleos atómicos ocurre una cosa muy curiosa y es la siguiente: si se pretende romperlos en pedazos hay que aportarles energía. Esto se sabe porque cuando se determina experimentalmente la energía de los núcleos, se comprueba que es menor que la que se obtiene sumando las correspondientes energías de sus constituyentes, los nucleones, esto es, las de sus protones y neutrones por separado. Algo así como lo que sucede con los coches, que son más baratos comprándolos montados que por piezas sueltas. Bien, la diferencia entre la energía de los nucleones por separado y la del núcleo como un todo recibe el nombre de *energía de ligadura nuclear*. A su cociente entre el cuadrado de la velocidad de la luz se le conoce, a su vez, como *defecto másico*. Suele ser muy común expresar la energía de ligadura dividida entre el número de nucleones de que consta cada núcleo atómico particular. Los valores típicos son de unos pocos MeV (millones de electrón-voltas). Si se comparan estas energías con las de ionización, es decir, con las que mantienen unidos a los electrones (con carga eléctrica negativa) en los átomos, enseguida se constata que estas últimas son cientos de miles de veces inferiores. Lo anterior significa que siempre resultará mucho más sencillo despojar a un átomo de sus electrones que a un núcleo de sus nucleones. En este sentido, los *rayos Z* de *La Saga de los Aznar* se muestran claramente inferiores a otros más poderosos, capaces de lidiar con la energía de ligadura nuclear.

Desintegrar un kilogramo de plomo costaría el equivalente a hacer detonar 100 bombas atómicas.

¿Cuánta energía, pues, se requiere aportar a un núcleo atómico con el propósito de desintegrarlo? Evidentemente, la cantidad precisa depende del tipo de núcleo en concreto y de la clase particular de isótopo que se considere . Así, para el uranio hacen falta casi 1.800 MeV, para el plomo y el mercurio ronda los 1.500 MeV, la plata 860 MeV, el cobre 535 MeV, el hierro 475 MeV y el aluminio 216 MeV. Como os dije más arriba, estos valores suelen dividirse, para cada elemento, por el número de nucleones y nos referimos, comúnmente, a dicho valor como la *energía de ligadura por nucleón*. Cuanto mayor sea el valor de la energía de ligadura por nucleón más estable será el núcleo del elemento.

La curva de la energía de enlace por nucleón tiene una enorme importancia ya que permite entender por qué hay elementos susceptibles de sufrir fisión nuclear, mientras que otros son más proclives a experimentar la fusión nuclear. En efecto, la parte creciente de la curva corresponde a los núcleos fusionables, es decir, a aquéllos que al unirse producen un núcleo atómico con mayor energía de enlace por nucleón y, en consecuencia, más estable. Por el contrario, la parte decreciente de la curva representa a los núcleos fisionables, a los que se escinden en otros con mayor estabilidad. Ambos procesos nucleares, fisión y fusión, tienden siempre a alcanzar el máximo de la curva, en su parte más alta, donde se encuentra justamente el hierro, con sus 56 nucleones. Y esta es la razón por la que en el interior de las estrellas no se pueden generar elementos más pesados que él. Simplemente habría que aportarle energía a la estrella, algo que sucede en las explosiones tipo supernova, en cuyos interiores se producen núcleos como el plomo, bismuto, oro, etc. Todos los elementos más pesados que el hierro que podemos encontrar en el universo proceden de supernovas. Como solía decir Carl Sagan, «somos polvo de estrellas».

Carl Sagan fue un pionero y popular astrónomo, exobiólogo y divulgador científico en todo el mundo.

Pero, volviendo de nuevo al asunto que me ocupa, quizá los valores de las energías que os he proporcionado más arriba no os digan nada, ya que el mega electrón-volta suele ser una unidad de energía muy habitual en física nuclear, pero no en la vida diaria. Para que me entendáis, os diré, simplemente, que desintegrar un kilogramo de plomo costaría el equivalente a hacer detonar 100 bombas atómicas como la de Hiroshima. ¿A que ahora os queda más claro? Si es que esto es lo que tiene hablar en lenguaje coloquial, que te entiende todo el mundo. La verborrea científica es para los aficionados y los frikis.

En conclusión, que una simple pistolita parece tenerlo harto complicado para suministrar semejante cantidad de energía en cada disparo. Es más, una vez liberados los nucleones del cuerpo al que hemos disparado, éstos saldrán probablemente despedidos en todas direcciones, alcanzando con toda seguridad al portador del arma, siempre que se encuentre suficientemente cercano. Una lluvia de protones o neutrones no suele ser demasiado vivificante, sobre todo si se recibe en los ojos, ya que sobre estos órganos, en particular, los neutrones producen un daño hasta 10 veces superior a los rayos X. Por otro lado, tampoco resulta una idea genial disparar con una pistola de neutrones como la que usan los protagonistas de *Planeta prohibido* (*Forbidden Planet*, 1956) sobre un cuerpo que contenga hierro, por ejemplo, ya que éste se transformará en cobalto-60, un isótopo radiactivo del cobalto, que decaerá emitiendo electrones y radiación gamma muy energética, con el consiguiente riesgo para todo aquél que se halle por los alrededores.

Capítulo 17

¡Escudos abajo!

¿Quién guardará a los guardianes?
Decimus Junius Juvenal

Una gigantesca nave alienígena se dirige hacia nuestro planeta con intenciones nada halagüeñas. Procedente de un mundo desconocido, a miles de años luz de distancia, quizá conocedora de la intrincada naturaleza del espaciotiempo y del secreto de los viajes intergalácticos, exhibe su demoledor poder tecnológico y armamentístico. Haciendo uso de devastadores rayos de la muerte, las unidades de combate procedentes de la nave nodriza avanzan inexorablemente hacia la conquista de la Tierra. Los seres humanos, siempre confiados en sus propias fuerzas, defienden su posición con ayuda de las armas más sofisticadas. Sin embargo, todo resulta inútil, incluso los más potentes ingenios nucleares se muestran impotentes ante los infranqueables escudos de fuerza con los que están dotadas las naves invasoras.

Las breves líneas anteriores bien podrían describir el argumento de decenas de películas o de novelas de ciencia ficción, desde que allá por los años treinta del siglo pasado, el autor E. E. "Doc" Smith decidiese introducir por primera vez el concepto de campo o escudo de fuerza en su serie *Skylark*. En nuestras retinas permanecen imborrables los recuerdos de este maravilloso invento con el que se protegían la familia Robinson, protagonista de la memorable serie de televisión *Perdidos en el espacio* (*Lost in space*, 1965-1968), los terribles trípodes magnéticos marcianos de *La guerra de los mundos* (*The War of the worlds*, 1953), las naves de *Star Trek*, la poderosa Estrella de la Muerte de *Star Wars*, o las gigantescas moles de *Independence Day* (*Independence Day*, 1996), por citar tan sólo unos cuantos ejemplos.

Pero ¿qué tienen de especial, en qué están basados estos dispositivos todopoderosos, invisibles o transparentes, y capaces de detener o desviar tanto misiles balísticos como bombas de hidrógeno e incluso torpedos fotónicos o turboláseres? ¿Qué tecnología ultraavanzada se esconde tras ellos? ¿Pueden ser reales o tan sólo son el fruto de las fecundas imaginaciones de los escritores y guionistas de ciencia ficción?

La ley del escudo

Ante todo, un campo o escudo de fuerza parece comportarse como una región del espacio limitada, más o menos extensa, donde se manifiestan una serie de efectos normalmente repulsivos. Dicho así recuerda enormemente a lo que en física también denominamos campo de fuerzas, concepto surgido de la imaginación y la creatividad de nada menos que Michael Faraday (1791-1867), una de las figuras más sobresalientes de la historia de la ciencia física. Faraday procedía de una familia humilde y sin preparación intelectual. Adquirió su conocimiento al mismo tiempo que hojeaba los libros que él mismo encuadernaba mientras trabajaba como empleado en una imprenta. Un golpe de fortuna le llevó a ejercer de ayudante de uno de los científicos más relevantes de la época: sir Humphry Davy (1778-1829). Debido a la falta de preparación matemática de Faraday, este hándicap le obligó a intentar explicar sus ideas ayudándose de diagramas en los que representaba líneas de fuerza de origen eléctrico y magnético con las que podía describir el comportamiento de cargas eléctricas situadas en las regiones del espacio influenciadas por aquéllas. Hoy en día, las grandes teorías físicas aún hacen uso del concepto de campo desarrollado inicialmente por Fara-

El campo o escudo de fuerza es uno de los inventos con el que se protegían la familia Robinson, protagonista de la memorable serie de televisión *Perdidos en el espacio* (*Lost in space*, 1965-1968).

day. Así, tenemos la teoría del campo electromagnético, la relatividad general, que trata la gravedad como una deformación geométrica del espaciotiempo, la teoría cuántica de campos y también la teoría de cuerdas.

En la física actual se acepta la existencia de únicamente cuatro fuerzas fundamentales: las denominadas fuerza nuclear débil y nuclear fuerte, responsables ambas de las interacciones que tienen lugar en el interior de los núcleos de los átomos, la primera cuando estos se desintegran, por ejemplo, y la segunda que proporciona una atracción entre los protones y neutrones que permite explicar su tendencia a permanecer unidos en el interior del núcleo; la fuerza electromagnética, que se manifiesta entre partículas con carga eléctrica y, por lo tanto, puede ser tanto atractiva como repulsiva, dependiendo del signo de la misma; y la fuerza gravitatoria, siempre atractiva como todos sabemos.

Cualquier objeto físico que forme parte del Universo conocido debe interaccionar con los demás a través de una de las cuatro fuerzas anteriores (al menos hasta que se descubran otras, si es que existen). Así pues, ¿cuál de ellas presenta un comportamiento tal que pueda describir el de un escudo de fuerza de la ciencia ficción? Parece evidente que la fuerza nuclear no encaja en el puzle, pues su rango de alcance es diminuto, del orden del tamaño de los núcleos atómicos (billonésimas de milímetro); además, la fuerza nuclear fuerte es atractiva y no repulsiva como debería ser para desviar el arma de la que pretendiese defenderse una nave espacial, por ejemplo. Aunque el alcance de la fuerza gravitatoria es infinito en el espacio, lo que podría hacerla adecuada, desafortunadamente también exhibe, al igual que la interacción nuclear, un carácter atractivo nada conveniente. Sin embargo, tal y como ya afirmó Albert Einstein, la gravedad tiene la asombrosa propiedad de ser capaz de desviar incluso la luz, atrayéndola hacia el cuerpo responsable del campo gravitatorio con el que interacciona. Este hecho podría explicar el poder de un escudo de fuerza para desviar la trayectoria de un potente turboláser amenazador. El único requisito necesario sería que la fuerza gravitatoria fuese repulsiva, con el objeto de poder alejar el rayo mortal. ¿Y si fuésemos capaces de producir la suficiente cantidad de masa negativa o materia exótica, a través de fenómenos tipo efecto Casimir, tal cual ya os conté en el capítulo referente a las posibilidades del motor warp o de curvatura? ¿No podríamos repeler o desviar todo tipo de objetos materiales y/o puramente energéticos como los láseres o los torpedos fotónicos?

Algo más prometedora puede resultar la fuerza electromagnética, ya que ésta tiene la posibilidad de manifestarse de forma natural con carácter repulsivo, así como disponer de un rango de alcance infinito. Simplemente, habría que disponer bien de una estructura dotada de una carga eléctrica del mismo signo que la del cuerpo a repeler o bien de un campo magnético capaz de proporcionar, asimismo, una fuerza repulsiva o al menos confinadora, como la que se utiliza para mantener aislada la antimateria de la materia ordinaria en los dispositivos denominados *trampas de Penning*. Podríamos hacer que los proyectiles quedasen atrapados en órbitas similares a las que confinan a las partículas cargadas eléctricamente de los rayos cósmicos en los cinturones de Van Allen y, una vez allí, perdiesen su energía hasta resultar finalmente inofensivos. A pesar de todo, entre las líneas precedentes, se oculta no de forma demasiado hábil el terrible contratiempo que presentarían los escudos de fuerza electromagnética y que no es otro que su inoperancia a la hora de inutilizar una amenaza eléctricamente neutra, como podría ser un proyectil plástico o fabricado a base de un material aislante, por no hablar de un láser o un rayo calorífico. Nuestra barrera se mostraría totalmente inoperante ante semejantes armas. Sin embargo, podría ser que existiese alguna posibilidad de soslayar tales dificultades...

¿Mito o realidad?

La tecnología actual aún está lejos de conseguir escudos o campos de fuerza tales como los que se nos muestran en el cine y la literatura de ciencia ficción. Y la razón fundamental es que resulta prácticamente imposible que uno de estos dispositivos sea capaz de repeler o rechazar el ataque de todo tipo de amenazas, sean de la naturaleza que sean: rayos láser, torpedos fotónicos, misiles guiados, bombas termonucleares, incluso cuchillos o espadas, como sucede en la célebre novela de Frank Herbert, *Dune*, o en la película homónima de David Lynch (*Dune*, 1984).

Unos párrafos más atrás, os había contado que ninguna de las cuatro interacciones o fuerzas fundamentales de la naturaleza presentaba las propiedades requeridas para comportarse de forma parecida a como suelen hacer en el cine los escudos protectores omnipotentes. Sin embargo, asimismo, dejé una puerta abierta a la esperanza. Veamos a continuación a qué me estoy refiriendo, en concreto.

El profesor Jim Al-Khalili, afirma Paul Parsons en su libro *The Science of doctor Who*, propone utilizar la fuerza electromagnética como fundamento a la hora de diseñar y construir un escudo de fuerza. Si recordáis, el inconveniente que presentaba utilizar la fuerza electromagnética para repeler potenciales armas mortíferas no era otro que la ausencia de carga eléctrica neta del objeto que incidiese sobre la región protegida por el escudo. Pues bien, una posible solución a este inconveniente podría consistir en bombardear dicho objeto mediante un haz de positrones (antipartículas de los electrones), con lo cual se aniquilarían una parte de los electrones que conforman los átomos del mismo. Como resultado, el arma adquiriría una carga neta positiva y podría ser desviada o rechazada mediante el empleo de campos eléctricos o magnéticos. No está nada mal como solución parcial, pues, desafortunadamente, seguimos teniendo el mismo problema de su ineficacia ante ataques con rayos láser, por ejemplo. En el mismo libro se propone una solución via-

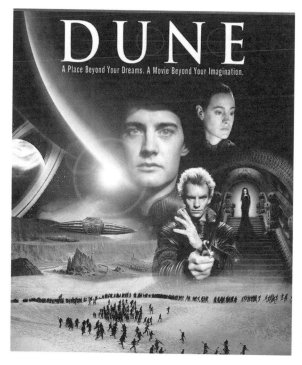

La película *Dune* (1984) está basada en la famosa novela de Frank Herbert.

ble para desviar ataques con mortíferas radiaciones electromagnéticas. Haciendo uso de un efecto cuántico como el *scattering Delbrück*, los fotones de un láser serían susceptibles de ser desviados con campos eléctricos. Para ello, bastaría que se transformasen en pares electrón-positrón, impidiéndoles a estas dos partículas volver a recombinarse en un nuevo fotón, eléctricamente neutro y, por tanto, inmune a la fuerza electromagnética.

Otra idea plausible susceptible de poderse llevar a cabo en la realización de un escudo de fuerza similar a los maravillosos artilugios de la ciencia ficción ha sido propuesta por el profesor Michio Kaku, quien en su libro *The Physics of the impossible (La física de lo imposible)*, sugiere una disposición sucesiva de tres fases: una primera, constituida por una ventana de plasma de alta temperatura encargada de vaporizar objetos sólidos; otra intermedia, formada por una sucesión de miles de haces láser entrecruzados que también estarían destinados a vaporizar potenciales armas amenazadoras y, finalmente, una red hecha a base de nanotubos de carbono encargada de ejercer una fuerza repulsiva descomunal, a semejanza de una malla elástica superfuerte. Me detendré un poco en la primera de estas tres etapas.

Una ventana de plasma es, como su propio nombre indica, una estructura en forma de lámina constituida por un gas ionizado a altísima temperatura (unos 10.000-15.000 grados) y confinado mediante campos eléctricos y magnéticos. Fue patentada (con el número 5578831) por su creador, Ady Hershcovitch, en 1995, mientras trabajaba en el Brookhaven National Laboratory. Los resultados fueron publicados en el volumen 78 de la prestigiosa revista *Journal of Applied Physics*. Su utilidad consiste en separar dos regiones físicas que se encuentren a distintas presiones siendo, comúnmente, una de ellas el vacío. Para aquellos de vosotros que seáis aficionados a la serie original de Star Trek, seguro que semejante comportamiento os resultará muy familiar, ya que un dispositivo muy similar se empleaba para separar la atmósfera de una nave espacial atracada del vacío del espacio exterior. Si se pudiesen obtener plasmas a temperaturas arbitrariamente altas, y a decir verdad no existe ninguna ley física que impida esto, la idea del profesor Kaku podría funcionar, ya que la ventana sería capaz de vaporizar prácticamente cualquier material. Únicamente habría que reducir el consumo energético de la lámina, el cual limita seriamente el tamaño de la misma (unos 8 kW por cada centímetro de diámetro).

Pero no creáis que la idea subyacente tras el concepto de escudo de fuerza únicamente tiene su utilidad en violentas guerras interestelares o invasiones alienígenas. Nada más lejos de la realidad. Mucho menos romántico, aunque igualmente emocionante, resulta proteger a los astronautas en misiones más allá de la capa protectora de nuestra atmósfera. En efecto, la Tierra se encuentra rodeada por una región de campo magnético (la magnetosfera) que nos protege de las partículas cargadas eléctricamente procedentes del Sol o de los rayos cósmicos de alta energía procedentes del espacio. Cuando nuestras misiones espaciales se encuentran más allá de esta barrera protectora, los efectos de este bombardeo continuo pueden resultar enormemente peligrosos, tanto para la salud de los astronautas como para los propios instrumentos de a bordo. Recientemente, se ha descubierto que el campo magnético protector de la Tierra no es siempre igual de efectivo, sino que esta efectividad depende, a su vez, de la orientación del campo magnético solar. Así, cuando ambos campos están alineados (polo norte solar con polo norte terrestre), el flujo de partículas nocivas que penetran en nuestra atmósfera es hasta veinte veces mayor que cuando los campos magnéticos están antialineados (polo norte solar con polo sur terrestre). La doctora Ruth Bamford y un equipo de colaboradores formado por investigadores del Reino Unido, Suecia y Portugal han propuesto recientemente, en un artículo publicado en el volumen 50 de la revista *Plasma Physics and Controlled Fusion*, el diseño de una pequeña magnetosfera artificial con la que rodear la nave espacial y blindar el interior de la misma ante un potencial chorro de partículas cargadas de alta energía. La extensión de este escudo protector abarcaría unos 100-200 metros de diámetro y se requerirían unos campos magnéticos de tan sólo 1 tesla de intensidad. Los autores del trabajo piensan que en unos cinco años podría disponerse de un prototipo.

Tampoco hay que adentrarse en el espacio interplanetario para encontrarse con barreras protectoras a modo de escudos infranqueables. Sin ir más lejos, los aviones comerciales están siendo equipados ya con materiales antibomba, en particular las puertas que dan acceso a las cabinas de los pilotos o los contenedores para el equipaje e, incluso, se pretende llevar a cabo lo mismo con el fuselaje (la compañía Telair International está desarrollando tales materiales, formados por kevlar, la materia prima de los chalecos antibalas, y otros componentes). Y descendiendo un poco más hasta el nivel del suelo, encontramos el

Tal y como ya afirmó Albert Einstein, la gravedad tiene la asombrosa propiedad de ser capaz de desviar incluso la luz, atrayéndola hacia el cuerpo responsable del campo gravitatorio con el que interacciona. Este hecho podría explicar el poder de un escudo de fuerza para desviar la trayectoria de un potente turboláser amenazador.

TROPHY, un sistema de defensa activa diseñado por RAFAEL (empresa israelí dedicada al desarrollo armamentístico). Consiste en la detección del elemento amenazador (misil guiado o cohete) en todo el espacio (360º) que rodea al sistema protegido (normalmente, un tanque o un vehículo anfibio), y el posterior lanzamiento de un haz e interceptación de aquel, típicamente a una distancia prudencial de entre unos 10 y unos 30 metros del objetivo. Su creador afirma que está ideado para enfrentarse a múltiples amenazas simultáneas procedentes de distintas direcciones y que es operativo en todo tipo de terrenos, ya sean urbanos o en campo abierto, y en todo tipo de condiciones atmosféricas.

Aunque la totalidad de las ideas expuestas en los párrafos anteriores constituyen soluciones más o menos cercanas a los míticos escudos de fuerza reflejados en la ciencia ficción, ninguno de ellos cumple de forma exhaustiva y satisfactoria con las propiedades que parecen mostrar éstos. Sin embargo, conviene no olvidar la infinidad de ocasiones en que algún científico célebre ha afirmado que un determinado logro resultaría imposible en el futuro, para darse cuenta de la cantidad de veces que ha metido la pata. Nunca digáis «de este agua no beberé…».

Capítulo 18

Aprendiendo a ser Dios

Qué me importa que Dios no exista mientras dé divinidad al hombre.
Antoine de Saint Exupéry

¿Existe Dios? ¿Se puede demostrar su existencia? ¿Y su inexistencia? ¿Cuál es la principal característica de Dios, acaso crear vida? ¿Resulta la figura de Dios necesaria para explicar el Universo? ¿No podemos nosotros jugar a ser Dios y hacer lo que se supone que él ha hecho? ¿Dónde reside la vida, qué es, se puede crear sin necesidad de disfrute sexual o sin utilizar células vivas en un tubo de ensayo? ¿Seríamos capaces de dotar de vida la materia inanimada o resucitar a los que han muerto?

No, no temáis. No os habéis equivocado de libro, esto sigue siendo *Einstein vs. Predator.* Aunque he empezado un tanto filosofador, esto sigue siendo un tratado sobre física. Dejadme, entonces, que continúe y al final podréis juzgar si ha merecido la pena el esfuerzo. Comenzaré con una pizca de rollito histórico.

Los antiguos romanos, esos tipos de las pelis de romanos que llevaban un cepillo de barrer en la parte superior del casco, con el que protegían sus duras cabezotas de conquistadores perennes, fueron los primeros en probar terapias sobre enfermos paralíticos mediante el empleo de descargas eléctricas. Para ello, sumergían a los pacientes en lagunas donde abundaban peces eléctricos, tales como el *electrophorus electricus.* Hacia el siglo III antes de Cristo, el anatomista griego Erasístrato de Ceos (304-250 a.C.) descubrió lo que llamó el "espíritu nervioso", que se transportaba desde el cerebro a los músculos por medio de los nervios. Erasístrato era un adelantado a su época y quiso ser uno de los primeros seres humanos en romper el tabú de diseccionar cadáveres. Cuando por fin se decidió a hacerlo, se encontró con un sistema de fibras delgadas de color plateado (previamente, habían sido interpretadas por otros como venas y arterias) formando una intrincada red que conectaba el cerebro con las otras partes del cuerpo. Entre sus demostraciones se encontraba una consistente en enmudecer a un cerdo (con lo difícil que resulta esto de hacer callar a según quién hoy en día) al pinchar los nervios encargados de controlar el movimiento de la laringe del animal. Erasístrato había descubierto lo que actualmente conocemos como sistema nervioso.

Casi 500 años más tarde, otro médico griego, Galeno (130-200), difundiría y ampliaría los hallazgos de Erasístrato. Hacia el año 180 de nuestra era estableció que los nervios estaban controlados por los "pneuma" o "espíritus" animales que se generaban en el cerebro y que eran transmitidos a través de todo el cuerpo. También hoy en día disponemos de un nombre para designar estos "espíritus" animales: los llamamos impulsos nerviosos.

Pero habría que esperar varios siglos hasta disponer de fuentes capaces de producir electricidad de forma artificial. Así, en el siglo XVII, Otto von Guericke construyó un generador que producía electricidad estática a gran escala, haciendo girar alrededor de un eje una esfera de azufre a altas velocidades. Sin embargo, dicha electricidad no podía almacenarse de ninguna manera conocida para ser utilizada más tarde. Hacia 1745 Ewald Jürgen Georg von Kleist lo conseguiría haciendo uso de un frasco forrado con láminas de plata por dentro y por fuera empleando la fricción. De no ser porque falleció hace más de 200 años, aún se estaría recuperando de la sacudida recibida. Más o menos por la misma época, Pieter van Muschenbroek, profesor de física y matemáticas en Leyden, construyó la famosa *botella de Leyden* (la versión primitiva de un condensador). Tampoco se libraría de un buen meneo al andar enredando con los frasquitos de marras. Se sabe que incluso llegó a afirmar que jamás volvería a repetir la experiencia, aunque le ofrecieran todo el reino de Francia.

Cuando se unían entre sí de forma adecuada un número arbitrario de botellas de Leyden se lograba almacenar electricidad a voluntad. De esta forma, comenzaron a proliferar los experimentos y, sobre todo, algo que se pondría muy de moda en la época: las exhibiciones en público. Así, en el año 1729, Stephen Gray procedió a suspender horizontalmente a un joven mediante hilos de un material no conductor. Cerca de sus pies situaba un tubo de vidrio, mientras que al lado de su nariz disponía un *electroscopio* de hojas. Cuando se cargaba el tubo por fricción, el electroscopio se movía atraído por la nariz del muchacho. Jean-Antoine Nollet (1700 ?-1770) llevó a cabo delante del mismísimo Luis XV de Francia un espectáculo en el que, colocando unidos en fila a 180 soldados, hizo pasar a través de todos ellos una descarga eléctrica. Posteriormente, realizaría algo similar con ayuda de 700 monjes dispuestos uno tras otro formando una cadena humana de casi un kilómetro de longitud. En 1778, Franz Anton Mesmer (1734-1815) llegaba a París. Procedía de Viena, donde había sido humillantemente desacreditado. Mesmer afirmaba que existía una fuerza que recorría todos los seres. Esta fuerza debía estar equilibrada, compensada y fluir armónicamente por el cuerpo humano para asegurar una buena salud. A dicha fuerza la llamó "magnetismo animal". Armado con esta teoría, se dedicaba a ejercer de curandero, realizando llamativos experimentos con ayuda de imanes y electrodos con los que pretendía curar pacientes aquejados de histeria o ceguera. En una ocasión, llegó a hacer a una mujer ingerir un líquido en el que previamente había diluido una cierta cantidad de hierro. Luego, colocaba imanes junto a su cuerpo, con los cuales ella aseguraba sentir misteriosas sensaciones recorriendo sus entrañas. Más de dos siglos después, aún ciertos individuos sin escrúpulos siguen practicando experiencias similares. La ignorancia y la incultura se extienden como plagas entre las mentes débiles. En 1784, el rey Luis XVI ordenó una investigación sobre la efectividad y fundamento científico de los experimentos de Mesmer. En la comisión encargada se hallaban personas del prestigio de Antoine Lavoisier o Benjamin Franklin. Su dictamen no dejó lugar a dudas.

Cuatro años antes, en el año 1780, el italiano Luigi Galvani (1737-1798) descubrió por casualidad que cuando una rana muerta era suspendida por un hilo metálico, al ser tocado éste accidentalmente con el escalpelo con el que la estaba diseccionando, sus patas se contraían de la misma forma que cuando aún se encontraba con vida. Al principio, Galvani había supuesto que la electricidad se hallaba presente de forma natural en el cuerpo del animal y que residía en su cerebro. Sería su paisano Alessandro Volta quien, repitiendo los experimentos, llegaría a una conclusión muy diferente. Prescindiendo de la rana, acabó construyendo la mítica pila voltaica. La rana simplemente conducía la electricidad generada por la pila.

El sobrino de Galvani, Giovanni Aldini, obtuvo la cátedra de física en Bolonia en 1798. Llevó a cabo experimentos con animales de sangre caliente. Con una cabeza de buey y estimulando distintas partes del cerebro, consiguió que el animal mostrase gestos faciales que parecían su-

En la película *El laberinto del fauno* se puede encontrar una escena donde se pone de manifiesto la costumbre —empleada para crear homúnculos— de alimentar la raíz de la mandrágora con leche y miel, o incluso con sangre.

gerir que el animal vivía aún. Aldini aplicó terapia con descargas eléctricas a enfermos aquejados de depresión y fue el primero en hacer experimentos similares al de la cabeza de buey con seres humanos fallecidos, en particular con tres ajusticiados por decapitación. Por aquel entonces, llegó a correr la idea de que reanimar a un cadáver con éxito podía depender del tiempo transcurrido desde su muerte. Por fin, el 17 de enero de 1803, Aldini pudo aplicar la "galvanización" a George Forster, un ajusticiado por haber cometido el crimen de ahogar a su esposa e hijo en las aguas de un canal. No hubo resurrección.

Solamente parecía restar un problema para crear vida y acercarse a Dios y era volver a poner en marcha un corazón parado. Comenzaron a surgir teorías, de entre las cuales sobrevivieron únicamente dos, cada una de ellas con sus fervientes partidarios y detractores. La primera y más pesimista afirmaba que el corazón era totalmente insensible a la estimulación eléctrica. La otra otorgaba una cierta esperanza, afirmando que el corazón efectivamente respondía a la electricidad, tras grandes dificultades, pero únicamente de forma muy leve. Entre los que no creían en ninguna de las dos teorías, se encontraba Andrew Ure (1778-1857), un químico y cirujano escocés muy popular por sus clases en la universidad. Ure opinaba que los experimentos estaban equivocados porque, según él, fallaban debido a que la electricidad se aplicaba directamente al músculo cardíaco. En cambio, si se aplicase al nervio que conducía al músculo, la contracción de éste sería grande, vigorosa y, muy probablemente, sostenida. La oportunidad de comprobar su teoría llegaría el miércoles 4 de noviembre de 1818, fecha fijada para la ejecución por ahorcamiento de Mathew Clydesdale en Glasgow, Escocia. Las leyes promulgadas en 1752 establecían que los ajusticiados no fuesen enterrados sin más, sino que sus cuerpos debían ir directamente desde el patíbulo a la sala de disección. En el caso de Clydesdale, su cuerpo sería entregado al profesor de anatomía de la Universidad de Glasgow, James Jeffray, quien llevaría a cabo la disección, mientras Andrew Ure pondría a prueba sus conocimientos sobre galvanismo mediante una pila voltaica provista de 270 discos. Aquel mismo año de 1818 vería la luz una de las más inmortales (nunca mejor dicho) obras de la literatura universal: *Frankenstein o el moderno Prometeo*.

¡Levántate y anda!

La historia de *Frankenstein* es de sobra conocida. Su autora, una jovencísima Mary Shelley, se había casado en 1816 con el poeta Percy B. Shelley. Durante el verano de aquel año, la feliz pareja se encontraba pasando unos días de asueto en la Villa Diodati, la casa de Lord Byron, cerca del lago Ginebra (Suiza), en compañía del médico de Byron, John Polidori, y de Claire Clairmont, por aquel entonces embarazada del célebre poeta. En una tarde de tormenta, que imposibilitaba el paseo, decidieron permanecer en casa. Para combatir el tedio, alguien propuso que todos y cada uno escribiesen una historia de terror. Dos años más tarde, una de las más célebres novelas de la historia vería la luz. El protagonista de la novela, el joven de origen suizo Victor Frankenstein viaja a la Universidad de Ingolstadt para estudiar medicina. Su obsesión es la "fuente", la "chispa" capaz de generar la vida y su audaz idea le lleva a juntar partes distintas de cuerpos pertenecientes a cadáveres y a intentar resucitarlos mediante la aplicación de distintas soluciones líquidas.

Aunque en su novela Mary Shelley no hace emplear en ningún momento la electricidad al doctor Frankenstein para animar a su criatura, la verdad es que Mary no sacó sus ideas de la nada. Su marido, Percy Shelley, siempre había mostrado interés por la alquimia y, en especial, por el trabajo de Paracelso, un controvertido médico del siglo XVI. Éste había sugerido que utilizando esperma humano magnetizado (se necesita ser un poquito guarrete para ponerse un imán en las gónadas) sería posible la creación de un "homúnculo", un hombre sin alma idéntico a su creador y que se alimenta de su sangre, casi no duerme y se le puede reconocer fácilmente por su tamaño, pues no supera los 30 cm. La receta exacta para crear un homúnculo consistía en disponer una bolsa en la que se introducían huesos, esperma, fragmentos de piel y pelo de animal. Se enterraba todo rodeado de estiércol de caballo durante 40 días y listo: el problema del descenso demográfico solucionado. Existían, asimismo, variantes del procedimiento anterior. Una de ellas tenía que ver con la mandrágora, ya que se creía que esta planta crecía en la tierra donde se derramaba el semen de los ahorcados (¿todos los ahorcados mueren empalmados?). La raíz de la mandrágora debía alimentarse con leche y miel, o incluso con sangre (en la película *El laberinto del fauno* se puede encontrar una escena donde se pone de manifiesto semejante costumbre). Por último, otra variante comúnmente empleada para crear homúnculos era introducir esperma humano en el interior de un huevo de gallina negra y dejar germinar el potingue así generado. Al igual que la criatura del doctor Frankenstein, los homúnculos se rebelaban contra sus creadores y huían al poco tiempo de haber sido creados.

Aunque se sabe que Mary Shelley tenía conocimiento de todas estas creencias y también de los experimentos de Galvani, Volta, Aldini y otros, con su doctor Victor Frankenstein las fuentes de su inspiración no parecen tan claras. Podría, quizá, haber sabido de las andanzas de un tal Karl August Weinhold, quien había ejercido como médico real de Prusia desde 1817 hasta su muerte, en 1829. El aspecto físico de Weinhold era un tanto "peculiar". Tenía una cabeza más bien pequeña y los brazos y piernas muy largos en comparación, carecía absolutamente de barba, con un aspecto feminoide y, según su autopsia, los genitales visiblemente deformes. Este individuo preconizaba como método para acabar con la pobreza la supresión del alimento a los pobres, a los mendigos y propugnaba la contracepción mediante la colocación de un aro o anillo alrededor del escroto de los miembros menos favorecidos de la sociedad. Insistía en que la electricidad podría devolver los muertos a la vida; de hecho, afirmaba haberlo conseguido en su laboratorio utilizando gatos en sus experimentos, a los que les extirpaba el cerebro y la médula espinal, sustituyéndola por baterías eléctricas bimetálicas. Weinhold aseguraba que sus gatos resucitados podían incluso ver y oír.

El asunto de recomponer una criatura a partir de pedazos de cadáveres provoca nuestros miedos más profundamente arraigados. El ser monstruoso, el engendro creado por el doctor Frankenstein representa uno de los iconos más reconocibles del terror. Los experimentos sobre galvanismo se practicaban con la creencia en que la materia inanimada podía ser devuelta, de alguna manera, a la vida y la materia prima más adecuada con la que poder demostrar las teorías eran los cadáve-

En *La novia de Frankenstein* (*Bride of Frankenstein*, 1935), podemos ver el asunto de las descargas eléctricas como elementos insufladores de vida en la materia inanimada.

res de los ajusticiados o de otras personas fallecidas cuyos cuerpos eran vendidos por sus familiares para poder sufragar los costes de sus propios funerales. Estos cuerpos, normalmente, eran adquiridos por las facultades de medicina, donde los estudiantes asistían a disecciones siempre practicadas por un profesor de anatomía. A principios del siglo XIX, en Londres, el tiempo de espera de un estudiante para poder asistir a una disección rondaba los 30 días, mientras que en Glasgow este plazo se reducía a tan sólo 3-4 días. Las únicas vías legales para conseguir cuerpos eran a través del consentimiento de la familia o, alternativamente, los patíbulos. De esta manera, empezaron los robos de cadáveres de las tumbas llevados a cabo por los, a partir de entonces, conocidos como "resurreccionistas" o "resucitadores", siempre amparados por la falta de alumbrado eléctrico en aquella época. Estos individuos tenían atemorizada a la ciudad hasta tal punto que llegaron a instalarse trampas en las tumbas, equipadas con armas de fuego que se disparaban automáticamente sobre el que osara profanarlas.

Entre 1827 y 1828, dos asesinos en serie, William Burke y William Hare, llegaron a asesinar a 17 personas en Edimburgo (Escocia). Los cuerpos de los cadáveres fueron vendidos al doctor Robert Knox, del colegio médico de la misma ciudad. El precio estipulado por cada cuerpo ascendió a 15 libras. Hare testificó en el juicio contra su compañero de fechorías y Burke fue ajusticiado públicamente en enero de 1829. Tres años más tarde, en 1832, el Parlamento creó una ley para abastecer de cadáveres las aulas universitarias. Los cuerpos provendrían de trabajadores, hospitales, prisiones y familias pobres que accediesen a venderlos.

Mathew Clydesdale fue uno de esos condenados a muerte que, tras su ejecución el 4 de noviembre de 1818, sería puesto a disposición de los cirujanos James Jeffray y Andrew Ure. Conducido al cadalso por el verdugo Tammas Young, donde aguardaba expectante una gran multitud, fue colgado durante una hora, hasta asegurarse de su muerte. Una vez que el último aliento hubo abandonado su cuerpo, sus restos mortales fueron conducidos hasta la sala de disección, donde serían sometidos a unas experiencias sobre galvanismo sin precedentes hasta aquel momento. Sentado en una silla, y ante la mirada atónita del público, el pecho de Clydesdale se hinchó al serle aplicada la corriente eléctrica, la lengua salió fuera de la boca y sus ojos se abrieron de par en par. La cabeza, los brazos y las piernas se movieron e incluso llegó a iniciar un débil gesto de levantarse de la silla sobre la que estaba sentado, todo ello como si hubiese vuelto a la vida desde más allá de las tinieblas de la muerte. Jeffray, horrorizado ante semejante visión, cogió un escalpelo y lo hundió en la yugular del reanimado Clydesdale, quien cayó estrepitosamente al suelo. Las convulsiones de su cuerpo eran tan violentas que los miembros de su cuerpo salieron despedidos en todas direcciones.

A pesar de la notoriedad que alcanzó con la disección y galvanización del cadáver de Mathew Clydesdale, el profesor Andrew Ure siempre admitió que su interés no era crear vida, sino más bien recuperarla, sobre todo en gente recién ahogada o que había fallecido recientemente. Ure estableció las bases de lo que actualmente conocemos como desfibrilador.

El interés en el galvanismo decreció rápidamente a partir de 1830, quizás debido a la imposibilidad de reanimar el corazón. En 1849, Emil du Bois-Reymond desarrolló un galvanómetro capaz de medir la corriente eléctrica de la actividad muscular. Al año siguiente, Hermann von Helmholtz demostró que la electricidad viajaba por los nervios de las ranas a velocidades comprendidas entre 35 y 40 metros por segundo, prácticamente igual que en los seres humanos. No fue hasta 1899 cuando dos científicos suizos, Jean-Louis Prévost y Frederic Battelli, descubrieron que una pequeña descarga eléctrica podía producir fibrilación ventricular en perros, mientras que otra algo mayor podía devolver el corazón a su ritmo normal. *Frankenstein o el moderno Prometeo* llevaba publicado más de 80 años y hacía casi siglo y medio que Benjamin Franklin había demostrado que los rayos de tormenta no eran otra cosa que un fenómeno eléctrico.

Polvo al polvo y cenizas a las cenizas

Si a los que ya tenemos una determinada edad nos preguntasen sobre la imagen de Frankenstein que más vivamente conservamos en nuestra memoria, quizá la mayoría de nosotros estaríamos de acuerdo en que se trata de la escena de la película dirigida por James Whale en 1931 en la que el obsesionado doctor comprueba que su criatura ha adquirido el don de la vida durante una tenebrosa noche, con ayuda de la descarga eléctrica de un rayo de tormenta. Aunque es quizá la más célebre, la cinta de Whale no tuvo el privilegio de ser la primera en adaptar a la gran pantalla el relato de Mary Shelley. Tal honor le corresponde a la Edison Company, que en 1910 había producido una versión de 16 minutos de duración dirigida por J. Searle Dawley. A ésta la seguiría, cinco años después, una nueva adaptación del mito titulada *Life without Soul*, de 70 minutos de duración, y dirigida por Joseph W. Smiley. El mismo Whale dirigiría una secuela en 1935, titulada *La novia de Frankenstein* (*Bride of Frankenstein*), considerada casi unánimemente superior al clásico de 1931. Posteriormente, aparecerían numerosas secuelas y versiones durante finales de los años treinta y la década de los cuarenta del siglo pasado. Incluso la mítica productora británica Hammer realizaría hasta 7 revisiones del mito sobre la criatura más famosa de la literatura durante las décadas de los años cincuenta, sesenta y setenta. En los siguientes años continuaron llevándose a cabo más y más adaptaciones. De entre ellas quiero destacar el *Frankenstein Unbound* (*La resurrección de Frankenstein*, 1990) dirigida por el prolífico Roger Corman y basada en el relato homónimo de Brian Aldiss, y cómo no, la estupenda versión del genial Kenneth Branagh, *Mary Shelley's Frankenstein*, en el año 1994. En esta última adaptación, una de las más fieles a la novela de Shelley, se sustituye la clásica escena de la tormenta por otra en la que la descarga capaz de infundir vida en la desdichada criatura estará proporcionada por un grupo de feroces anguilas eléctricas.

Pero donde quiero detenerme y centrarme es precisamente en este asunto de las descargas eléctricas como elementos insufladores de vida en la materia inanimada. Hasta ahora, hemos visto los efectos producidos por las corrientes eléctricas a las que eran sometidos los ajusticiados en el patíbulo, pero a continuación intentaré mostraros que cuando la electricidad proviene de un rayo de tormenta la cosa puede ser muy diferente. Empezaré antes con un poco de física, seguiré después con otro poco y terminaré con algo más de física. ¿Os parece?

En primer lugar, nuestro amigo, el doctor Frankenstein, debe saber algunas cosas sobre esos fenómenos atmosféricos que llamamos rayos de tormenta. Por ejemplo, que suelen generarse más frecuentemente en el interior de un tipo de nubes denominadas *cumulonimbus*, cuya parte superior se encuentra típicamente a unos 6 km de altura, con una temperatura de unos -20 °C. Debido a la fricción, se produce una separación de cargas eléctricas en el interior de la nube, dejando dicha parte superior cargada con signo positivo, mientras que la inferior, a unos

3 km de altura y una temperatura comprendida entre 0 ºC y 10 ºC, adquiere una carga negativa.

Otra cosa que debe conocer Victor es que hay que esperar el momento adecuado para poder disponer de energía eléctrica suficiente que provenga de una tormenta. Se estima que en todo el mundo se producen entre 40.000 y 50.000 tormentas eléctricas a diario, las cuales dejan un saldo de más de 100 rayos por segundo. Aunque, en el caso de que no quisiera esperar demasiado, siempre podría trasladar su tenebroso laboratorio al sur del lago Maracaibo, en la cuenca del río Catatumbo (Venezuela). En esta región tiene lugar un fenómeno atmosférico asombroso consistente en una tormenta cuya duración asciende a unos 160 días anuales y es capaz de generar casi 300 relámpagos cada hora. Se considera que, prácticamente, la décima parte del ozono presente en la atmósfera de la Tierra se produce allí.

Un rayo no es otra cosa que una descarga pasajera o transitoria de una elevada intensidad de corriente eléctrica. La mitad de los rayos suceden en el interior de la propia nube donde se generan, mientras que la otra mitad aproximadamente tiene lugar entre la nube y el suelo. Estas descargas entre nube y tierra pueden ser tanto positivas como negativas, siendo las más frecuentes las segundas, con una proporción de 9 a 1, aunque también es cierto que las primeras son mucho más violentas. También se pueden dar descargas desde la tierra hasta la nube, si bien éstas suelen ser mucho menos frecuentes, y tienen lugar en zonas de gran altitud, desde las cimas de las montañas o desde estructuras artificiales hechas por el ser humano, tales como los rascacielos.

Inicialmente, en el interior de la nube de tormenta, se produce la anteriormente aludida separación de las cargas eléctricas positivas y negativas entre la parte superior y la inferior. El campo eléctrico se hace, entonces, tan intenso que da lugar a un fenómeno conocido como ruptura dieléctrica, consistente en que el aire se torna, de pronto, conductor de la electricidad. Se forma así el llamado canal que observamos, con las diversas ramificaciones tan características y por el que circula corriente eléctrica que puede alcanzar una intensidad de varios cientos de *amperes* (amperios, para los que os guste traducir nombres propios, cosa a la que me niego hasta que a los newtons se les haga justicia y pasen a denominarse newtonios) a una velocidad de hasta 200 km/s. A medida que el canal se acerca a tierra, el campo eléctrico que se induce en los objetos, sobre todo en los que terminan en punta o tienen formas

Si en verdad, el doctor creador de Frankenstein le aplicara la descarga de un rayo de 30.000 amperes durante tan sólo una milésima de segundo, como poco, el desdichado ser sin alma, sería negro, negro carbón.

irregulares, también aumenta enormemente. En este momento, se inicia una descarga entre estos objetos hasta entrar en contacto con el canal y cuando éste llega a tierra se produce, a lo largo del mismo, una descarga hasta la nube. Dicho evento recibe el nombre de primera descarga de retorno y se propaga casi a la mitad de la velocidad de la luz, transcurriendo tan sólo unas 70 millonésimas de segundo en viajar de tierra a nube. La intensidad de corriente alcanza valores máximos del orden de los 30.000 amperes (¿aún no se llama newtonios a los newtons?) y la temperatura puede superar los 30.000 °C. Posteriormente, si aún resta carga eléctrica acumulada en el interior de la nube, tienen lugar sucesivas descargas de retorno, pero en éstas ya no se observan ramificaciones, como sucede con la primera.

A la vista de los párrafos anteriores, cabe hacerse una pregunta: ¿es una buena idea someter al maltrecho cuerpo del monstruo de Frankenstein a la descarga de un rayo de tormenta? Para responder, me voy a detener un poco en los efectos que produce la corriente eléctrica sobre el cuerpo humano. Se dice que una persona se electriza cuando la corriente eléctrica circula por su cuerpo; en cambio, se habla de electrocución si la persona fallece. Antes de la muerte suelen suceder dos fenómenos muy característicos denominados, respectivamente, tetanización y fibrilación ventricular. El primero consiste en un movimiento incontrolado e involuntario de los músculos, como consecuencia del paso de la corriente eléctrica, mientras que el segundo se caracteriza por un movimiento caótico del corazón, siendo éste incapaz de bombear sangre a los distintos órganos del cuerpo. Si el paso de la corriente afecta al centro nervioso encargado de la regulación de las funciones respiratorias, entonces se produce la asfixia. Evidentemente, todos los efectos anteriores no tienen demasiada importancia para nuestro doctor Frankenstein, pues su criatura está confeccionada a partir de fragmentos de cadáveres y, por tanto, no puede sufrir fibrilación ventricular ni tampoco asfixia. En cambio, lo que no puede obviar en ningún caso es el efecto térmico de la corriente eléctrica.

Efectivamente, el cuerpo humano se comporta básicamente como una resistencia convencional y se opone en cierta medida al paso de una corriente eléctrica. Esta resistencia está formada por otras tres resistencias parciales cuyas contribuciones han de sumarse, a saber: la de la piel en la zona de entrada de la corriente, la interna del cuerpo y de nuevo la de la piel en la zona de salida de la corriente. Las distintas partes del cuerpo muestran resistencias, asimismo, diferentes. Así, por ejemplo, los brazos y las piernas resultan mucho más resistivos que el tronco. Igualmente determinantes resultan otros factores, como pueden ser la tensión o diferencia de potencial (el voltaje) aplicado, la duración del paso de la corriente, el grado de humedad de la piel, etc. Como norma general aproximada, se le suele atribuir a la resistencia del cuerpo humano entre la mano y el pie un valor estándar de unos 2.500 ohms (insisto, no los llamaré ohmios hasta que a los newtons se les llame newtonios).

Fue James Joule quien descubrió el efecto que lleva su nombre y que viene a decir, en palabras sencillas, que toda corriente eléctrica produce un efecto disipativo en forma de calor al atravesar una resistencia. Esta energía calorífica depende del producto del cuadrado de la intensidad de la corriente por el valor de la resistencia y por el tiempo que dure el paso de la corriente. El efecto Joule lo vemos todos los días en nuestras placas vitrocerámicas, en el grill del horno o en el filamento de las bombillas.

Pues bien, dependiendo tanto de la densidad de la corriente (intensidad de corriente por unidad de área) que atraviese el cuerpo humano como del tiempo que dure la exposición, se pueden experimentar distintas consecuencias que van, desde un leve enrojecimiento de la piel y una hinchazón en la zona de contacto con los electrodos para valores de la densidad de corriente de entre 15 y 30 miliamperes por milímetro cuadrado y tiempos de unos pocos segundos, hasta una carbonización total de la piel para densidades de corriente de unas pocas decenas de miliamperes por milímetro cuadrado y tiempos de exposición que no superan unas pocas decenas de segundos. Si aún así no os queda suficientemente claro, coged la anteriormente citada ley de Joule y aplicadla a un cuerpo humano, vivo o muerto, o a la criatura de Frankenstein sin ir más lejos. Si su creador, el doctor, le zurrase bien con una descarga de un rayo de 30.000 amperes durante tan sólo una milésima de segundo, el calor generado como consecuencia sería suficiente para elevar la temperatura de la piel unos 5.000 grados centígrados, la temperatura promedio de la superficie solar. Como poco, el desdichado ser sin alma, sería negro, negro carbón.

Capítulo 19
La pistola es buena,
el pene es malo

La gente se cree inmortal. Por eso se quedan quietos y se acogen a una rutina,
quedándose allí paralizados.

Félix de Azúa

Transcurre el año 2293, el mundo ha sufrido algún tipo de catástrofe global y la Tierra está ahora habitada por dos grupos de seres humanos: los Brutales y los Inmortales. Los Brutales son bárbaros y adoran a una gigantesca figura de piedra con forma de cabeza, de feroz rostro, que flota y viaja por el aire. Conocida por el nombre de Zardoz (contracción de las palabras WiZard of Oz, el mago de Oz), la descomunal mole habla con voz retumbante y emite órdenes. Exhorta a los Exterminadores (una facción de los Brutales) a que aniquilen al resto de los Brutales y no les permitan reproducirse.

"La pistola es buena [...] El pene es malo."

Zed, uno de los Exterminadores, consigue encaramarse a la gran cabeza de Zardoz. Viaja a bordo de la misma y llega hasta un lugar denominado "El Vortex". El Vortex es un lugar aislado físicamente del resto del mundo por medio de un extraño campo de fuerza en forma de cúpula de cristal, transparente e invisible. Aquí viven en una sociedad, aparentemente idílica, los Inmortales. Estos utilizan a los Brutales como cultivadores y recolectores con el propósito de alimentar a los Apáticos, una porción de los Inmortales que ha perdido todo interés debido a su condición de inmortalidad.

Los Inmortales son una especie de seres humanos superiores, viven en un estado de conciencia superior. Poseen poderes mentales y disponen de dispositivos capaces de leer el pensamiento. No experimentan deseo sexual alguno, son impotentes y jamás sueñan. Hasta este extraño lugar, donde es capturado y apresado, llega Zed, a quien los Inmortales deciden estudiar científicamente durante tres semanas, para posteriormente decidir qué hacer con él. Su instinto natural es matar y... usar su poderoso falo.

Una vez allí, Zed comienza a despertar la curiosidad de algunos Inmortales, pues una erección no es un acontecimiento demasiado habitual que digamos en el Vortex, donde todos los hombres son impotentes y las mujeres unas sinsustancia. Al fin y al cabo, a quién le va a interesar el sexo y la reproducción cuando se posee la condición de inmortalidad. Claro que con lo que no contaban los Inmortales era con el apetito de libertad, el ansia por vivir y morir, la adrenalina bullendo por la sangre del Exterminador. Zed no tarda en liberarse, desatando el caos en la tranquila y apacible comunidad del Vortex.

Pero, antes de seguir, os contaré en palabras de los mismos protagonistas, el origen de todo, cómo surgió un lugar tan fascinante y extraño como el Vortex. En un momento dado de la película, Zed se dirige a una mujer Inmortal y le solicita explicaciones:

—Este lugar está construido sobre mentiras y sufrimiento. ¿Cómo pudisteis hacer lo que nos hicisteis?

La mujer, desnuda de cintura hacia arriba, responde:

—El mundo estaba muriendo. Nosotros nos apoderamos de todo lo que era bueno e hicimos aquí un oasis. Nosotros, unos pocos, los ricos, los inteligentes, nos aislamos para conservar los conocimientos y tesoros de la civilización al sumirse el mundo en la era de la oscuridad. Para ello tuvimos que endurecer nuestro corazón hacia los sufrimientos del exterior.

Y la verdad es que esta parrafada me viene que ni pintada para contaros lo que quiero, y no es otra cosa que la *segunda ley de la termodinámica*. Así que comienzo con el rollete introductorio, como siempre. Antes de nada, he de advertiros que en todas las ocasiones que me toca explicar este principio físico a mis fantásticos estudiantes, sus rostros suelen ser para fotografía de portada en una revista sobre seres exóticos. Reconozco que es una ley un tanto difícil de comprender y abstracta, sobre todo cuando se acompaña del concepto de *entropía*. Pero, de todas formas, dejadme intentarlo y dadme una oportunidad para que me explique. Luego, decidiréis si ha merecido la pena o no. ¿Qué os parece si procedo con el asunto?

La termodinámica es la parte de la física que se encarga del estudio de las relaciones térmicas entre los cuerpos, es decir, del comportamiento y respuesta de los mismos ante intercambios de calor. Bien, un sistema termodinámico puede definirse como un cuerpo o un conjun-

En Zardoz, los Inmortales, una especie de seres humanos superiores, viven en un estado de conciencia superior. Poseen poderes mentales y disponen de dispositivos capaces de leer el pensamiento.

to de ellos que intercambian energía y/o materia con otros. El conjunto formado por el sistema termodinámico y el medio ambiente que lo rodea (pueden ser otros cuerpos, o aire, por ejemplo) recibe el nombre de universo (no confundir con el "otro" universo). Pues bien, la segunda ley de la termodinámica establece lo siguiente:

El desorden total del universo no disminuye nunca.

Como ya os habréis preguntado, la palabra clave en la frase anterior es "desorden". Para entenderlo, sin meterse en demasiados barrizales, ya que se requiere cierto nivel matemático y algún concepto estadístico, os pondré algunos ejemplos. En mis clases de la universidad siempre empiezo por el caso de la tiza que sujeto entre mis dedos. Si la dejo caer desde una cierta altura, lo más normal es que se haga añicos al impactar contra el suelo. Los físicos decimos que ha pasado de un estado ordenado (en la mano y enterita de una pieza) a otro desordenado (hecha pedazos en el suelo). Ha tenido lugar un aumento del desorden de nuestro sistema (la tiza), a expensas de un intercambio de calor entre la tiza, el aire y el suelo del aula. Se ha convertido la energía potencial de la tiza entre mis dedos en calor por fricción con el aire, así como por colisión con la baldosa. En este proceso, la energía total se ha mantenido constante, tal y como nos obliga la *primera ley de la termodinámica* (o más conocida como *principio de conservación de la energía*). Sin embargo, esta ley es insuficiente para explicar todos los fenómenos que suceden en la naturaleza. En efecto, aunque la energía total también se conserva en el proceso inverso, es decir, si los fragmentos de tiza del suelo se juntasen absorbiendo calor de la baldosa, la tiza se reconstruyese perfectamente y retornase a mi mano, lo cierto es que este fenómeno nunca se llega a observar. ¿Por qué? Pues porque violaría la segunda ley de la termodinámica, conllevando una disminución del desorden del universo (la tiza pasaría de un estado desordenado, en el suelo, a otro ordenado, en mi mano).

Si habéis prestado atención habréis podido percibir entre líneas que el "desorden" tiene que ver con la cantidad de posibilidades distintas que puede presentar un acontecimiento determinado. Fijaos, el estado ordenado solamente puede conseguirse con unas posiciones fijas y muy concretas de los trozos de tiza, mientras que los estados desordenados pueden ser prácticamente infinitos: la tiza se puede partir en dos trozos, en tres, en cuatro, etc. Otro ejemplo muy gráfico es el fútbol. El papel más difícil es siempre el del delantero centro, el encargado de hacer el gol. Meter un gol equivale a crear orden y sólo puede hacerse según unas pocas condiciones específicas, pues a poco que se desvíe el delantero de esas condiciones el balón no irá entre los tres palos. En cambio, el defensa tiene una enorme variedad de opciones para desbaratar la jugada: dar un patadón hacia arriba, hacia un lado, cometer falta, molestar al delantero, etc. La defensa es un proceso con más desorden porque tiene muchas más posibilidades reales para lograr su objetivo: que el delantero no haga gol.

Todo lo anterior se puede resumir de forma bastante simplificada en que los procesos que suceden más probablemente en la naturaleza son aquéllos que tienen como resultado un mayor desorden, un mayor número de estados posibles finales. Por eso lo más frecuente en el fútbol es que el balón sea despejado, lo que no quita para que se produzca algún gol de vez en cuando, pues aunque dicho suceso tiene una menor probabilidad, ésta no es despreciable. En cambio, si calculásemos la probabilidad de que la tiza rota en el suelo ascendiese perfectamente reconstruida hasta nuestra mano, el resultado sería ridículamente pequeño, pudiendo interpretarse como la imposibilidad de que ocurra.

Una forma de caracterizar cuantitativamente la cantidad de "desorden" generado en un proceso termodinámico consiste en calcular lo que los físicos llamamos entropía. La entropía de un sistema es una cantidad muy diferente de la energía y no deben confundirse en absoluto. Mientras que la energía total del universo se mantiene constante (primera ley de la termodinámica), la entropía siempre aumenta (segunda ley de la termodinámica). Así pues, entropía y desorden son sinónimos.

La otra palabra con la que es preciso ser precavido en el enunciado de la segunda ley de la termodinámica es "universo". Os había dicho que el universo termodinámico es el conjunto formado por el sistema y sus alrededores. Esta definición lleva implícita la suposición de que el universo debe estar aislado, es decir, que no intercambia energía de ninguna forma; tan sólo existe intercambio entre el sistema y los alrededores del mismo. Y esto trae, a su vez, una consecuencia perfectamente lógica y razonable. Aunque la entropía del universo sólo puede crecer, no tiene por qué suceder así con las entropías respectivas del sistema y sus alrededores. Éstas pueden tanto aumentar como disminuir por separado; en cambio, lo que siempre debe cumplirse indefectiblemente es que la variación total nunca puede ser negativa, pues en este caso se violaría la segunda ley de la termodinámica. El sistema puede ver disminuida su entropía sin ningún problema, pero, a cambio, los alrededores deben incrementar la suya en una cantidad que sea mayor en valor absoluto, de tal forma que cuando se sumen ambas variaciones de entropía el resultado sea una cantidad positiva.

Y llego así al meollo del asunto. ¿Resulta creíble que el Vortex sea un lugar aislado hasta tal punto que su entropía disminuya llevando a todos sus habitantes a un estado de mayor orden, más perfectos, inmortales en definitiva? Según lo que os he contado en el párrafo anterior parece que, en principio, no habría inconveniente en considerar el Vortex como el sistema termodinámico y todo el mundo que hay fuera del "campo de fuerza" que lo envuelve como sus alrededores, constituyendo ambos el "universo" termodinámico. Podría, entonces, suceder que se cumpliese la segunda ley de la termodinámica y la entropía del mundo de los Brutales aumentase muy por encima de la disminución de la misma en el mundo de los Inmortales. Al fin y al cabo, ¿no es esto lo que observamos cotidianamente en nuestro mundo real? Si no, ¿cómo explicar la evolución, por ejemplo? ¿No se trata de un proceso éste que viola la segunda ley de la termodinámica? Durante muchos millones de años se han desarrollado formas de vida sobre la Tierra cada vez más complejas, más ordenadas. ¿Cómo es posible? ¿No implica lo anterior una disminución de la entropía del universo?

Tranquilos, no dejéis que el pánico termodinámico se apodere de vosotros. Solamente los negacionistas de la evolución acuden a semejantes argumentos. Como muy bien razona Alan H. Cromer en su libro *Física para las ciencias de la vida*, es cierto, efectivamente, que la evolución ha producido, en general, formas de vida de orden creciente a lo largo de la historia de nuestro planeta. Asimismo, el desarrollo de un organismo individual (desde el óvulo fecundado hasta la madurez) constituye un proceso evidente de aumento de orden. Pero lo anterior no significa de ninguna manera que se viole la segunda ley de la termodinámica ya que la Tierra no constituye en absoluto un sistema aislado ya que recibe energía del Sol. Acudiendo una vez más a la terminología termodinámica, la Tierra es el sistema y el Sol sus alrededores. La energía procedente del Sol hace que aumente su desorden (nuestra estrella se acerca cada vez más a su fin, a un estado de mayor desorden, de mayor entropía). En consecuencia, la energía utilizada en la Tierra para producir vida ordenada, se logra a expensas de un incremento en el desorden del Sol y es la suma de ambos desórdenes (o de sus variaciones de entropía respectivas) la que arroja un balance siempre positivo. Y, de hecho, algo parecido es lo que se ve en Zardoz cuando Zed, el Exterminador, se pega un buen mamporro contra el campo de fuerza aislante al pretender escapar de ese infierno de aburridos seres amuermados sexuales. Mucho campo de fuerza pero la luz del Sol sigue dejando ver a través del mismo el mundo altamente entrópico de los mortales pero felices seres aún copuladores: los Brutales...

Los procesos que suceden más probablemente en la naturaleza son aquéllos que tienen como resultado un mayor número de estados posibles finales.

Capítulo 20

En una isla desierta, mejor con hipermetropía

El mejor fuego no es el que se enciende rápidamente.

George Elliot

En el año 1954 William Golding publicaba *El señor de las moscas* (*Lord of the flies*), su obra más conocida. En esta novela, llevada al cine en 1963 por Peter Brook y en 1990 por Harry Hook, se relatan las peripecias de un grupo de niños que, tras sufrir un accidente aéreo, son arrojados a una isla abandonada. Lejos de convertir la aventura en un relato optimista sobre la supervivencia, la amistad, el compañerismo o el afán de superación, tal y como había hecho, por citar un ejemplo, el mismísimo Jules Verne en novelas como *Dos años de vacaciones* (*Deux ans de vacances*, 1888) o *La isla misteriosa* (*L'île mystérieuse*, 1883), Golding aprovecha para hacer un relato crudo, descarnado y sin concesión alguna a la sensibilidad del lector, en el que los niños van evolucionando progresivamente hacia una sociedad basada en la ignorancia, la violencia y el desprecio absoluto por la razón.

Al principio, la diversión y el ocio ocupan todo el tiempo de los niños. Se bañan en el mar, saltan, brincan, juegan, exploran. Lejos de toda influencia por parte de los adultos, los muchachos dan rienda suelta a todos sus deseos reprimidos. Pero, enseguida, las cosas se tornan muy diferentes y, tanto el aburrimiento como el hambre, lógicamente, aparecen. Se hacen imprescindibles una cierta disciplina y unas reglas de comportamiento, como en cualquier civilización, por básica que ésta sea. Los niños deben cazar, pescar y recolectar frutos para poder sobrevivir. Además, con la esperanza de que algún barco o avión pase por allí y los rescate, toman la decisión de mantener permanentemente encendida una hoguera. Pero, ¿cómo hacer fuego?

Entre los robinsones se encuentra un niño, apodado Piggy (cerdito), de cuerpo agradecido con la grasa, asmático y miope, por lo cual delante de los ojos lleva unas estupendas gafas. Ralph, el muchacho que inicialmente lleva la voz cantante, se las pide prestadas un instante, las sitúa encima de unas ramas secas y haciendo pasar los rayos solares a través de uno de los cristales, consigue concentrar la luz en un punto y encender la llama. Todos los niños chillan de júbilo y se ponen a bailar para celebrarlo. ¡Perfecto! ¡Ay, si los primeros homínidos hubiesen llevado gafas!

Normalmente, uno contempla semejante escena y se maravilla de la capacidad creativa de la mente humana, pero no le da más importancia. Sin embargo, un tipo como yo, que también comparto el mismo defecto visual que Piggy y que, entre otras cosas, empleo varias semanas cada curso académico en explicar a mis estudiantes los fundamentos físicos de las lentes y espejos y demás misteriosas leyes de la óptica, no puede dejar pasar la oportunidad y desaprovecharla. Dejadme, pues, que os cuente algunas cosas muy sencillas, pero a la par interesantes, sobre las lentes (o gafas, si lo preferís).

El ojo humano es un instrumento óptico asombroso. Descrito de una forma muy elemental, consta de una córnea, que es la superficie más externa, una lente denominada cristalino, justo detrás y, en la parte posterior, la retina, que es la zona donde se forman las imágenes de los objetos que están ante nosotros. Estas imágenes producen señales de tipo eléctrico que se transmiten al cerebro, a través del nervio óptico, donde son interpretadas, transformándose en "lo que vemos".

La luz procedente de los objetos atraviesa primeramente la córnea, se desvía ligeramente debido a que ésta presenta un índice de refracción distinto al del aire, luego atraviesa el cristalino, donde la desviación se acentúa aún más y, finalmente, incide sobre la retina. Para distinguir nítidamente objetos que estén más o menos cerca de nuestros ojos, disponemos de los músculos ciliares, que se encargan de flexionar más o menos el cristalino, con lo cual provocan que la imagen del objeto observado se forme siempre sobre la retina. Si esto no fuera así, percibiríamos los objetos sin nitidez, borrosos. Esto ocurre, por ejemplo, cuando os acercáis demasiado a una página de un libro, ya que los músculos ciliares no son capaces entonces de acomodar adecuadamente el cristalino. En otras ocasiones, el ojo presenta defectos como pueden ser la hipermetropía o la miopía, entre otros.

La hipermetropía se produce cuando la imagen del objeto se forma detrás de la retina y es un defecto debido a la falta de convergencia del cristalino, es decir, a su incapacidad para refractar o desviar la luz lo su-

El señor de las moscas
(*Lord of the Flies*, 1990)
es una película dirigida por
Harry Hook basada en la novela
homónima de William Golding.

ficiente como para que la imagen caiga sobre la retina. Para corregirlo, lo que se hace es poner delante del ojo una lente convergente, positiva, o también llamada biconvexa. Ésta consiste, normalmente, en un vidrio con un índice de refracción adecuado, diseñado de tal forma que las dos superficies, las que se encuentran a cada lado del mismo, sean convexas (curvadas hacia fuera). Dos rayos de luz que incidiesen paralelos por una de las caras de la lente, emergerían por la otra de tal forma que se encontrarían en un punto, es decir, ambos rayos convergerían (de ahí el nombre de lente convergente). Como el propio cristalino es también una lente convergente, al colocar una segunda (las gafas) delante del ojo, lo que se consigue es "acercar" la luz que se había marchado más allá de la retina y hacerla incidir en su sitio.

La miopía es todo lo contrario. Se trata de un defecto visual consistente en un exceso de convergencia del cristalino, con lo cual ahora la imagen del objeto observado se sitúa por delante de la retina. Para corregirlo se necesita hacer que la luz incidente se aleje de ese punto demasiado cercano, para lo cual se emplea una lente divergente, negativa, o bicóncava. En este caso, las dos superficies se tallan de forma que sean cóncavas (curvadas hacia dentro). Al incidir dos rayos paralelos sobre esta lente, emergerían alejándose uno del otro, es decir, divergerían. Tras atravesar, posteriormente, el cristalino, convergerían adecuadamente sobre la retina, corrigiendo el defecto.

Una forma práctica de distinguir una lente convergente de otra divergente consiste en tocarlas, simplemente. La primera es más gruesa en el centro que en los bordes, mientras que la segunda presenta mayor grosor en los bordes que en el centro. El poder de convergencia de una lente positiva depende de una cantidad que denominamos focal. Ésta es la distancia que hay entre la lente y el plano donde se formaría la imagen de un objeto que estuviese muy alejado de aquélla. Cuanto más pequeña sea la focal, tanto más convergente es la lente. También existe una forma práctica de saber cuál de dos lentes es más convergente. Solamente hay que enfocar los rayos del Sol sobre un papel; la que forme la imagen más próxima a la lente será la de menor focal, es decir, la más convergente. Además, el tamaño de la imagen también aumenta tanto con el valor de la focal como con el diámetro aparente del Sol (desde la Tierra, éste es de 32 minutos de arco).

Casi cualquier cosa puede ser una lente. Únicamente se requiere que el material sea lo suficientemente transparente como para dejar que la luz lo atraviese y que su índice de refracción sea adecuado para el propósito que se le quiera dar. Así, incluso un pedazo de hielo tallado de forma apropiada, con sus superficies convexas, puede constituir una lente convergente, como cualquier lupa normal y corriente. Si se hace incidir luz del Sol en una de las caras del hielo se puede lograr concentrar el suficiente calor en la zona deseada (yo lo hacía sobre una hormiga cuando era un niño y contemplaba con gran deleite cómo se transformaba en carboncillo humeante). El inconveniente es que el hielo se funde poco a poco por la cara donde inciden los rayos, con lo cual se va modificando la focal y se debe ir corrigiendo la posición de la lente helada.

Una vez que hemos comprendido algo mejor el funcionamiento de las llamadas lentes convergentes y divergentes, volvamos de nuevo a nuestros traviesos náufragos. Si las primeras son capaces de concentrar la luz y, consecuentemente, el calor en una zona más o menos pequeña dependiendo de su focal y, por el contrario, las segundas provocan que los rayos cada vez se alejen más entre sí una vez atravesadas, resulta bastante sencillo llegar a la conclusión de que es perfectamente plausible lograr encender un fuego con una lente convergente, pero absolutamente imposible con una lente de tipo divergente. Como nuestro pobre Piggy es miope, las gafas que lleva deben ser de este segundo tipo. Por más que su amigo Ralph pretenda concentrar los rayos solares con ellas, mucho me temo que se va a quedar con las ganas de conseguir encender el fuego de esta manera. Lástima que no haya ningún niño con hipermetropía…

Nota aclaratoria e irreverente: En 1983 William Golding recibió el premio Nobel de literatura. El de física nunca lo habría merecido.

Capítulo 21

La esmirriada criatura de la Laguna Negra

¿Qué sabe el pez del agua en la que nada toda su vida?

Albert Einstein

Una expedición científica por el Amazonas realiza un descubrimiento sorprendente: la garra fosilizada perteneciente a una criatura anfibia enorme. De inmediato, comienzan a sucederse muertes misteriosas en el grupo. Un monstruo sanguinario, "un eslabón perdido de la familia de los anfibios" habita en las cristalinas aguas de la Laguna Negra (no es la de Soria, no temáis por el turismo). Sin embargo, algo inesperado sucede. La feroz criatura, cual príncipe encantado al más puro estilo de *La Bella y la Bestia*, cae presa de los encantos femeninos de la neumática ayudante del jefe de la expedición y decide secuestrarla y llevársela a su gruta del amor, quién sabe con qué oscuros y libidinosos deseos, ¿quizá con el osado anhelo de una más que improbable reproducción entre especies? Por supuesto, el resto de los miembros del equipo decide no abandonar a la chica a su suerte y emprenden la búsqueda, al tiempo que intentan devolver al espeluznante engendro de la madre naturaleza a las oscuras aguas de las que procede.

Lo que acabáis de leer pertenece a una muy particular redacción del argumento correspondiente a la película *La mujer y el monstruo* (*Creature from the black lagoon*, 1954), dirigida por el gran Jack Arnold. La cinta gozó de un aceptable éxito en su tiempo, lo que provocó que se rodaran un par de secuelas: *Revenge of the creature* (1955) y *The Creature walks among us* (1956). En la primera de ellas, una nueva expedición vuelve a remontar la cuenca del Amazonas en busca de la criatura que, al parecer, no había fenecido lo suficiente. Tras colocar en el agua de la mítica Laguna Negra una serie de cargas explosivas y hacerlas detonar, el monstruo flota, inconsciente, en la superficie. Capturado y puesto a buen recaudo, es conducido (en estado de coma) hasta el Ocean Harbor de Florida. Una vez allí, se le intenta revivir en un tanque especial, mientras es desplazado suavemente por el agua para que ésta penetre en sus branquias, facilitando la reanimación. Ni qué decir tiene que el parque de atracciones acuático se encuentra en ese momento abierto al público que, confiado, ha acudido en masa para presenciar el inusual descubrimiento científico. Y, claro, como no podía ser de otra forma, la abominable criatura resucita de forma repentina, lanzando un furibundo ataque contra sus captores y el resto del personal que deambula por el lugar, provocando el pánico consabido en las películas con monstruo incorporado.

Desgraciadamente, el abominable bicho es capturado nuevamente. Sujetando a sus tobillos una gruesa cadena, es depositado en un acuario dispuesto especialmente para su comodidad. Todo es maravilloso (excepto las cadenas): aguas cristalinas, comida abundante, temperatura controlada, compañeros de juegos como barracudas, tiburones, peces sierra, … ¿Qué? ¿Cómo? ¿Barracudas? ¿Tiburones? ¿Peces sierra? Un momento, un momento. ¿Qué diantres está pasando aquí?

Rebobinemos un momento. No sé si algunos de vosotros habréis captado el sutil gazapo que se esconde tras el párrafo anterior. Se trata de lo siguiente: ¿cómo es que un supuesto grupo de científicos, personas sobradamente preparadas, se traen una criatura anfibia de una idílica y paradisíaca laguna de agua dulce y la introducen en un tanque de agua marina y repugnantemente salada? Desde luego, no parece una idea demasiado brillante. Veamos, intentaré explicarme.

Quien más quien menos, todo el mundo sabe que hay peces de agua dulce y peces de agua salada. Se llaman así porque los primeros viven en ríos, lagos, estanques, lagunas, charcas o peceras y los segundos viven en el mar, normalmente. No obstante, también es cierto que algunas especies de pez pueden vivir en los dos ambientes sin demasiados problemas. Así, el salmón nace en la cuenca alta de los ríos, donde acuden a desovar sus padres (si no son devorados antes por los osos) después de recorrer un largo periplo marítimo. Pero obviaré hábilmente estos casos particulares y os entretendré un ratito con una disertación que me haga sentirme importante durante un buen rato y en la que intentaré haceros ver qué es lo que ocurre, habitualmente, cuando un animal de agua dulce se introduce en agua salada y viceversa.

Los animales acuáticos necesitan, al igual que los seres humanos y otros mamíferos, extraer oxígeno del medio ambiente para llevar a cabo

Una imagen de la película *La mujer y el monstruo*
(*Creature from the black lagoon*, 1954),
dirigida por el gran Jack Arnold.

el proceso que conocemos como respiración. Nosotros lo obtenemos del aire, donde se encuentra en una proporción del 21%, aproximadamente. Criaturas como los peces, los anfibios o, incluso, el monstruo de la Laguna Negra lo extraen del agua a través de las branquias, unos órganos altamente especializados constituidos por una especie de tronco principal del que sobresalen, por su parte posterior, numerosas ramificaciones extremadamente delgadas y profusamente dotadas de capilares sanguíneos. Es en estos capilares donde tiene lugar el intercambio de oxígeno y dióxido de carbono entre el agua y las células del animal, para el primero, y entre el animal y el agua, para el segundo, por medio de un proceso físico denominado difusión.

A la difusión de una sustancia líquida (solvente) a través de una membrana semipermeable (que deja pasar solamente el solvente, pero no las sustancias disueltas en él), desde una solución de baja concentración de soluto (sustancia disuelta en el solvente, como puede ser sal, azúcar, etc.) hacia otra solución cuya concentración sea mayor se la denomina *ósmosis*. Quiere esto decir que si colocásemos en cada uno de los dos compartimentos de un recipiente, dividido por la mitad por una membrana semipermeable, sendas soluciones de agua con distintas concentraciones de sal, el agua pasaría del compartimento donde la concentración de sal es menor al compartimento donde es mayor. Bien, apliquemos lo anterior a los peces y a nuestra criatura anfibia de instinto asesino pero enamoradizo.

Si enganchamos por el gaznate a un lindo pececillo de colores de nuestra pecera doméstica y lo introducimos en el precioso acuario marino que se ha montado el vecino del quinto en su salón, observaremos cómo nuestro pequeño compañero comienza a quedarse esmirriado, tal cual estuviera afectado de un ataque de anorexia acuática y, en último caso, morirá. ¿Qué ha sucedido? Pues sencilla y llanamente que la ósmosis ha hecho lo que tenía que hacer. Al penetrar el agua salada en el interior del pez se encuentra con las paredes semipermeables de las células. Como la concentración salina en éstas es inferior a la del agua del acuario, se da un trasvase de agua desde las primeras hacia la segunda en un vano intento de igualar ambas concentraciones. Por lo tanto, las células del pez pierden el líquido elemento vital de forma continua, deshidratando por completo al pobre bicho. No hará falta relatar aquí lo que sucedería si le afanásemos el pez globo del acuario al vecino y nos lo llevásemos a nuestra humilde pecera. Por el mismo principio físico, se habría generado una nueva especie: el pez Hindenburg, con un final del todo semejante al del "zepelín" alemán.

Terminaré este estupendo y breve capítulo afirmando que lo que resulta válido para los peces también es aplicable a los seres humanos. Me refiero, en concreto, al conocido hecho de que, ante un eventual naufragio en alta mar, no podríamos sobrevivir a base de ingerir agua salada, pues nos sucedería lo mismo que a nuestro lindo pececito de colores. Mejor solución resultaría, en cambio, la adoptada por el mutante Mariner en *Waterworld* (*Waterworld*, 1995), donde hace uso de un artilugio diseñado con el propósito de reciclar sus personales y transferibles "aguas menores" y transformarlas en potables. Su funcionamiento consiste en hacer que los orines se evaporen (poniéndolos al sol, por ejemplo, aunque no es estrictamente necesario) desde un recipiente y recogerlos después sobre un plástico, pongamos por caso. Una vez allí, el vapor se condensaría nuevamente formando agua líquida (para ello bastaría con disminuir la temperatura del plástico sometiéndolo al frío nocturno), en la cual ya no se hallarían disueltas sustancias indeseables tales como la urea. A pesar de lo relajante que pudiese resultar compartir tus propios fluidos corporales con otras dos chicas, con todo el agua que hay en el proceloso océano, ¿por qué empeñarse en beber "meaos"?

Capítulo 22

A falta de Viagra, cambio dildo nonodimensional por ascensor desbocado

Si tu intención es describir la verdad, hazlo con sencillez y la elegancia déjasela al sastre.

Albert Einstein

Siglo XXII. La nave espacial de asistencia médica Nightingale vaga por el cosmos infinito a la espera de ser reclamada ocasionalmente por alguna colonia que requiera sus servicios (¿cómo será una huelga de médicos astronautas en el futuro, acaso cortarán el tráfico con barricadas de desperdicios orbitales?). La tripulación está formada por seis personas: el capitán Marley, piloto de la nave; el copiloto Nick Vanzant, la jefa médica Kaela Evers, sus dos promiscuos ayudantes, copuladores empedernidos en condiciones de microgravedad, con los riesgos potenciales que esto puede conllevar, y un técnico en computadoras encargado de cuidar adecuadamente al ordenador de a bordo, una inteligencia artificial conocida como "Encanto".

En un momento dado, al principio de la película (*Supernova*, 2000), la Nightingale recibe una señal de socorro, que parece provenir de una distancia aproximada de unos 3.500 años luz. Su origen es la colonia Pohl 6822, ubicada en Titán 37, una explotación minera perteneciente a una luna expulsada de su órbita y clasificada oficialmente como "cuerpo a la deriva".

Aparentemente, según la computadora de a bordo, la sensual Encanto, la señal de socorro se ha degradado y ha tardado cinco días en llegar a la nave. ¿Qué clase de señal es, cuál es su naturaleza para poder recorrer 3.432 años luz en tan corto espacio de tiempo (paradójicamente, tan largo para los tripulantes de la Nightingale)? Evidentemente, no puede tratarse de ninguna señal de tipo electromagnético, ya que entonces, se propagaría a la velocidad de la luz, empleando los correspondientes 3.432 años y haciendo completamente inútil el esfuerzo del capitán Marley y sus compañeros.

Por otro lado, debido a la enorme distancia que los separa de Titán 37, la Nightingale dispone de un sistema de propulsión para casos de emergencia. Éste no es otro que el inefable y consabido "salto dimensional", sea lo que sea semejante engendro de la tecnología humana de la época. Dándole caña de la fina al motor dimensional, ponen rumbo a la luna lunera cascabelera, viaja que te viaja, viajera. Parádojicamente, en la pantalla de ordenador donde Encanto traza la ruta a seguir se puede ver que la distancia hasta el objetivo son 27 MPsc, de lo que cabe deducir que se trata de 27 megaparsecs, es decir, unos 88 millones de años luz. Algo huele mal (pues yo no he sido…).

Como eso de los motores y los saltos dimensionales tiene más peligro que Lady Gaga en un bazar chino, nuestros héroes de Médicus Cosmi, deben introducirse en las confortables UED's, las unidades de estabilización dimensional, entre cuyos efectos secundarios se encuentran la potenciación del vigor sexual y el estreñimiento persistente. Una vez bien colocaditos, la nave comienza a aumentar su velocidad mediante la "aceleración de plasma" (sic), hasta que se produce el típico despliegue de rayos, centellas y demás efectos pirotécnicos para dar sensación de velocidad.

Llegados a destino, la Nightingale se encuentra inesperadamente en las proximidades de una estrella gigante azul, un monstruo con una fuerza de gravedad 10 veces superior a la de nuestro Sol. Golpeada por una roca, la nave de nuestros amigos comienza a perder combustible saltimbanqui-dimensional. La única solución es repararla y aprovisionarse del combustible perdido. Casualmente, éste abunda en la explotación minera de Titán 37.

No os quiero destripar demasiado el argumento, pero dejadme que siga unas pocas líneas más porque es que me lo está pidiendo el cuerpo a rabiar. Veréis, resulta que también casualmente (y ya van unas cuantas casualidades) por los alrededores de Titán 37 deambula, a bordo de una nave pequeñita, un viejo conocido de la jefa médica quien, por supuesto, solicita permiso para acceder al interior de la Nightingale. El misterioso personaje trae consigo un extraño objeto faliforme que parece poseer poderes mágicos: mejora la salud, la fuerza, rejuvenece, regenera tejidos e incluso cura heridas mortales. Y aquí viene lo bueno.

Tras una serie de peripecias, aventuras, desventuras y otros momentos de acción y tensión sin límite, la doctora Evers decide intentar averiguar la naturaleza física del misterioso artilugio. Para ello, cómo no, opta por acudir a los sabios y sesudos análisis de Encanto. Y, claro, ésta responde de forma que cualquiera con un mínimo de preparación y algún que otro curso universitario a medio concluir puede comprender fácilmente. Os reproduzco a continuación las conclusiones a las que llega la sin par inteligencia artificial:

> Análisis del objeto desconocido. El cálculo de la masa atómica respecto al peso cuántico sugiere la presencia de materia isotópica extradimensional [...] La materia isotópica parece de naturaleza nonodimensional.

Después de tan meridiana y transparente explicación, lo que no alcanzo a comprender es la intervención subsiguiente de la doctora Evers. Ni corta ni perezosa y, sin el más mínimo rubor, va y suelta la siguiente frase:

> Define materia nonodimensional.

¡Hay que tocarse los perendengues! Pero si esto lo sabe cualquiera. ¿Una doctora en medicina del siglo XXII que no conoce los prefijos latinos ni los griegos? ¿Nunca ha visto un pentágono, un heptágono o a un nonagenario? ¡Caray! Materia nonodimensional es aquélla que presenta nueve dimensiones. Está clarísimo.

Obviamente, Encanto es una computadora lo suficientemente avanzada como para entender de sensaciones propiamente humanas y, ante la cara de extrañeza de Kaela, completa su análisis:

> Las matemáticas pueden demostrar la existencia de esta materia, pero me temo que el lenguaje humano carece de vocabulario para describirla.

Esto es lo que faltaba. Ahora resulta que el problema radica en el lenguaje humano. Las nueve dimensiones salen de las matemáticas, pero no podemos hablar de ello porque nos faltan palabras. Y pensar que el DRAE alberga casi 100.000.

· Como colofón, nuestra querida computadora de a bordo tiene a bien informarnos sobre el propósito de la indescriptible e inefable (nunca mejor dicho) materia nonodimensional:

Carátula de la película *Supernova* (2005).

El efecto es creación espontánea de nueva materia tridimensional.

Aunque eso ya lo podían haber hecho Yerzy Pelanosa y Danika Lund, los dos promiscuos ayudantes de la doctora Evers, tenaces copuladores en condiciones de microgravedad y que andaban insistentemente dale que te pego a la búsqueda de crear un nuevo bebé de materia tridimensional normal y corriente, de la de toda la vida.

Y bien, retomando el hilo, ya os había contado que nuestros amigos, incansables viajeros a bordo de la nave médica Nightingale, se habían quedado prácticamente sin combustible saltimbanqui-dimensional al sufrir una colisión con una enorme roca que deambulaba despistada por las inmediaciones. Como en toda película del género que se precie, siempre existe alguna tremenda casualidad que consigue salvar la situación. ¿Cuál es en este caso? Pues, simple y llanamente, que en el interior de la mina en la que trabajaban los antiguos habitantes de Titán 37 el combustible corre a raudales a modo de maná caído del cielo.

Con la intención de hacerse con el preciado combustible, el copiloto Nick Vanzant, bien animado gracias a un buen casquete interracial en microgravedad con la doctora Evers, se dirige presto y dispuesto hacia la galería, enfundado en su brillante traje espacial. Al llegar a la misma boca de descenso, se topa con un ascensor. En ese preciso momento, Nick se dirige a la computadora de a bordo, Encanto, y le solicita información:

¿Sabes a qué profundidad estaban excavando?

A lo que aquélla responde:

Según el último informe, a 3.200 metros.

Respuesta de Nick:

Un largo descenso.

Y la réplica de Encanto:

En realidad, no, Nick.

El ascensor emprende, entonces, un viaje vertiginoso a toda velocidad hacia las partes más inferiores de la excavación minera. Nick no da crédito y su rostro refleja los efectos del alucinante descenso. Veinte segundos exactos más tarde, el elevador se detiene bruscamente.

Cualquiera que haya estudiado algo de física elemental se habrá topado en más de una ocasión con los típicos problemas sobre ascensores. Si sobre el suelo de un ascensor se coloca una báscula de baño y nos subimos en ella, notaremos que cuando el ascensor comienza a elevarse, es decir, acelera hacia arriba, la balanza indica un peso superior al que mostraría si el ascensor permaneciese en reposo (dicho de otra manera, el peso que marcaría si estuviésemos en el cuarto de baño en nuestra casa). Nuestro peso aparente ha aumentado en una cantidad igual al producto de nuestra masa por la aceleración con la que se desplaza el ascensor. En cambio, si el ascensor acelerase en sentido descendente, nuestro peso aparente disminuiría justo en esa misma cantidad, haciendo que la balanza marcase menos que cuando el ascensor estaba quieto.

Haciendo unas cuentas sencillas, se llega a concluir que si el ascensor ascendiese con una aceleración igual a la de la gravedad, nuestro peso aparente se duplicaría, mientras que en caso de movimiento descendente con la misma aceleración de la gravedad, nuestro peso aparente sería nulo y no ejerceríamos reacción alguna sobre la báscula. Nos sentiríamos en estado de ingravidez. Nuestras partes más fláccidas parecerían elevarse sin necesidad de estimulantes artificiales ni naturales.

Ahora bien, ¿qué tipo de viaje realiza nuestro copiloto semental en su veloz ascensor? Evidentemente, se pueden dar varias alternativas.

Supongamos que el ascensor lleva a cabo un movimiento uniforme, es decir, con velocidad constante. En este caso, no hay más que dividir la distancia recorrida entre el tiempo empleado para obtener la rapidez con que ha descendido el pasajero. Nada menos que a 576 km/h. Ahora se entiende la frase de Encanto.

Sin embargo, este no es un caso muy realista, ya que estamos despreciando las aceleraciones de arrancada y de parada del ascensor. Supongamos que estos dos procesos son bastante rápidos pero uniformes, digamos de, aproximadamente, un segundo cada uno de ellos. Las ecuaciones de la cinemática del movimiento rectilíneo uniformemente acelerado predicen que dichas aceleraciones deben ser de unos 168, 42 m/s^2, o lo que es lo mismo, unas 17 veces superiores a la aceleración de la gravedad terrestre. La velocidad a la que tiene lugar el resto del viaje asciende a algo más de 606 km/h y tanto en la puesta en marcha como en la parada, el ascensor recorre unos 84 metros.

Resulta obvio que cuanto menor sea el tiempo de aceleración del ascensor, tanto mayor será el cambio de velocidad experimentado por el pasajero. Así, por ejemplo, si en lugar de emplear un segundo (como en el caso anterior) este tiempo se rebajase a la mitad, la velocidad alcanzada por el ascensor sería de 591 km/h, pero a expensas de una aceleración de arranque o de frenada de 328, 21 m/s^2; nada menos que más de 33 veces la aceleración de la gravedad terrestre.

Se pueden generalizar los resultados siempre que se consideren los movimientos de aceleración como uniformes y suponiendo que los tiempos de puesta en marcha y de frenada son idénticos. En este caso, las matemáticas indican que la aceleración experimentada por el viajero a bordo del ascensor nunca puede ser inferior a 32 m/s^2 y esto en el caso más favorable, que corresponde a que la mitad del viaje se lleva a cabo acelerando continuamente y la otra mitad frenando de forma uniforme. En definitiva, las aceleraciones más leves son siempre superiores a tres veces la aceleración de la gravedad en la superficie de la Tierra.

¿Y a qué cuento viene todo esto? Pues a varios, en realidad. Como ya os habréis dado cuenta los más avispados de vosotros, realizar un viajecito en un ascensor descubierto (la jaula está formada por rejillas abiertas al aire de Titán 37, dotado de una atmósfera con una presión equivalente al 80% de la terrestre) a casi 600 km/h no debe de ser lo que se entiende por un paseíto agradable. Más bien se parecería a un horrible garbeo en medio de un superhuracán en el que el aire se moviese a esa misma velocidad. Pero eso no es todo, ya que debido a que la aceleración de bajada (en el momento de la arrancada) siempre es superior a 32 m/s^2 y este valor es muy superior a la aceleración de la gravedad terrestre, lo que sucederá es que el suelo del ascensor dejará de ejercer una fuerza de reacción sobre los pies de Nick Vanzant, es decir, el ascensor acelerará más que el propio Nick. La consecuencia será un buen coscorrón contra la parte superior de la jaula contenedora.

Es bien conocido que el ser humano puede llegar a tolerar aceleraciones elevadas durante cortos lapsos de tiempo. Hace unos pocos años, algunos de vosotros recordaréis que el piloto de F1 Robert Kubica se estrelló a 230 km/h. Las estimaciones oficiales de BMW fueron que sufrió una desaceleración de unas 75 g's. Unos años antes, en 2003, el piloto de fórmula "Indi" Kenny Bräck protagonizó otro terrible accidente, de cuyas secuelas tardó nada menos que 18 meses en recuperarse. Se cree que ostenta el récord mundial al haber experimentado durante la colisión una desaceleración de 214 g's. Otro de estos gloriosos registros lo alberga David Purley, también piloto de F1. En 1977, en el circuito británico de Silverstone, impactó contra un muro a 173 km/h, deteniéndose su monoplaza en tan sólo 66 cm y alcanzando una desaceleración de 180 g's. A la vista de estos resultados, sólo puedo decir: «Nick, tranquilo, tú puedes». Sin embargo, sí que quiero dejar una puerta abierta a la plausibilidad de lo que se refleja en la película. La única forma razonable de que no tuviese lugar tan fea escena (la del coscorrón, me refiero) consistiría en suponer que la aceleración de la gravedad en Titán 37 fuese, en todos los casos, superior a las aceleraciones experimentadas por el ascensor pero eso, en según los casos, no parece tampoco, en principio, demasiado realista. De hecho, Titán 37 es, os recuerdo, una "luna a la deriva" y, por tanto, podemos suponer que al no tratarse de un planeta, su gravedad debe ser considerablemente menor (las mayores lunas del sistema solar raramente superan los 1,4-1,6 m/s^2). Quizá si acaso se tratase de un supersatélite de un superplaneta...

El piloto de F1 Robert Kubica se estrelló a 230 km/h. Las estimaciones oficiales de BMW fueron que sufrió una desaceleración de unas 75 g's.

Capítulo 23

El que te la chupa ajos no come

Probablemente no haya en toda la historia del cine un tema tan tratado como es el de los vampiros, esos seres que una vez fueron humanos mortales, para convertirse posteriormente en criaturas no-muertas, es decir, a medio camino entre el cachondo y divertido más acá y el misterioso y espeluznante más allá.

El mito vampírico se remonta a la más lejana antigüedad y ha llegado tan desvirtuado hasta nuestros días que resulta realmente complicado esclarecer sus orígenes reales. Pero no temáis, no os aburriré aquí con un montón de datos e informaciones sobre los orígenes del vampirismo, sino que me centraré más bien en analizar ciertos detalles que me parecen interesantes desde el punto de vista científico. Permitidme antes que introduzca un poco el tema.

La imagen que casi todos tenemos de los vampiros se corresponde con la que nos han ido transmitiendo tanto el cine como la literatura. En el primero destacan las películas de la mítica productora británica Hammer, que durante las décadas de 1960 y 1970 filmó hasta 16 cintas sobre vampiros, casi siempre centradas en el personaje del conde Drácula y muchas de ellas protagonizadas por el famoso Christopher Lee. Podéis encontrar gran cantidad de información sobre el tema en el estupendo libro *Hammer: la casa del terror*, de Juan M. Corral, publicada por Calamar Ediciones en 2003. En la segunda, resulta obligatorio mencionar la inmortal novela de Bram Stoker, quizá la obra más influyente en toda la historia sobre el tema. Ya es archisabido que el escritor irlandés se inspiró, muy probablemente, en personajes históricos como Vlad Tepes, un príncipe de Valaquia que vivió en el siglo xv, y en la noble transilvana Erzsébet Báthory, conocida como la "condesa sangrienta" por su afición a bañarse en la sangre de las más de 600 jóvenes a las que llegó a contratar a su servicio y asesinó durante el siglo XVI.

A partir de la novela de Stoker, a los vampiros les han sido atribuidas desde entonces toda clase de hazañas y poderes sobrenaturales. Son criaturas que se alimentan de sangre fresca, a poder ser humana, aunque en ocasiones pueden sobrevivir a base de sangre animal, como hacen los protagonistas de *Entrevista con el vampiro (Interview with the vampire*, 1994); otras veces absorben el "fluido vital", como en *Fuerza vital (Lifeforce*, 1985). Pueden infectar a otras personas al morderlas y convertirlas, a su vez, en otros vampiros. Poseen la habilidad de transformarse a voluntad en murciélagos, lobos e incluso en humo o vapor fosforescente, como en *Drácula de Bram Stoker (Dracula*, 1992). Se les suele ahuyentar utilizando crucifijos o cualquier otra forma de cruz, cabezas o flores de ajo (en Cataluña y Levante no hay vampiros debido a la gran afición por el allioli) y hasta el delicado aroma de las rosas (así, así, nada de cursilerías). Proyectan sombra, pudiéndola manejar a voluntad (vaya una hazaña de mérito, ¿quién no lo hace?) y no se reflejan en los espejos. A semejanza de los superhéroes, están dotados de una descomunal fuerza, invulnerabilidad, rápida capacidad de curación y regeneración. Para acabar con ellos, es necesario exponerlos a la luz solar, empalarlos con una estaca atravesándoles el corazón o decapitarlos, tras lo cual suelen trocarse en un montoncillo de cenizas humeantes.

Consideremos, a continuación, algunas de estas curiosas propiedades de los vampiros y otras las dejaré para que vosotros mismos las podáis reflexionar o leer en los cientos de referencias que hay por el ancho y proceloso océano de la información. Me refiero, en concreto, a enfermedades como la *rabia* o la *porfiria*, que podrían dar cuenta de ciertos comportamientos atribuidos a las criaturas de la noche.

En primer lugar, hablaré sobre la capacidad que poseen de transformarse en otras criaturas o sustancias, como murciélagos, lobos y vapor (la fosforescencia me la saltaré). Bien, semejante propiedad debe verificar la *ley de conservación de la masa-energía*. Quiere esto decir que si un objeto o cuerpo de una cierta masa, como puede ser un vampiro, se convierte en un animal con una masa diferente, la diferencia entre ambas no puede desaparecer de cualquier forma. El ejemplo más sencillo es el del murciélago. Pongamos que el conde Drácula, bajo su aspecto humanoide, pesa unos 80 kg y que para asustarnos se transforma en un murciélago de 5 kg. ¿Qué ha pasado con los 75 kg de materia que faltan? ¿Se han perdido? ¿Dónde han ido a parar? Según la famosa ecuación de Einstein, la materia y la energía son equivalentes y, por lo tanto, esos 75 kg deberían haber dado lugar a un fogonazo de 1.600 megatones (la décima parte del arsenal nuclear de todo el planeta). Pero esto no es todo. Efectivamente, ¿qué ocurrirá cuando quiera volver a recuperar su estado de conde Drácula? ¿De dónde sacará la masa necesaria? No le queda más remedio que sintetizarla a partir de una cantidad equivalente de energía. Pero es que, aunque dispusiese de dicha cantidad de energía, la operación no resulta tan sencilla, pues a pesar de que la ecuación de Einstein predice tanto la conversión de masa en energía como viceversa, a la hora de la verdad, resulta mucho más favorecida la primera. En las detonaciones nucleares tenemos la prueba. Es aquí donde una pequeña cantidad de masa se libera en forma de energía con una violencia desatada. Por otro lado, la prueba de la segunda transformación se encuentra en los aceleradores de partículas, donde éstas son aceleradas hasta enormes velocidades (energía cinética) y, tras hacerlas colisionar, se producen otras nuevas, es decir, materia nueva a partir de energía.

Casi que a la vista de las líneas anteriores, es preferible que nuestro succionador enemigo decida vaporizarse, pues dicha operación únicamente requeriría absorber una cantidad de energía correspondiente al *calor de sublimación* del cuerpo humano (no-humano, en este caso).

Me referiré, a continuación, a la extraordinaria capacidad de estos seres para no reflejar su imagen en los espejos. Normalmente, un espejo consta de dos superficies, una de ellas opaca, al estar recubierta con una capa de estaño o de mercurio, y la otra reflectante, sobre la que se suele depositar una capa de plata. Cuando una persona normal se mira en el espejo, se ve porque la luz (ya sea natural o artificial) que refleja su cuerpo rebota en la superficie de aquél y vuelve en dirección a sus ojos. Para que alguien o algo no se reflejase, tendría que suceder una de las dos cosas siguientes: o bien ese alguien (el vampiro) es capaz de absorber toda la luz que incide sobre él, no dejando escapar fotón (partículas de luz) alguno hacia el espejo, o bien la luz reflejada por el vampiro que llegase al espejo fuese toda ella absorbida por el mismo. En el primer caso, el vampiro sería completamente negro, cosa que no se observa en las películas. En el segundo, se da una contradicción flagrante, ya que no existe ninguna razón para que el espejo absorba la luz procedente

Los vampiros son criaturas que se alimentan de sangre fresca, a poder ser humana, aunque en ocasiones pueden sobrevivir a base de sangre animal, como hacen
los protagonistas de *Entrevista con el vampiro* (*Interview with the vampire*, 1994).

del cuerpo del vampiro y no la de cualquier otra persona u objeto, no re-
flejándose tampoco ninguno de éstos.

Por último, quisiera terminar tratando el asunto de la reproducción
de los vampiros. No me refiero a si disfrutan del sexo y la cópula, como
los seres humanos mortales, o a si ponen huevos, depositan esporas y
similares, sino más bien a la forma y las consecuencias de transmitir su
estigma por el mundo, contagiando a seres humanos normales. Para
ello, voy a seguir un razonamiento semejante al llevado a cabo por Cos-
tas Efthimiou, en su artículo *Cinema Fiction vs Physics Reality: Ghosts,
Vampires and Zombies.*

Cogeré a Vlad Tepes (Vlad Draculea) como primer vampiro de la historia y supondré que su aventura como chupador de sangre comenzó a
finales del siglo xv, cuando el mundo contaba con unos 450 millones de
habitantes. Suponed que semejante asesino despiadado mordiese a su
primera y desdichada víctima el mismo día de su muerte, el 14 de diciembre de 1476. En ese momento, habría en el mundo 2 vampiros y
449.999.999 humanos mortales. La siguiente vez que decidiesen salir de
juerga y alimentarse de sangre y, suponiendo que cada uno de ellos pica-
se, cual hercúleo mosquito, a una sola persona, nos encontraríamos con
un planeta habitado por 4 vampiros y 449.999.997 afortunados. La orgía
sangrienta iría creciendo rápidamente, con 8 vampiros y 449.999.993 humanos, 16 vampiros y 449.999.985 humanos y así, sucesivamente. Y la

cosa aún iría peor si en lugar de atacar cada vampiro a una sola persona, lo hiciese a otras dos o tres, cuatro, etc. Resulta muy sencillo generalizar, y así me lo he permitido yo mismo, los resultados del profesor Efthimiou obtenidos en su cálculo (él lo hace con una sola mordedura por vampiro y con una frecuencia mensual, es decir, al parecer únicamente se aventuran fuera de sus ataúdes con la menstruación, un misterio aún por desvelar). Pues bien, llamando N a la población mundial inicial y m al número de víctimas mordidas por un solo vampiro en cada incursión nocturna, se obtiene que la cantidad de ataques requeridos por las hordas vampíricas para acabar con la especie humana viene dada por la sencilla expresión $\log(N+1)/\log(m+1)$, donde "log" representa el logaritmo neperiano del número que aparece entre paréntesis. Con 450 millones de potenciales víctimas y un ataque por vampiro y por mes, la raza humana desaparecería de la faz de la Tierra en tan sólo 29 meses. Con dos ataques por vampiro, nos extinguiríamos en 19 meses; con tres en 15 meses; con cuatro en 13 meses; con un frenesí devorador de 5 víctimas por vampiro, nuestra esperanza de vida sería de un año, como máximo. Por supuesto, los resultados anteriores son igualmente válidos sin más que sustituir la palabra "meses" por "días", en el caso de que los vampiros decidiesen divertirse cada noche. Ni siquiera con una población mundial como la actual (prácticamente, unos 7.000 millones de personas) conseguiríamos subsistir más de 35 meses, tan sólo seis más que en el ejemplo de más arriba.

Evidentemente, he empleado para todo este análisis un modelo demasiado simple, dejando evolucionar libremente un sistema formado por predadores (los vampiros) y presas (los humanos), despreciando cantidad de factores que podrían influir en el crecimiento o decrecimiento del número de individuos (tasas de natalidad y mortalidad, por ejemplo). Aún considerando modelos más sofisticados, conocidos entre los matemáticos como *problemas de Volterra-Lotka*, las conclusiones finales no diferirían sustancialmente. Por ejemplo, un comportamiento típico que suele aparecer cuando se estudia la dinámica de una cierta población de predadores y presas consiste en que, a medida que crece el número de los primeros, desciende en consecuencia el de las segundas. Esto acarrea como resultado que, paulatinamente, comience a descender, asimismo, la cantidad de predadores al no poder alimentarse de forma efectiva todos y cada uno de ellos. Una vez estabilizada la situación, las presas comienzan a reproducirse de nuevo, pues

A semejanza de los superhéroes, los vampiros están dotados de una descomunal fuerza, invulnerabilidad, rápida capacidad de curación y regeneración.

no hay suficientes predadores que acaben con ellas. Al crecer de forma incontrolada la cantidad de alimento, los predadores vuelven a proliferar y el ciclo se repite una y otra vez. Sin embargo, la pega de este argumento es que la población mundial nunca ha experimentado estos ciclos en su población a lo largo de su historia.

Así pues, surgen las siguientes cuestiones: ¿somos todos vampiros o, al menos, seres híbridos como Blade? ¿Existen Van Helsing, Buffy y otros cazadores de vampiros capaces de controlar la expansión incontrolada de éstos? ¿Se alimentan los vampiros solamente cada 1.000 años? ¿Estamos todos locos o qué? ¿Cómo se puede divagar sobre semejantes añagazas? ¿No será todo mucho más sencillo y, aplicando la navaja de Occam, deberíamos concluir que los vampiros no existen? Sea como fuere y, tan sólo por si acaso, permaneced alerta, cerrad vuestras puertas y ventanas; protegedlas con ristras de ajos; no frecuentéis los senderos oscuros y solitarios y llevad consigo siempre un crucifijo. Después de todo, puede que las matemáticas y la física no siempre estén en lo cierto. ¡Ñam, ñam…!

Capítulo 24

Levitrón on the rocks

Así decía el hierro al imán: te odio porque me atraes
sin que poseas fuerza suficiente para unirme a ti.
Friedrich Nietzsche

El profesor universitario de ciencias de la Tierra, Trevor Anderson, descubre unas enigmáticas correlaciones en la actividad volcánica del planeta. En compañía de su sobrino, Sean, hijo de su hermano, Max Anderson, desaparecido diez años atrás en extrañas circunstancias cuando estudiaba los mismos fenómenos sísmicos, descubren por casualidad una especie de código secreto oculto entre las páginas de la novela de Jules Verne *Viaje al centro de la Tierra*, en la que Max había dejado toda una serie de anotaciones y pistas a seguir. Animados por la posibilidad de descubrir cuál ha sido la suerte que ha corrido su hermano y padre, respectivamente, deciden emprender una expedición científica por Islandia, la tierra de los volcanes. Al llegar allí, se encuentran con Hannah, la parte femenina de toda película de aventuras y que pretenda ser taquillera. Pero Hannah no resulta ser tan sólo una cara bonita y un cuerpo escultural, sino que... bueno, no tiene importancia; os dejaré que lo descubráis por vosotros mismos en la película a la que hace alusión el párrafo que acabáis de leer.

Mientras nuestros tres amigos ascienden por la abrupta ladera de un volcán, se desata una terrible tormenta eléctrica. Buscando refugio, penetran en una cueva, donde quedan atrapados sin posibilidad de salida (al menos por el mismo sitio por el que habían entrado previamente). Así pues, no se les ocurre mejor idea que dirigirse hacia el centro de la Tierra, como si fuera un simple picnic de fin de semana en la bucólica campiña inglesa.

Rodada para ser emitida en formato 3D (algo tenían que hacer para ser ligeramente originales), *Viaje al centro de la Tierra* (*Journey to the center of the earth*, 2008) constituye la enésima adaptación de la célebre novela homónima del padre de la ciencia ficción: el venerable Jules Verne. Tanto la novela como las películas en ella inspiradas pecan de una gran fantasía, así como de una tremenda falta de rigor científico. Creo recordar que en mi primer libro, *La guerra de dos mundos* os hablaba acerca de algunos de los numerosos e inabordables problemas que plantea un hipotético viaje por el interior de nuestro planeta: la elevada temperatura, la insoportable presión. Y por poner tan sólo un par de ejemplos.

Los tres protagonistas de esta nueva entrega, Trevor, Sean y Hannah, corren prácticamente las mismas aventuras que los personajes de las versiones previas: caídas hacia el fondo de simas profundas, encuentros con dinosaurios, navegación por mares interiores, descubrimiento de plantas gigantescas, agua en estado líquido, etc. Pero no malgastaré mi tiempo en comentar ninguna de estas cosas, sino más bien me centraré en una escena en concreto que captó vivamente mi atención.

En un momento dado de la acción, Sean se ve arrastrado irremisiblemente, agarrado a una improvisada vela, por un violento viento huracanado que se desata mientras los tres terranautas viajan a bordo de una balsa por el inmenso océano interior. Perdido y lejos de sus dos amigos, emprende su particular aventura en solitario. Tras una serie de peripecias, llega al borde de una profunda sima que le corta el paso, al menos aparentemente, porque mientras camina por el borde del abismo, Sean descubre que el suelo está formado por (según sus propias palabras) "rocas magnéticas" que flotan en el aire, levitando debido a lo que él cree que debe de ser un campo magnético. Ni corto ni perezoso, comienza a dar saltos entre ellas hasta alcanzar la meta añorada (eso sí, con alguno que otro momento de tensión).

Nosotros, los simples mortales ordinarios que no protagonizamos películas de ciencia ficción, solemos decir que un material es magnético cuando se ve fuertemente atraído por un imán, es decir, por la presencia de un campo magnético. Los físicos denominamos a estos materiales ferromagnéticos porque presentan propiedades similares a las del hierro. Pero existen otros tipos de magnetismo. Principalmente, me refiero a las sustancias paramagnéticas, que se ven débilmente atraídas por un imán y las diamagnéticas, las cuales se ven repelidas. Un caso muy particular de materiales diamagnéticos lo constituyen los superconductores. Estos materiales presentan el llamado *efecto Meissner*, que consiste, de forma simple, en que los campos magnéticos son expulsados, repelidos por la sustancia superconductora, no permitiendo que penetren en su interior. Como consecuencia, se puede conseguir la levitación de pequeños objetos dispuestos encima del superconductor pero sin contacto físico con el mismo. La pega que presenta el fenómeno de la superconductividad es que tan sólo se manifiesta a temperaturas extremadamente bajas, lo que obliga a enfriar con ayuda de nitrógeno líquido, cuya temperatura de ebullición ronda los 77 K (-196 ºC). Parece, entonces, bastante evidente que las "rocas magnéticas" halladas por nuestro joven amigo Sean no estarán experimentando el citado efecto Meissner, pues la temperatura en el interior de la Tierra no resulta la más adecuada para que se presente el fenómeno de la superconductividad. Tampoco resulta demasiado probable que se trate de rocas de tipo diamagnético, ya que las sustancias que presentan dicho comportamiento son el agua, los gases nobles, el cloruro de sodio o sal común, el cobre, el oro, el silicio, el azufre, el germanio, el grafito (especialmente, el pirolítico), etc. El problema para conseguir hacer levitar materiales diamagnéticos, a diferencia de los superconductores, no es la temperatura, sino los enormes campos magnéticos que se requieren. Tan sólo para hacer levitar una pequeña rana de unos pocos gramos de peso, se necesitan campos cuya intensidad ronda los 16 teslas. Por si no estáis familiarizados con el tema, os diré que un tesla equivale a 10.000 gauss y que el campo magnético terrestre presenta una intensidad de unos 0,6 gauss cerca de los polos y de unos 0,3 gauss en las proximidades del ecuador. La intensidad del campo magnético de un imán pe-

Viaje al centro de la Tierra (Journey to the center of the earth, 2008).

queño ronda los 100 gauss, aunque los imanes más potentes (que, dicho sea de paso, son artificiales, con lo que no creo que abunden en el centro de la Tierra) pueden alcanzar los centenares de miles de gauss o incluso el millón, es decir, varias decenas de teslas.

De hecho, recientemente, un equipo de investigadores de la Universidad de Nottingham, en el Reino Unido, liderado por los profesores Laurence Eaves y Peter King ha conseguido hacer levitar objetos "pesados" tales como diamantes, una moneda de una libra y hasta pequeños trozos de oro, plata, platino y plomo. Aún así, para lograrlo tuvieron que ayudarse de una técnica nueva desarrollada por un equipo japonés denominada "magneto-Archimedes levitation". Este proceso aprovecha el empuje hidrostático de Arquímedes para hacer que los objetos que leviten presenten un peso aparente menor y, por tanto, requieran un campo magnético más pequeño, aunque siga siendo muy elevado, de varios teslas. ¿Cómo lograrlo? Muy fácil: sólo hay que sumergirlos en una mezcla de oxígeno y nitrogeno en estados líquido y gaseoso. ¿Por qué no se me habrá ocurrido a mí?

A la vista de todos los argumentos anteriores, únicamente se me ocurre que Sean llame "rocas magnéticas" a pedruscos de carácter ferromagnético, como hacemos el resto del mundo civilizado. Y esto aún es peor que todas las pegas de los párrafos precedentes. Dejadme que os lo cuente, como no lo haría mejor ni el mismísimo profesor Lidenbrock.

Veréis, resulta que si las rocas magnéticas en cuestión están constituidas principalmente por mineral de hierro, su levitación presenta una serie de dificultades difícilmente solucionables. En primer lugar, está el asunto de la temperatura y es que cualquier material ferromagnético posee una *temperatura de Curie*, por encima de la cual se transforma en paramagnético. Para el hierro, este cambio tiene lugar a unos 770 ºC. ¿Cuál es la temperatura en el interior de la Tierra? Evidentemente, no pasa de ser veraniega, pues nuestros terranautas se pasean en camiseta de algodón, exhibiendo musculitos bien trabajados en el gimnasio. Bien, obviemos el tema de la temperatura. Sólo era para calentar motores. Voy ahora al problema serio.

En 1842, Samuel Earnshaw estableció el teorema que lleva su nombre (mejor dicho, su apellido). Afirmaba, básicamente, que una colección de cargas eléctricas puntuales no puede mantenerse en equilibrio estacionario estable únicamente bajo la influencia del campo electrostático entre ellas. El teorema se puede ampliar y generalizar para todas

Giróscopo.

las fuerzas que varíen inversamente con el cuadrado de la distancia, es decir, es válido no sólo en el caso de fuerzas de tipo eléctrico, sino también de origen gravitatorio. Además, se cumple para las fuerzas magnéticas en imanes permanentes y materiales paramagnéticos (los diamagnéticos constituyen una excepción al teorema). Esto significa que nunca podremos compensar el peso de un imán y hacerlo levitar por encima de otro, haciendo que sus polos opuestos se encuentren enfrentados, repeliéndose mutuamente. Por mucho que nos esmeremos, jamás lo conseguiremos. Sin embargo, hay formas de hacer levitar objetos mediante campos magnéticos. El teorema de Earnshaw solamente se cumple a rajatabla en situaciones estáticas, es decir, cuando los materiales ferromagnéticos se encuentran en reposo relativo. Si éstos se mueven o se desplazan de forma adecuada, la levitación se hace posible, aunque el equilibrio logrado puede resultar bastante inestable, con lo que pequeños desplazamientos de la posición de equilibrio pueden dar al traste con el mismo. Una forma muy curiosa de conseguir el mágico efecto consiste en provocar cuidadosamente una rotación del objeto levitante en presencia del imán responsable del campo magnético. De esta manera, se ha logrado fabricar el dispositivo conocido como levitrón. Una vez que el giróscopo, una pequeña peonza, deja de rotar por efecto del rozamiento con el aire, el teorema de Earnshaw entra en acción (se vuelve a la situación estática) y el juego se termina hasta que se provoque una nueva rotación.

Las "rocas magnéticas" del joven Sean descansan en el aire, quietecitas, flotando levitantemente en una apacible situación de equilibrio estable, violando el teorema que con tanto esfuerzo parió el bueno de Earnshaw. Para más inri, el ignorante jovenzuelo salta sobre ellas, perturbándolas en su sueño estático estable de cientos de miles de eones y a las puñeteras piedras no se les ocurre mejor cosa que hundirse ligeramente por el peso del chaval, para inmediatamente volver a recuperar su equilibrio momentáneamente perdido. ¡Ay, si Earnshaw levantara el levitrón… digo, … la cabeza!

Capítulo 25

Ande yo caliente y ríanse los neutrinos de la gente

Resulta imposible atravesar una muchedumbre con
la llama de la verdad sin quemarle a alguien la barba.
Georg Christoph Lichtenberg

Año 2009. El eminente geólogo, Adrian Helmsley, viaja hasta la India para encontrarse con su amigo y colega, el doctor Satnam Tsurutani. Sin tiempo que perder, nada más bajarse del taxi, mientras llueve a mares, y con la promesa arrancada a la sumisa y eficiente esposa de Satnam de una cena a base de un más que probable infecto y pestilente pescado al curry, ambos científicos dirigen sus pasos hacia los punteros laboratorios hindúes de investigación, sitos a 3.400 metros de profundidad, en el bochornoso interior de una mina de cobre. ¿Qué han descubierto? Dejemos que el mismo doctor Tsurutani nos lo diga (los corchetes son míos):

Es la primera vez que los neutrinos [procedentes del Sol] provocan una reacción física.

Por si semejante advertencia no hubiese calado en el sorprendido Helmsley y, quizá para quitarle definitivamente las ansias del pescado al curry, los dos científicos descienden aún más, otros 1.800 metros más. Una vez allí, Tsurutani procede a abrir una escotilla situada en el suelo. Y… ¡sorpresa! Agua en plena ebullición, con buenos borbotones de burbujas ansiosas y bien rechonchas. Como debe ser, ¡con dos borbotones! Y para no perder la costumbre, cómo no, otra perlita (no "de Huerva", precisamente). Aquí va:

Los neutrinos [procedentes del Sol] han mutado en una nueva partícula nuclear.

¿Qué es todo esto? ¿Estos tipos alucinan, fuman, beben, se estimulan con algún juguete mecánico o qué? Pues no, ninguna de ellas. Simplemente, son actores, marionetas danzando sin fin en el imaginario mundo creado por Roland Emmerich en su última película: *2012*.

Al parecer, una serie de catastróficas desdichas está empezando a tener lugar a lo largo y ancho de todo el globo terráqueo. Como perfectamente lo explica el iluminado de turno, que nunca falta en las películas de carácter apocalíptico, el indescriptible Charlie Frost (personaje interpretado por Woody Harrelson), lo que está aconteciendo, y aún acontecerá más y peor, no es otra cosa que el vaticinio hecho por el antiguo pueblo maya miles de años atrás: una gran catástrofe global cuando se alcance el final de los tiempos, el final de la cuenta larga de su calendario: el fatídico 21 de diciembre de 2012. A lo largo de los meses previos, los planetas del sistema solar, junto con el mismo Sol, se alinearán nada menos que con el centro galáctico. Entre sus numerosos efectos se pueden contar la mayor tormenta solar de la historia, terremotos, inundaciones devastadoras, ascenso del nivel del mar, tsunamis, disminución vertiginosa del campo magnético terrestre e inestabilidad polar extrema y muchos, muchos más.

¿Alguna explicación? ¿Por qué los mayas lo sabían? ¿Era su ciencia más avanzada que la actual? ¿Conocían los neutrinos? ¿Los cultivaban con esmero y dedicación en sus huertos nucleares de altas energías? ¿Hacían uso de ellos en sus ofrendas divinas o en sus sacrificios?

No, mis queridos lectores. No se daba ninguna de las premisas anteriores. ¿Qué relación guarda un calendario, o mejor dicho, el final de un calendario con la llegada del día del juicio final? Cuando un calendario se termina, suele ser bastante habitual comenzar otro. ¿No es la sencillez de argumentos lo que hace bella a la ciencia? ¿Qué demonios tiene que ver que se alineen los planetas para que aquí empiece a enloquecer la naturaleza? ¿Acaso sufren cataclismos semejantes los demás planetas, o sólo el tercero a partir del Sol? ¿Se deben estas hecatombes a efectos gravitatorios? ¿Las mareas tienen algo que ver en el asunto? Fijémonos tan sólo en un detalle: la masa del mayor de los planetas de nuestro sistema solar, Júpiter, es mil veces inferior a la del Sol y su distancia a la Tierra es casi cuatro veces la que nos separa de nuestra estrella. Por lo tanto, el efecto gravitatorio de Júpiter sobre la Tierra es 16.000 veces menor que el debido al Sol. Los efectos de los demás planetas aún son menores que el que produce Júpiter, con lo cual podríamos despreciarlos y tener en cuenta únicamente el efecto de éste. Por otro lado, ¿qué re-

En la película *2012*, se trata el vaticinio hecho por el antiguo pueblo maya miles de años atrás: una gran catástrofe global cuando se alcance el final de los tiempos, el final de la cuenta larga de su calendario: el fatídico 21 de diciembre de 2012.

sulta más peligroso, estar alineados con otro planeta, o hacerlo con el centro de la galaxia, ese punto G enorme y oscuro que nos acecha a casi 25.000 años luz de distancia? ¿No estamos siempre alineados con él? ¿No se puede trazar siempre una línea recta que pase simultáneamente por un punto de una circunferencia y por su centro? ¿No se llama a esta línea el radio de la circunferencia? Entonces, ¿no hemos estado siempre en sintonía, en onda con el punto G?

Pero dejemos las trivialidades que conoce cualquier niño de primaria y detengámonos un poco más en la peliaguda cuestión de los neutrinos. ¿Qué es un neutrino? Este es un concepto que quizá no sea conocido por los niños de primaria, al menos no los de ahora (ay, los viejos tiempos, cuando en el cole escribíamos ecuaciones de física nuclear en nuestros pizarrines). En fin, los neutrinos son unas partículas subatómicas un tanto misteriosas y enigmáticas. Pueden producirse de forma natural en el interior de la Tierra, como productos de la desintegración beta (la emisión de un electrón por parte del núcleo atómico de un isótopo radiactivo) del uranio-238, el torio-232 o el potasio-40. Asimismo, también se generan neutrinos cuando los rayos cósmicos que

226 | SERGIO L. PALACIOS

bombardean constantemente nuestro planeta desde el espacio exterior interaccionan con los núcleos atómicos presentes en la atmósfera, dando lugar a partículas inestables que decaen emitiendo tales neutrinos. Pero la fuente natural más importante de neutrinos es nuestro Sol. Se estima que unos 63.000 millones de estos corpúsculos golpean cada centímetro cuadrado de la Tierra cada segundo de nuestra vida. ¿Qué mecanismo es responsable de la aparición de estas increíbles partículas?

La mayor parte de ellas se crean a través del proceso de fusión nuclear que tiene lugar en el interior del Sol, en su núcleo. Allí tiene lugar la denominada *cadena protón-protón*. A lo largo de esta secuencia, dos núcleos de hidrógeno (dos protones) se fusionan para dar otro de deuterio (un isótopo del hidrógeno en cuyo núcleo conviven un protón y un neutrón), al que acompañan un positrón (la antipartícula del electrón) y un neutrino (denominado, más correctamente, neutrino electrónico). El positrón se combina casi inmediatamente con un electrón del plasma solar, liberando dos fotones gamma y energía. El deuterio, por su parte, se puede combinar, a su vez, con otro protón para dar lugar a un núcleo de helio-3, un fotón gamma y energía. Posteriormente, este helio-3 puede fusionarse de otras tres formas distintas, dependiendo de la temperatura a la que se encuentre el núcleo de la estrella. Por ejemplo, a temperaturas comprendidas en un rango de 10 a 14 millones de grados, se fusionan dos núcleos de helio-3 dando lugar a otro de helio-4 (el isótopo estable), acompañado de dos protones; para temperaturas de entre 14 y 23 millones de grados el helio-3 se fusiona con helio-4, dando como producto un núcleo de berilio-7 y un fotón gamma. Este berilio-7 atrapa un electrón y surge litio-7 junto con un neutrino. Finalmente, el litio-7 se fusiona con un protón y da lugar, de nuevo, a otro núcleo de helio-4. Existen otras dos opciones, mucho más raras. En la primera de ellas, que sólo es dominante a temperaturas por encima de 23 millones de grados, el helio-3 se fusiona con helio-4 para formar berilio-7, que se fusiona con un protón y da boro-8, el cual decae en berilio-8, un positrón y un neutrino. El berilio-8, posteriormente, decae en dos núcleos de helio-4. La importancia de esta reacción consiste en que los neutrinos así emitidos son muy energéticos. Únicamente el 0,11% de la energía de nuestro Sol se produce a través de esta reacción. Más energéticos aún resultan los neutrinos producidos en la cuarta y última forma, consistente en la fusión de un núcleo de helio-3 con un protón, dando lugar a un núcleo de helio-4, un positrón y un neutrino. La probabilidad de que suceda esta reacción de fusión es de tan sólo 3 partes por cada 10 millones.

La gran mayoría de los neutrinos solares es generada en la primera de las fases enumeradas en el párrafo anterior. La energía que poseen estos neutrinos es relativamente pequeña, lo cual hace que sean extremadamente difíciles de detectar. Evidentemente, a mayor energía, más fácil detección. La pega es que los neutrinos más energéticos son los que se producen en las reacciones más raras y menos probables (las dos últimas descritas).

Hasta muy recientemente se pensaba que los neutrinos eran partículas que no tenían masa y, por tanto, debían desplazarse a la velocidad de la luz. Sin embargo, hoy sabemos que esto no es así, sino que su masa, aunque extremadamente pequeña, no es nula. Además, a esto unen su escasísima interacción con la materia. Casi todos los 63.000 millones de neutrinos que llegan a la Tierra y chocan cada segundo con cada centímetro cuadrado de su cara expuesta al Sol salen por la otra cara sin haber interaccionado prácticamente con los más de 12.500 kilómetros de materia con que se han encontrado en su camino. Definitivamente, nuestros viejos amigos Helmsley y Tsurutani han descubierto Roma, América o "la primera reacción física de los neutrinos". Porque de otra forma no se explica que éstos "estén calentando el centro de la Tierra y actuando como un microondas". Quizá de esta peculiar guisa se logren justificar los borbotones galopantes del agua a 5.200 metros en el interior de la Tierra. Pero si a esa profundidad, el agua casi hierve sola, "de la caló que hase"… ¡Vaya una forma sumamente cutre de detectar neutrinos! ¿No sería mejor poner chocolate "fondant" y fabricar Nocilla?

Así pues, se requieren un buen montón más de neutrinos que los miles de millones que nos atraviesan procedentes del Sol a cada momento. ¿Dónde conseguirlos para que los guionistas de *2012* o los agoreros y demás chiripitifláuticos de las profecías mayas puedan ir a esconderse, a llorar y a exhortar al resto de los "mentes cerradas" que no nos damos por enterados? ¿Existe algún acontecimiento en el Universo capaz de producir una densidad de neutrinos suficiente para "microondizar" el interior de nuestro planeta? Pues, a fuerza de ser sincero, la verdad es que creo tener una respuesta: la explosión de una supernova.

En efecto, una supernova constituye uno de los fenómenos cósmicos más increíblemente poderosos. Aunque existen varios tipos de supernovas, y no quiero entretenerme innecesariamente en describirlos, me centraré exclusivamente en unos pocos aspectos, que son los que me interesan ahora. Durante la fase en la que se produce el colapso de la estrella, ingentes cantidades de electrones colisionan constantemente contra protones en el núcleo de la misma. Se generan así muchos neutrones y también gran cantidad de neutrinos. En una explosión de supernova, más del 90% de la energía que se libera se la llevan consigo estos neutrinos. La magnitud de la catástrofe es tan inimaginable que en unos pocos segundos se genera aproximadamente un flujo de unos 10^{58} (1 seguido de 58 ceros), cantidad enormemente superior a la de nuestro propio Sol. Aunque la densidad del plasma que conforma la supernova es muchísimo mayor que la densidad de la Tierra, solamente un escaso 1% de los neutrinos interaccionan en el interior de la estrella explosiva; el restante 99% salen de allí como "neutrino por su casa", sin enterarse apenas de lo que han encontrado por el camino. Y ésta es la parte buena, pues aunque hubiera una supernova tan próxima a nosotros como está el Sol, la única amenaza no sería la lluvia de neutrinos, sino que tendríamos que tener en cuenta asimismo los escombros procedentes de la explosión, la radiación X y gamma, la luz cegadora, los rayos cósmicos que destruirían completamente nuestra capa de ozono atmosférico, dando lugar a cascadas de muones, otras partículas subatómicas más temibles aún que los propios neutrinos debido, esta vez sí, a su alto poder de penetración y su enorme facilidad para producir mutaciones y dañar el ADN presente en las células de todos los seres vivos.

Por si fuera poco y, a pesar de todo lo anterior, el Sol no tiene ninguna posibilidad de devenir en una supernova, pues para ello debería poseer una masa bastante mayor que la que ostenta. Y no veo yo manera de alimentarlo para tal propósito. ¿No serán capaces de hacerlo los agoreros o los magufos, engordar al Sol para que explote y se cumpla la profecía, verdad?

Tampoco resulta una buena solución la existencia de alguna supernova despistada, lo suficientemente cercana a nosotros como para poder llevar a cabo la devastación predicha, ya que la más próxima resulta ser una estrella conocida como Spica, situada en la constelación de Virgo, nada menos que a 260 años-luz de la Tierra. Como explica Phil Plait en su último libro, una supernova debería encontrarse improbablemente cerca de la Tierra para producir un flujo apreciable de neutrinos que nos pudiese afectar. Por encima de 30 años-luz los efectos ya serían despreciables. Claro que eso es aquí y ahora. Plait también afir-

¿Existe algún acontecimiento en el Universo capaz de producir una densidad de neutrinos suficiente para "microondizar" el interior de nuestro planeta? La respuesta podría ser la explosión de una supernova.

ma que, quizá en el pasado remoto, a lo largo de los 4.500 millones de años de su existencia y a causa del movimiento del sistema solar alrededor del centro de la galaxia, es bastante probable que la Tierra se haya encontrado hasta en tres ocasiones con un fenómeno tipo supernova a menos de 25 años-luz de distancia. De ello parece haber constancia en el lecho óceanico. Así, en el año 2004 se encontró en el Pacífico una cantidad anormalmente alta del isótopo hierro-60, del cual se sospecha, casi inequívocamente, puede proceder de una supernova que tuvo lugar hace casi 3 millones de años a una distancia no superior a los 50 años-luz.

Conclusión final: casi con toda probabilidad, el 21 de diciembre de 2012 no sucederá nada especialmente anormal, cuando menos nada relacionado con neutrinos asesinos y calienta-los-cascos. Dejemos, pues, al doctor Helmsley que se fastidie (con "j") y se coma todo el puñetero pescado al curry, sin que se le atragante. Al fin y al cabo, si se le enfría, siempre lo puede recalentar con la inestimable colaboración de unos cuantos miles de billones de neutrinos. ¿No creéis?

Capítulo 26

Confusión humana espantosa

Arderé, pero eso será un mero incidente.
Continuaremos nuestra discusión en la eternidad.

Miguel Servet

Zona de pruebas de la bomba de hidrógeno, desierto de Nevada, 1955. Brian Bell y su preciosa esposa Peggy se han prestado voluntarios para probar la seguridad de un refugio antinuclear. El premio consiste en una hermosa casita en Phoenix, Arizona. Situado a 7 metros de profundidad y cubierto por paredes reforzadas con plomo de 15 centímetros de espesor, el refugio se encuentra situado a tan sólo 200 metros de la zona cero, el centro mismo de la explosión. Durante meses, el matrimonio Bell ha sido inoculado con dosis de una vacuna experimental que, al parecer, posee efectos antirradiación.

Al fin, llega el gran día. Todo parece normal. Tras la detonación y el tiempo de espera de rigor necesario para que se disipe el humo, el equipo científico descubre que todo ha ido según lo esperado. Pero una sorpresa les aguarda. Ante el aburrimiento de convivir en soledad a varios metros bajo el suelo y seguros de que nadie los puede escuchar, los Bell se han dedicado a lo único que se podían dedicar: jugar a ser los primeros papás nucleares de la historia.

David, el fruto de la atómica relación, es un bebé aparentemente normal. No presenta síntoma radiactivo alguno, salvo una fiebre persistente y una temperatura de 39 ºC. Su madre, aún convaleciente en la cama del hospital, lo coge tiernamente en brazos. De repente, sucede lo inesperado. La temperatura comienza a subir de forma vertiginosa y el cuerpo de Peggy estalla en llamas. Brian intenta salvarla pero perece junto a ella. Increíblemente, David se salva en el último momento.

Horrorizado, el equipo científico comprueba que ha tenido lugar un extraño fenómeno. Únicamente han sido devorados por las llamas los dos cuerpos y los materiales plásticos cercanos. Ningún daño más, ni en las sábanas ni en las numerosas flores que adornan el cuarto. Solamente los cuerpos y los plásticos.

El forense examina los restos de la desdichada pareja y comprueba que «se han consumido hasta la médula», lo que, según él, precisa que la temperatura sea de 6.000 °C. Cualquiera no se consume si se expone a la temperatura de la superficie del Sol, ¿no creéis?

Perplejos ante una situación que desconocen, acuden al pseudocientífico magufete de turno. Y es que la ciencia siempre debe acudir a los poseedores de mentes más abiertas cuando no encuentra la solución al enigma planteado. Los científicos somos tan humildes y generosos en nuestro trato con los animales que nos encanta conocer su opinión y darle crédito. Eso les hace sentirse bien, pobrecillos...

Bien, como os iba diciendo, entra en escena el pseudoctor Vandenmeer (siempre tienen nombres impactantes y que imponen un montón de pseudorespeto), un tipo mal parecido, adornado su rostro con un enorme parche ocular. La pseudoconclusión a la que ha llegado Vandenmeer es que la desdichada pareja ha experimentado el fenómeno de la *combustión humana espontánea* debido a las vacunas y la radiación a las que había sido expuesta. La explicación que proporciona no tiene desperdicio. Os dejo algunas de las perlas de su personal teoría sobre lo acaecido con el matrimonio Bell, para que no me tildéis de tergiversador:

Los artículos de algodón son especialmente invulnerables.

No te pseudofastidia, así cualquiera explica las cosas. Como no se queman las ropas, decimos que son invulnerables y a correr. ¿A 6.000 grados centígrados el algodón es invulnerable? ¿Acaso la temperatura distingue entre unos materiales y otros? ¿O es que se trata de una pseudotemperatura?

Un poco después:

«El cuerpo humano es el motor de combustión de encendido eléctrico más complejo y sorprendente que pueda imaginarse.»

Sí, ya, pero mi querido pseudoamigo Vandenmeer: con todos los respetos, yo prefiero un Ferrari.

Finalmente, algo de pseudosensatez:

«Resulta difícil entender la combustión humana espontánea».

Lo que habéis leído en los párrafos anteriores corresponde a un breve extracto del argumento de la película *Combustión espontánea* (*Spontaneous combustion*, 1990), dirigida por Tobe Hooper, quizá más conocido por haber realizado aquel engendro gore titulado *La matanza de Texas* (*The Texas chain saw massacre*, 1974). La película en cuestión (la primera de ellas, me refiero) tiene joyas absolutamente imprescindibles para los aficionados a la ciencia ficción y la pseudociencia más audaz. A pesar de todo, algunos momentos durante el metraje son realmente brillantes. Dejadme que os cuente un último detalle. Os prometo que no os destriparé más la trama, en caso de que deseéis ver la película. Merece la pena.

35 años después de la muerte de sus padres, David comienza a percibir unos síntomas extraños y se da cuenta de que es capaz de provocar sucesos inexplicables, con sólo desearlo. Constantemente afectado por unas jaquecas terribles, en un momento dado de la acción, acude a su médico de confianza (que le ha atendido desde que era niño), junto a su pareja. Ésta admite que ha estado administrando durante años a David unas píldoras para mitigar su sufrimiento. Y aquí viene el momento glorioso. En palabras salidas de su propia boca:

«Toma unas pastillas que le di para sus dolores de cabeza. Pero en realidad no son una medicina. Son homeopáticas.»

No me negaréis que es un golpe genial. Por un lado, se defiende a capa y espada la combustión humana espontánea y, por el otro, se le da "cañita brava" a la homeopatía. ¡Sublime!

Bien, me dejaré ya de introducciones y de anécdotas y pasaré a asuntos más serios. ¿Tiene algún viso de realidad científica el aludido fenómeno de la combustión humana espontánea? Si os parece, procederé exponiendo algunos conceptos preliminares.

Ante todo, conviene distinguir la combustión humana espontánea de la provocada por poderes telepáticos (piroquinesis). En la primera, un cuerpo humano vivo comienza a arder repentinamente en ausencia de una fuente o foco de ignición externo. Es el caso del matrimonio Bell. En la segunda, la más explotada en el cine, el poder mental es el responsable de que los cuerpos (de todo tipo) estallen súbitamente en llamas. Ejemplos de esto son *Scanners* (*Scanners*, 1981), donde unos individuos

Un cuerpo humano, en principio, no parece demasiado adecuado ni susceptible de arder, y parece difícil que se consuma hasta las cenizas en escasamente unos pocos minutos, tal y como refleja el cine.

con increíbles capacidades telepáticas pretenden dominar el mundo; *Ojos de fuego* (*Firestarter*, 1984) en la que Charlie, una niña, posee la habilidad para provocar el caos más absoluto con su poder piroquinético, adquirido tras ser inoculados sus padres con una muestra experimental de una sustancia sintética elaborada a base de extracto de la glándula pituitaria. Más recientemente, Pyro, uno de los miembros de X-men o Johnny "Antorcha humana" Storm, de los 4 Fantásticos, constituyen buenas muestras de este fenómeno ardiente.

Comenzaré por la primera de las dos fenomenologías referidas en el párrafo anterior.

Los casos documentados (por supuesto, esto no tiene nada que ver con que hayan sido verificados ni demostrados) de combustión humana espontánea se remontan nada menos que al siglo XVII, siendo las primeras investigaciones sistemáticas atribuidas a un tal Jonas Dupont, en el año 1763, y recogidas en su libro titulado *De Incendis Corporis Humani*. Las características particulares que presenta el fenómeno son casi siempre las mismas: ausencia de testigos (la víctima siempre se encontraba sola); cuerpo muy consumido, prácticamente hasta las cenizas; miembros intactos, normalmente cabeza o extremidades; objetos cercanos no afectados de forma importante; presencia en paredes y techos de una sustancia grasa, amarillenta y maloliente.

La enorme variedad de causas que han sido propuestas para dar una explicación a la combustión humana espontánea roza lo estrambótico

Entre ellas, mis favoritas son la del *pyrotrón*, una misteriosa partícula subatómica desconocida, propuesta por Larry E. Arnold allá por 1995 en su libro *Ablaze!*; la otra es la de Jenny Randles, quien ha sugerido la teoría según la cual ciertos tipos de dieta alimenticia pueden llegar a producir una combinación química explosiva en el interior del aparato digestivo. ¡Cuidadín con lo que se come!

Sea como fuere, lo cierto es que un cuerpo humano, en principio, no parece demasiado adecuado ni susceptible de arder, desde un punto de vista puramente científico. En efecto, la combustión es una reacción química en la que deben estar presentes un elemento, que es el que arde (denominado combustible) y otro, que es el que produce o genera la combustión (denominado comburente) y que generalmente es oxígeno gaseoso. Para que la combustión se inicie ha de alcanzarse, además, una temperatura mínima (*temperatura de ignición*) necesaria para que los vapores del combustible ardan espontáneamente a la presión normal (1 atmósfera). Si queremos que la combustión no cese, se precisa además alcanzar la *temperatura de inflamación*, aquella para la que, una vez encendidos los vapores del combustible, éstos continúan por sí mismos el proceso de combustión. Si esta condición no se cumple, el fuego cesa.

Con todo lo anterior, se hace muy difícil explicar que un cuerpo humano se consuma hasta las cenizas en escasamente unos pocos minutos, tal y como refleja el cine o como parece quedar recogido en la mitología del fenómeno. Tan sólo cabe pensar que más del 65% del contenido de un cuerpo humano es agua. ¿Habéis intentado prender fuego alguna vez a un objeto empapado en agua? Más aún, ni en los mismísimos hornos crematorios de los tanatorios se logra reducir el cadáver a cenizas. La temperatura del incinerador suele superar los 800 ºC, incluso llega hasta los 1.100 ºC, durante varias horas, hasta que la mayor parte del cuerpo se vaporiza, quedando al final un residuo de entre unos 2-4 kilogramos formado por fragmentos óseos de diferentes tamaños, pero que ni siquiera se pueden denominar propiamente cenizas. Éstas se obtienen tras un proceso mecánico posterior.

La explicación científica más plausible al fenómeno de la combustión humana espontánea es la conocida como "efecto vela". En lugar de admitir un corto tiempo para el fenómeno (recordad que nunca hay testigos y, por tanto, no se puede saber si la combustión ha tenido lugar en poco o mucho tiempo), se cree con bastante certidumbre que el proceso se ha extendido en el tiempo durante varias horas. La gran mayoría de las víctimas suelen ser ancianos que vivían solos, fumadores, o personas que habían ingerido somníferos y/o sumamente descuidadas.

El combustible más probable, según el modelo del efecto vela, sería el tejido adiposo subcutáneo, es decir, la grasa corporal, ya que su contenido en agua no supera el 10%, lo que lo hace mucho más susceptible a la combustión. Así pues, el fuego se iniciaría de forma natural (un cigarrillo, una estufa, etc.) sobre la víctima indefensa o impedida (dormida, por ejemplo). Lo primero que ardería serían sus ropas (aunque sean de algodón, ¿eh, pseudoctor Vandenmeer?), extendiéndose posteriormente al cuerpo. La grasa subcutánea comenzaría a fundirse a partir de unos 215 ºC y, al empaparse las ropas, éstas actuarían como la mecha de una vela, pudiendo sostener el fuego durante horas y de forma muy localizada. Esto explicaría los escasos daños en los objetos circundantes y la presencia de la sustancia amarillenta y grasienta en suelos y techos (se trataría de grasa humana no quemada completamente). En 1998, el doctor John de Haan, forense del instituto criminalístico de California, realizó un experimento consistente en envolver un cerdo muerto en una manta y prenderle fuego. El proceso se extendió en el tiempo durante más de 5 horas, alcanzándose a medir temperaturas de más de 750 ºC y pudiéndose comprobar que los daños ocasionados eran del todo similares a los que, aparentemente, se dan en un proceso de combustión humana espontánea. Las extremidades del animal quedaron intactas en las zonas no cubiertas por la manta. ¿Se requieren suposiciones irracionales, pseudocientíficas o mágicas para explicar presuntas fenomenologías paranormales?

Voy ahora con la segunda de las dos variantes que os señalaba hace ya un buen montón de párrafos. Me refiero, en concreto, a la combustión provocada por poderes telequinéticos.

Los parapsicólogos (individuos de reconocidísimo prestigio, titulados en la Universidad de Miskatonic) explican los poderes piroquinéticos como la habilidad que poseen ciertas personas para lograr excitar los átomos de un objeto, generando suficiente energía en su interior como para incendiarlo. Hasta aquí el argumento parece bastante razonable. En efecto, la temperatura de un cuerpo no es otra cosa que una medida de la agitación de sus átomos o moléculas. Cuanto mayor sea la velocidad de estos constituyentes básicos de la materia, tanto más alta será la temperatura alcanzada. Ahora bien, el problema surge cuando

Johnny "Antorcha humana" Storm, de los 4 Fantásticos, es un ejemplo de piroquinesis.

uno intenta aportar pruebas científicas de los supuestos poderes paranormales de algunas personas. ¿De dónde sale la energía necesaria para producir los fenómenos? ¿Por qué nunca hemos sido capaces de medirla en experimentos controlados? ¿Por qué el premio de la Fundación Randi sigue desierto? ¿Somos todos tontos de capirote o qué?

Una cosa es la combustión humana espontánea, otra es la combustión (humana o no) provocada supuestamente por seres misteriosamente dotados de poderes que exceden nuestra comprensión y otra muy diferente es la combustión espontánea real, verdadera, científica e indiscutible y perfectamente entendida. Me refiero al fenómeno conocido como *piroforicidad* (no sé si es el término correcto, correspondiente al original inglés *pyrophoricity*). Se trata de una propiedad que presentan ciertas sustancias y que consiste en la ignición de las mismas por simple roce con el aire. Entre estas sustancias se pueden encontrar algunas como el silano, el rubidio, la fosfina, el diborano, determinados compuestos del plutonio, el uranio, etc. Mención aparte merece el cesio, el cual, en estado líquido suele inflamarse espontáneamente debido a que su punto de fusión es de tan sólo 28,5 ºC. En combinación con el agua, forma hidróxido de cesio y gas hidrógeno, dándose una reacción extremadamente exotérmica. Sucede de forma tan rápida que, si tiene lugar en un envase cerrado, éste explota violentamente. Además, el hidróxido posee propiedades altamente corrosivas, pudiendo disolver carne y huesos humanos. Y esto, si lo supiesen los charlatanes pseudopamplineros, sí que podría constituir una auténtica combustión humana espontánea. Lo demás, es pura confusión humana espantosa...

Capítulo 27

Penetraciones cuánticas

Claro que hay que romper las barreras, pero ¿con qué ariete?
Rosa Chacel

En la película producida en el año 1959, *4D Man* (algo así como *El hombre de la cuarta dimensión*), el brillante científico Tony Nelson investiga una nueva propiedad de la materia. Mediante el empleo de una clase de amplificador de su invención consigue que cualquier objeto adquiera unas propiedades increíbles consistentes nada más y nada menos que en poder pasar a través de cualquier otro cuerpo con el que se pone en contacto. Inesperadamente, un accidente en el laboratorio acaba con el traslado de Nelson a otro centro de investigación donde trabaja su hermano Scott, quien ha descubierto (familias así de productivas hacen mucha falta) un nuevo material denominado *cargonita*, cuya densidad resulta ser tan grande que lo hace prácticamente impenetrable (una de esas casualidades que suelen darse en las películas de serie B). Pero, ay amigo, que no todo tenía que ser devoción científica y es que resulta que en el mismo laboratorio trabaja, asimismo, la novia de Scott, una chica maja de verdad. Y claro, al hermano Tony no se le ocurre otra cosa que birlársela en sus propias científicas narices.

Indignado y herido en lo más profundo de su ser, con un deseo sobrehumano y desmedido por la penetración (de los cuerpos), Scott Nelson decide experimentar en sus carnes el terrible poder del dispositivo amplificador diseñado por su hermano Tony, consiguiendo no solamente adquirir la habilidad de traspasar las paredes, sino también la impenetrable y hasta entonces virginal *cargonita* (a falta de pan, buenas son tortas). Pero como todo ser humano imbuido de un poder cuasidivino, la ambición, la envidia, la sed de venganza y toda una lista de cosas malas malísimas se apoderan de su persona. Dotado de la capacidad para atravesar paredes a voluntad, los primeros escarceos resultan un tanto inocentes, como el de introducir las manos en un buzón de

En *4D Man* el científico Tony Nelson investiga una nueva propiedad de la materia. Mediante el empleo de una clase de amplificador de su invención consigue que cualquier objeto adquiera unas propiedades increíbles consistentes en poder pasar a través de cualquier otro cuerpo con el que se pone en contacto.

correos y extraer la correspondencia (¿cómo habrán adquirido las cartas el poder de pasar a la cuarta dimensión?). Sin embargo, no todo resulta ser de color de rosa. De forma accidental, Scott descubre amargamente que su poder va acompañado de una fatal maldición. En efecto, cada vez que hace uso de su recién adquirida habilidad, su cuerpo experimenta un envejecimiento enormemente acelerado. La terrible solución no se hace esperar. La única manera de sobrevivir consiste en asesinar a otras personas al atravesar sus cuerpos y apoderarse de su "energía vital". En un último y desesperado acto de lucidez, Scott Nelson decide poner fin a su propia existencia, materializándose en la aburrida tercera dimensión, justo en el preciso momento de traspasar uno de los sólidos muros de su laboratorio.

Y ahora que ya he conseguido felizmente destrozar toda la película, paso a comentar otras cosas no menos interesantes. Bien, los que seáis fans de los cómics seguramente conoceréis las fantásticas habilidades de superhéroes como Flash (no el de apellido Gordon, sino el otro, el velocípedo compulsivo), capaz de desplazarse a tal velocidad que, haciendo vibrar de forma harto vertiginosa las moléculas de su cuerpo, podía hacer gala de los mismos beneficios materiales que nuestro amigo Scott Nelson. Asimismo, Kitty Pryde o Gata Sombra (en hispano de toda la vida), una de las heroínas de los indescriptibles X-Men, posee el dominio del estado de agitación de todas las partículas de su cuerpo serrano, de tal forma que entre ellas puedan desplazarse las de otros, ya sean igual de serranos o no. Otro individuo agraciado con el don de la penetrabilidad en la cuarta dimensión, pero éste ya no perteneciente al campo de la ciencia ficción, sino más bien al de la lágrima fácil y sensiblera, es Sam Wheat, el *Ghost* interpretado en 1990 por el guaperas bailarín de poca monta, el ya fallecido Patrick Swayze. Por aquel entonces, el pobrecillo Sam sufría y sufría atravesando paredes, puertas y cuerpos de charlatanas con poderes paranormales, y lloraba y lloraba e incluso aprendía a patear y patear latas de refresco en la estación del metro, mientras hacía gala de una versatilidad sin parangón a la hora de dejar a voluntad la cuarta dimensión y entrar en la tercera como "Peter by his house". Cuestión de concentración, nada más.

Algo más recientemente, la película *Doom* (*Doom*, 2005), basada en el videojuego del mismo nombre, aborda, como no podía ser de otra forma viniendo de donde venía, el tema del cruce genético entre humanos y marcianos para dar unos híbridos horripilantes y muy malos con los que los soldados de élite de turno tienen que acabar de la forma más sanguinaria y visceral posible, equipados con el armamento más futurista y sofisticado. Pero, a lo que voy, los laboratorios de investigación biológica de las instalaciones en Marte, disponen de unos tabiques enormemente curiosos, denominados "nanoparedes". Al conectar un interruptor, éstas adquieren la propiedad de ser fácilmente traspasables por otros cuerpos. La finalidad de dichas nanoparedes no queda muy clara, a no ser que se pretendiese con ellas atrapar a criaturas mutantes enloquecidas desconectando el interruptor cuando éstas intentasen atrapar a los incautos humanos al otro lado de las mismas. Capacidad de previsión, sin duda.

Finalmente, al menos en lo que respecta a mis conocimientos, y en el campo de la literatura, el prolífico H.G. Wells abordaba el tema de la cuarta dimensión espacial allá por el año 1897 (con el tiempo ya lo había hecho dos años antes en *La máquina del tiempo*) en un relato breve titulado *La historia de Plattner*. En él se narra la odisea de un profesor de química quien, en el transcurso de un experimento con pólvora verde en su aula, sufre un accidente y desaparece durante nueve días. En su ausencia de "este mundo", parece encontrarse en un extraño lugar que él mismo denomina el *Otro Mundo*, donde todo aparece bajo un extraño tono verdoso a causa de la luz del mismo color que posee el sol cuya luz inunda dicho mundo. Cuando el Otro Mundo se ilumina, el nuestro se oscurece y viceversa, resultando aquél invisible para éste. De esta manera, Plattner es capaz de observarnos, pero ni es observado ni tampoco puede comunicarse con los seres que ha dejado atrás.

Justo después de sufrir el accidente, Plattner experimenta cómo su cuerpo es atravesado «como si éste estuviera hecho de niebla, como si fuese inmaterial», por varios de sus alumnos. Al cabo de nueve días, Plattner regresa de forma inesperada. Desde entonces, ya no parece ser el mismo. Su corazón se encuentra ahora en el lado derecho del tórax, escribe de derecha a izquierda y también algunos de sus rasgos fisonómicos se han invertido. Acaba de visitar a los *Vigilantes de los Vivos*...

Zidane nunca atravesará a Materazzi, ni en toda la edad del Universo

¿Puede, entonces, una persona atravesar una pared sólida desde uno de sus lados y aparecer como si tal cosa al otro? ¿No resultaría fascinante poder observar lo que se oculta tras los muros del vestuario de los chicos o las chicas? ¿Qué me decís de introducir la mano a través de la ropa y que ésta no te moleste a la hora de acariciar lo que deseas? Huy, quién no se relame de gusto con tan sólo imaginarlo. ¿Y sacarles de las entrañas las monedas a las máquinas tragaperras, sin necesidad de pagar un precio? Ah, qué sensación tan indescriptible al meter la mano en el cajón de la cómoda y extraer las prendas de ropa interior limpias, sin necesidad de tener que abrir primero y cerrar después. Pasando a cosas no tan divertidas, pero en cambio con una mayor reconocimiento social, ¿no sería genial poder operar a un paciente enfermo sin necesidad alguna de abrirlo en canal, simplemente introduciendo nuestras manos en su viscoso y pringoso interior? Oh, cuántas cosas podríamos llevar a cabo con unos poderes tan increíbles como los de Scott Nelson, Sam Wheat, Kitty Pryde, Flash o el mismísimo Plattner, los protagonistas involuntarios de este asombroso capítulo.

Está bien, dejemos por un momento las idioteces (no creo que sea capaz por mucho tiempo, sinceramente) y centrémonos un poco en la ciencia. ¿Realmente, tenemos alguna posibilidad de llevar a cabo hazañas como las que he expresado un poco más arriba o, por el contrario, semejantes proezas son tan sólo el producto de los delirios de los guionistas de cine o los autores de ciencia ficción? Veamos, como ya sabéis de qué va este libro que tenéis entre las manos, habrá parte de rigor científico y parte de pura fantasía. Empecemos por el primero.

Quien más quien menos sabe o tiene la dolorosa experiencia de que si se dirige a una velocidad inusualmente alta y sitúa su bien formada cornamenta justo enfrente de un paredón de cemento, la consecuencia más leve puede ser, además del consabido mamporro, una deformación craneal de tipo ovoide, con unas secuelas tanto más graves cuanto mayor sea la energía cinética (dicho de forma más clara, la velocidad) del individuo en cuestión, o el grosor de la pared. Ni siquiera acomodarse el cuero cabelludo en el interior de un casco vikingo dotado de intimidadora cornamenta puede servir de ayuda para la consecución de un fin tan loable como el de atravesar el sólido muro a base de correr hacia él a todo lo que sean capaces de dar nuestras fornidas y bien torneadas extremidades inferiores.

Ahora bien, una treta que nos podría venir de perlas consistiría en construir un rayo miniaturizador y dispararnos con él a nosotros mismos hasta reducir nuestras dimensiones al tamaño de un minúsculo electrón, pongamos por caso. ¿Y por qué hacer esto, me diréis? Pues simplemente, para aprovecharnos de las bondades de la teoría cuántica. Veamos, cuando este modelo del mundo físico comenzó a desarrollarse, allá por los primeros años del siglo pasado, un aristócrata francés llamado Louis de Broglie propuso (en su tesis doctoral) que cualquier objeto material se podía comportar también como una onda, con una longitud asociada que venía dada por el cociente entre la famosa *constante de*

Planck y el momento lineal del propio objeto (el momento lineal es el producto de la masa por la velocidad del mismo). Semejante afirmación permitía explicar, entre otras muchas cosas, por qué las partículas atómicas y subatómicas pare-

En *Doom* (*Doom*, 2005), basada en el videojuego del mismo nombre, se aborda el tema del cruce genético entre humanos y marcianos para dar unos híbridos horripilantes y muy malos.

cían comportarse como corpúsculos en unas ocasiones y como ondas en otras; en cambio, una pelota, un animal o una persona difícilmente exhibían sus propiedades ondulatorias. La razón estaba en lo extremadamente pequeño del valor de la constante de Planck y lo extremadamente grande que era el valor del momento lineal de un cuerpo físico de tamaño macroscópico, como podía ser una persona. Como ejemplo aclarador, se puede ver de forma elemental que la longitud de onda asociada a una partícula como un electrón que se desplazase a una velocidad de 30.000 km/s sería de aproximadamente 0,25 angstroms (1 angstrom son 0,0000000001 metros), un valor que corresponde a los denominados rayos X muy duros, casi en la frontera de la poderosa radiación gamma. En cambio, una persona de 80 kg que se desplazase a una velocidad de unos 20 km/h presentaría una longitud de onda de tan sólo la cuatrillonésima parte de una billonésima de metro (0,0000000000000000000000000000000000001 metros). No existe en este mundo, ni en ninguno otro conocido, instrumento capaz de detectar una onda tan extremadamente minúscula como ésta. Por tanto, una persona siempre se comportará como un corpúsculo, a no ser que se incrementen de forma descomunal bien su masa, bien su velocidad, o ambas al mismo tiempo.

Profundizando un poco más en la cuestión, cuando el comportamiento ondulatorio de un cuerpo físico se pone de manifiesto, la teoría cuántica predice consecuencias que, cuando menos, parecen violar el sentido común. Para ilustrar lo anterior, imaginaos que disponéis de un alambre rectilíneo y horizontal y que lo presionáis en sentidos opuestos por cada extremo, de tal manera que se forme una especie de joroba en su parte central. Si ensartáis una esfera por un extremo y le proporcionáis un impulso pueden suceder dos cosas: si no le dais suficiente energía inicial, cuando la esfera llegue a la pendiente de subida no alcanzará la parte superior y volverá a descender por el mismo sitio, ahora con una velocidad inferior a la que llevaba inicialmente, invirtiendo el sentido de su marcha; en cambio, si le dais un empujón suficientemente grande, subirá por la parte ascendente de la joroba y descenderá por el otro lado, continuando su marcha a una velocidad ligeramente inferior (estas disminuciones en la velocidad de la esfera se deben al rozamiento que experimenta con el alambre). En física, denominamos a la joroba "barrera de potencial" y cuando la esfera pasa de un lado al otro de la misma decimos que ha atravesado dicha barrera de potencial. Continuando con la analogía, una pared también representa una barrera de potencial y la única diferencia ahora con respecto al ejemplo anterior es que dicha barrera es formidable. ¿Por qué? Pues simple y llanamente porque si la pretendiésemos atravesar deberíamos vencer las igualmente formidables fuerzas de repulsión eléctricas que aparecerían entre los electrones que conforman tanto los átomos de nuestro cuerpo como los de la pared. Ahora bien, consideremos el caso de un solo electrón que se enfrente a una única barrera de potencial (un ejemplo sería un electrón que se mueve libremente por la superficie de un metal. En este caso, tal superficie representa la barrera de potencial). La mecánica cuántica afirma que, aun cuando la velocidad a la que el electrón se acerca a la superficie metálica no es suficientemente elevada como para superar el valor de la fuerza de repulsión ejercida por la superficie del metal, el electrón tiene una cierta probabilidad de saltar y alcanzar la libertad, escapando del metal. En el ejemplo del alambre, sería equivalente a que cuando se lanzase la esfera con una velocidad muy pequeña, ésta, de repente, apareciese al otro lado de la joroba, aunque fuese arbitrariamente alta. Semejante fenómeno recibe el nombre de "efecto túnel cuántico".

Evidentemente, el electrón tendrá una probabilidad de salir del metal tanto mayor cuanto más elevada sea su velocidad. Análogamente, cuanto más ancha y más alta sea la barrera de potencial, más dificultosa será la huída del electrón. Lo más curioso del caso es que la experiencia ha corroborado en innumerables ocasiones que todo lo anterior es rigurosamente cierto y sucede, de hecho, en el mundo real (toda la electrónica actual, los microscopios de efecto túnel, etc. funcionan siguiendo escrupulosamente estos principios). Como es obvio, hablar de probabilidades equivale a hablar de estadística. No es que el electrón escape siempre y atraviese la barrera de potencial, sino que, como se encuentra siempre vibrando y moviéndose a velocidades elevadas, el número de veces que choca contra la pared por unidad de tiempo es muy elevado y, claro, en alguno de estos incontables intentos lo consigue. Sin embargo, una persona o una pelota que se lanzasen al estilo kamikaze contra un muro de hormigón armado, necesitarían velocidades inimaginablemente elevadas (incluso aunque la pared fuese de un grosor despreciable) y así y todo el número de intentos previo al éxito debería ser tan grande que, total, para llegar al otro lado con la cabeza hecha mantequilla derretida, apenas si merece la pena el esfuerzo.

244 | SERGIO L. PALACIOS

Unos sencillos ejemplos numéricos os resultarán del todo revelado-res. Para un electrón que pretendiese pasar al otro lado de una barrera de 1 angstrom (la diezmilmillonésima parte de un metro) de espesor y una altura de 1 electrón-volt (más o menos la minúscula energía que se necesita para mantener unidas a dos moléculas) y dispusiese de una energía cinética de tan sólo 0,999 electrón-volts, su probabilidad de éxi-to ascendería hasta el 97%, es decir, de cada cien intentos, sólo fracasa-ría en tres. En cambio, una persona de 75 kg caminando hacia una pa-red de 15 cm de grosor a una velocidad de 7 km/h, aun cuando la "altura" de la pared fuese tan sólo de 1 joule por encima de la energía ci-nética de la persona, tendría una sola oportunidad de éxito entre x (siendo x un 1 seguido de diez mil millones de cuatrillones de ceros). Demasiados coscorrones para espiar los cálidos y húmedos vestuarios. Mejor probar suerte con las apuestas…

Métodos de barrera

Recapitulando, hasta ahora hemos visto cómo a Scott Nelson o a Kitty Pryde les resultará verdaderamente complicado atravesar paredes sóli-das, si es que pretenden hacerlo utilizando el efecto túnel cuántico. La razón principal es que, afortunada o desafortunadamente, los cuerpos de tamaño macroscópico, como son las personas, no pueden manifes-tar comportamientos ondulatorios observables debido a que las longi-tudes de onda asociadas son extremadamente pequeñas y, por tanto, resulta prácticamente imposible extrapolar los resultados que predice la mecánica cuántica para partículas subatómicas cuyas longitudes de onda asociadas son mucho mayores. Ni siquiera servirían las "nanopa-redes" de la película *Doom*, de la que ya hemos hablado al principio del capítulo. En efecto, un posible mecanismo de funcionamiento de estas nanoparedes podría consistir en que, cuando se conecta el interruptor para atravesarlas, lo que estaríamos haciendo sería probablemente re-ducir drásticamente la diferencia energética entre la barrera de poten-cial y el cuerpo que se dispusiera a pasar a su través, incrementándose sustancialmente la probabilidad de éxito del efecto túnel. Lo malo es que para aumentar una probabilidad de uno entre un uno seguido de diez mil millones de cuatrillones de ceros, hay que reducir mucho, mu-cho, mucho, la barrerita de marras. Y todo ello sin decir nada de nada sobre cómo proceder para reducir la altura de la barrera. ¿Transformando la fuerza repulsiva en atractiva mediante manipulación de los espines de las partículas subatómicas? ¡Buuu, qué miedo!

De todas formas, imaginaos por un momento que se diese, habitualmente, un fenómeno como el efecto túnel cuántico macroscópico, es decir, para cuerpos de gran tamaño. ¿Cómo es posible entonces que nuestros audaces protagonistas puedan atravesar un muro sólido que se encuentra frente a ellos y, sin embargo, sean capaces de caminar sobre el suelo al mismo tiempo? ¿No estamos ante una inconsistencia lógica flagrante? Parece evidente que, en efecto, así es. Pero, sin embargo, si profundizamos un poco más en los misterios de la física cuántica, lo anterior no parece tan evidente. Al menos, así opina James Kakalios en su fascinante libro *La física de los superhéroes*. Para el profesor Kakalios, lo que hacen, tanto el doctor Nelson como la X-woman, se ajusta perfectamente a las leyes físicas, siempre que se admita que tales personajes poseen el poder cuántico, ya sea mutante o adquirido mediante dispositivos diseñados a tal efecto. La explicación es bastante simple. Veréis, resulta que el fenómeno del efecto túnel tan sólo puede tener lu-

En *Ghost* Sam, su protagonista, es lo que se conoce vulgarmente como espectro o fantasma. Si se parte de la definición de que la inmaterialidad es la ausencia de interacción con otras sustancias materiales, ¿cómo se hace encajar esto en la forma de andar por el suelo del protagonista? Para caminar, los pies deben ejercer necesariamente una fuerza sobre el suelo, empujando a éste hacia atrás.

246 | SERGIO L. PALACIOS

gar cuando la energía de la partícula que atraviesa la barrera de potencial es exactamente igual a los dos lados de ésta. ¿Qué quiere decir esto? Pues sencillamente que la partícula no puede, de ninguna manera, intercambiar energía mientras tiene lugar el extraordinario acontecimiento de la penetración (de barrera, por supuesto). ¿No es el sueño de todo actor de cine de látex y silicona? Ejem, esto... quiero decir, volvamos al asunto. Suponed, por un momento, que nuestro osado científico, Scott Nelson, cayese a través del suelo al mismo tiempo que cruza de un extremo al otro la pared sólida. Al acelerar hacia abajo, debido a la acción de la gravedad, su velocidad aumentaría y, consecuentemente, su energía cinética. Así pues, al llegar al otro lado de la pared, su energía se habrá incrementado, violando la conservación de la misma que había establecido un poco más arriba. Por otro lado, en caso de querer frenar, debería transferir parte de su energía cinética a sus alrededores, con lo que estaríamos de nuevo en el mismo problema. Según el profesor Kakalios, tanto Nelson como Kitty Pryde, no podrían caminar mientras atraviesan las paredes (por lo que acabamos de ver). Entonces, ¿cómo han de proceder para conseguir su propósito? Pues muy sencillo, ya que únicamente deben caminar normalmente mientras se aproximan al obstáculo que quieren franquear; a continuación "sintonizan" su "poder cuántico" (funcione éste como funcione), saliendo, finalmente, al otro lado, con la misma energía con la que llegaron. En caso de que necesitasen atravesar el suelo, no tendrían más que saltar hacia arriba ligeramente (con el sintonizador cuántico apagado) y justamente antes de que sus pies contactasen, conectar el superpoder, de nuevo. Cuando saliesen por la parte de abajo del suelo, su energía sería la misma que en el instante en que entraron; ahí mismo adquirirán su aspecto normal (apagando el sintonizador) y comenzarán a acelerar hacia abajo como consecuencia del efecto de la gravedad. Si hubiese una gran distancia hasta el siguiente nivel inferior, lo más razonable sería mantener el sintonizador del superpoder encendido hasta llegar al punto de contacto con el suelo, ya que, en caso contrario, los efectos secundarios de la penetración podrían no tener un efecto relajante en absoluto, recordando más bien al acto sexual de los conejos, los cuales sufren peligrosas pérdidas del equilibrio tras el acto.

Sea cual sea el mecanismo o el fenómeno físico mediante el que nuestros protagonistas disfrutan de esta extraordinaria capacidad para evitar obstáculos de naturaleza sólida y no verlos delante, el hecho es que el efecto túnel cuántico, aunque permite explicar algunos de los comportamientos observados, no parece justificar en modo alguno otros. Me estoy refiriendo, en concreto, a los efectos secundarios que experimenta el doctor Nelson cuando atraviesa muros y demás adoquines, envejeciendo súbitamente. En la actualidad no se conoce ningún efecto túnel cuántico que provoque canas y mucho menos uno que las elimine tras atravesar a una persona viva de pecho a espalda. Habrá, pues, que seguir utilizando productos químicos como los socorridos y populares Just for Men o Grecian 2000.

¿Habrá alguna otra alternativa que sea más plausible a la hora de dejar secos y listos para el cajón de pino de turno a los desafortunados "atravesados"? Puede que sí. Puestos a especular, imaginad por un instante que Scott Nelson poseyese el poder de transformar cada átomo o partícula material de su cuerpo en radiación electromagnética de altísima frecuencia. Todos habéis visto en alguna ocasión lo que hace la radiación ultravioleta con nuestra piel, y no digamos ya los poderosos rayos X, capaces de atravesar tejidos blandos, pero no los óseos. Si seguimos ascendiendo en frecuencias, llegamos a la terrible y temible radiación gamma, la cual atraviesa sin ninguna dificultad materiales sólidos, como pueden ser paredes convencionales o cuerpos humanos. Evidentemente, esa misma radiación gamma podría provocar unos enormes daños biológicos en los tejidos de un cuerpo humano, matándolo en un lapso de tiempo relativamente corto, dependiendo de la dosis recibida. Si una fracción de la radiación de alta frecuencia que conforma el cuerpo del doctor Nelson quedase atrapada, al ser absorbida por la pared correspondiente, esto también podría explicar su envejecimiento transitorio, por lo menos en un cierto sentido más cienciaficcionero que otra cosa.

¿Y qué decir de nuestro enamorado fantasma, el ñoño Sam "Ghost" Wheat? Otro tipejo soso, meloso, baboso y lloroso que pasa por puertas, ventanas y demás puntos de acceso, a la vez que es capaz de asentar sus inmateriales posaderas sobre el taburete de la cocina sin autopropinarse directamente un buen mamporro en los cuartos traseros. En este caso, el asunto científico es algo diferente de los ejemplos anteriores, ya que Sam no es una persona al uso, sino que es lo que se conoce vulgarmente como espectro o fantasma; vamos, que no llega a ectoplasma por poco. Pues bien, si se parte de la definición, bastante lógica por otra parte, de que la inmaterialidad es la ausencia de interacción con otras sustancias materiales, ¿cómo se hace encajar esto en la forma de andar por el suelo de nuestro melindroso espectro? Para caminar, los pies deben ejercer necesariamente una fuerza sobre el suelo, empujando a éste hacia atrás. La tercera ley de Newton de los cuerpos no inmateriales afirma que el suelo (más bien, el rozamiento entre éste y el zapato) debe impulsar al pie hacia adelante con la misma fuerza. Luego si el suelo, que es una entidad material mientras no se demuestre lo contrario, interacciona con un pie de espectro, que se supone inmaterial por definición, y viceversa, ¿no estamos pasándonos por el arco de triunfo la naturaleza inmaterial del fantasma? ¿En qué quedamos, es material o es inmaterial? En el segundo caso, se violan las leyes archiconocidas y archidemostradas de la mecánica clásica. En el primer caso, si el espectro, efectivamente, interacciona con nuestro mundo material, ¿cómo es que no podemos verlo ni tocarlo, a no ser a través de la chafardera y casposa médium interpretada por la cargante Whoopi Goldberg?

Para no extenderme hasta el infinito e ir terminando, si las barreras de potencial y los efectos túnel cuánticos no sirven; si las nanoparedes no parecen solucionar el problema; si la conversión de materia en radiación electromagnética de muy alta frecuencia tan sólo justifica parcialmente determinados fenómenos cuasiparanormales y si, por último, los seres inmateriales pierden su cacareada inmaterialidad ante las leyes básicas de la física conocida, ¿qué solución nos queda? ¿El acceso o paso a una dimensión espacial superior? ¿La cuarta dimensión? ¿Os acordáis de lo que le acontecía a Gottfried Plattner, el profesor de química protagonista del relato de H.G. Wells? Durante uno de sus experimentos en presencia de sus alumnos, desapareció repentinamente durante nueve días. Al regresar, sus rasgos anatómicos se habían invertido de derecha a izquierda y viceversa. Había sido testigo de acontecimientos increíbles y asombrosos, como presenciar su cuerpo, mientras éste era atravesado por algunos de sus estudiantes, o como ver sin ser visto. ¿Qué le había sucedido? ¿Había quedado atrapado en la cuarta dimensión durante todo aquel tiempo, nueve largos días?

¿Qué podría contarnos sobre su fantástica experiencia un ser que procediese de una dimensión superior a la nuestra? Para responder esta pregunta, resulta muy gráfico pensar en dos dimensiones. Imaginad que existiese un planeta parecido al que describe Hal Clement en su novela *Misión de gravedad* (*Mission of Gravity*, 1954), con un campo gravitatorio en la superficie tan intenso que todos sus habitantes fuesen animales muy largos y aplastados, semejantes a gusanos aplanados. Para estos seres la tercera dimensión sería prácticamente una fantasía, una idea, como poco, extravagante y producto de la loca imaginación de algunos científicos chiflados. Pues bien, los gusanos planos, es decir, bidimensionales, quedarían completamente perplejos ante fenómenos como los protagonizados por Scott Nelson o Kitty Pryde. Veamos. Suponed que los gusanos viven en guaridas planas en forma de hexágono. La única manera que tienen de salir o entrar en su hogar es abriendo una de las seis paredes de las que consta. ¿Qué ocurriría si un ser humano y, por tanto, tridimensional, cogiese en su mano a uno de estos gusanos en su guarida (con todas las puertas cerradas), lo acercase hasta tocar una de las paredes y, a continuación, lo levantase por el aire, sacándolo de allí y volviendo a depositarlo al lado de la misma pared, pero ahora por la parte exterior de la casa? Su gusano-esposa, totalmente ajena a lo que llamamos tercera dimensión, habría observado cómo su gusano-marido desaparecía del domicilio conyugal, haciendo acto de presencia por el lado de fuera, dando la sensación de haber atravesado la pared como hace un cuchillo al penetrar en la mantequilla. Y no solamente eso, suponiendo que estos gusanos bidimensionales tuviesen corazón, y lo tuviesen en el lado izquierdo de su tórax, y suponiendo que el ser humano que lo transportó por la tercera dimensión espacial le diese intencionada o equivocadamente la vuelta por el aire para depositarlo al otro lado de la pared, ¿dónde estaría ahora situado el corazón del gusano? ¿No aparecería, extraña y misteriosamente, en el lado derecho del pecho? Entonces, si Plattner es un hombre tridimensional y existiese una cuarta dimensión o seres suprahumanos tetradimensionales, ¿qué sucedería?

Capítulo 28

Bricolaje extravagante

El instante es la continuidad del tiempo, pues une
el tiempo pasado con el tiempo futuro.
Aristóteles

Materiales necesarios:
Espuma cuántica
Acelerador de iones pesados
Iones pesados (por supuesto)
Bombas termonucleares (unas cuantas bastarán)
Materia exótica (cuanta más, mejor)
Láseres
(Opcional) Agujero negro (si es de tamaño microscópico, tanto mejor)
Electrones u otras partículas con carga eléctrica
(Opcional) Estrella de neutrones
(Opcional) Nave espacial hiperveloz

Eleanor "Ellie" Arroway solía fantasear desde niña con las estrellas, los planetas, las galaxias. Siempre acompañada por su padre, adquirió una emisora de radio con la que disfrutaba comunicándose con otras personas, de un extremo al otro lado del país. Pero su sueño más anhelado iba mucho más allá: llegar a hablar con su madre, fallecida siendo Ellie muy pequeña, entablar contacto con otros seres inteligentes, en otros mundos lejanos, en otras partes del Universo. Después del fallecimiento también de su padre, Ellie tuvo que aprender a vivir sola, a pensar sola, desterrando para siempre de su mente la idea de Dios. Todo debía tener una explicación racional, científica; no había sitio para la fe. Con el paso de los años, Ellie creció y se convirtió en la doctora Eleanor Arroway: astrofísica. Su trabajo, ninguneado por la gran mayoría de colegas, consistía en escuchar señales de radio procedentes del espacio profundo, de otras estrellas. Ellie era una investigadora del proyecto

Ellie (Jodie Foster) escucha una señal extraterrestre procedente de la estrella Vega.

SETI (Search of Extra Terrestrial Intelligence). Una noche, cuando la paciencia y el apoyo económico estaban a punto de agotarse, en el radiotelescopio del observatorio, de repente, se escucha una señal extraterrestre procedente de la estrella Vega, en la constelación de Lyra, nada menos que a 26 años luz de la Tierra. Codificadas en esta señal, aparecen cientos de páginas llenas de instrucciones precisas para construir lo que parece ser una nave espacial muy avanzada.

De manzanas y gusanos

El párrafo anterior hace alusión a la película *Contact* (*Contact*, 1997) dirigida por Robert Zemeckis y basada en la novela homónima de Carl Sagan, publicada en 1985. La historia de la gestación de esta novela es enormemente curiosa. Durante la primavera de 1985, Sagan llamó por teléfono a su amigo Kip S. Thorne, quien por aquel entonces se encontraba trabajando en el Instituto Tecnológico de California, para pedirle consejo y asesoramiento sobre la física involucrada en su novela. Sagan quería que la ciencia involucrada en su manuscrito fuese lo más correcta posible, ya que la forma de viajar hasta Vega que proponía consistía en utilizar agujeros negros como medios de transporte y Thorne era un experto reconocido mundialmente en la física de los agujeros negros. Pero Thorne se dio cuenta inmediatamente que aquella forma de viaje interestelar presentaba muchos y serios inconvenientes.

En efecto, los agujeros negros eran una clase especial de soluciones de las ecuaciones de campo de la relatividad general de Einstein, formulada en 1915. Estas primeras soluciones habían sido encontradas por Karl Schwarzschild mientras se encontraba de servicio en las trincheras del frente ruso, durante la Primera Guerra Mundial. Schwarzschild estaba interesado en estudiar el comportamiento del espacio-tiempo en las proximidades de estrellas muy masivas, con grandes campos gravitatorios. Encontró que cuando la masa de una de estas estrellas superaba un determinado límite, su propia gravedad no se vería frenada por ninguna otra fuerza del Universo, produciéndose un colapso que acabaría en lo que se denominaba una singularidad espaciotemporal, un punto sin volumen y con una densidad infinita. Las fuerzas de marea gravitatorias en el interior de un agujero negro serían inmensas, descomunales y absolutamente nada ni nadie podría resistirlas sin ser reducido a pura radiación; ni siquiera la misma luz podría escapar de las cercanías de un agujero negro.

En la década de los años 1980, Thorne era consciente de todos estos inconvenientes y por ello aconsejó a Sagan que utilizase como hipotéticos medios de transporte interestelar unos objetos surgidos también de las ecuaciones de la relatividad general y mucho más prometedores que los agujeros negros. Estos objetos, puramente teóricos, habían sido encontrados por el físico austríaco Ludwig Flamm en 1916, tan sólo un año después de la formulación de la teoría de Einstein. Constituían una especie de atajos entre dos puntos arbitrariamente distantes del espaciotiempo. Más de 40 años después, en 1957, el físico John Wheeler, bautizó a tales objetos como "agujeros de gusano", término que se ha mantenido hasta hoy. Los denominó así porque semejaban a los agujeros practicados por un gusano de la fruta que pretendiese trasladarse de un extremo a otro de una manzana atravesándola por su interior, en lugar de hacerlo desplazándose por la superficie de la misma.

Ellie Arroway ya tenía su nave espacial. Pero aún faltaban muchos inconvenientes por resolver. De aquella consulta de Carl Sagan a su amigo Kip Thorne surgiría una época de brillantes, audaces ideas; se desarrollaría la física de los agujeros de gusano. Allí mismo habían nacido las primeras ideas para construir… **una máquina del tiempo**.

Construyendo una máquina del tiempo: primera fase

Una vez descartados los agujeros negros como vehículos de transporte interestelares, Thorne comenzó a preguntarse acerca de la posibilidad real de disponer de un agujero de gusano. ¿Existían estas entidades en algún lugar del Universo? ¿Eran estables? ¿Podría viajar por ellos un ser humano sin sufrir los serios contratiempos que tenían lugar tanto en las cercanías como en el interior de los agujeros negros? ¿Qué se requería para utilizar el agujero de gusano como vehículo espacial? ¿Se disponía de la tecnología necesaria?

Aunque a pesar de que tanto los agujeros negros como los agujeros de gusano constituían verdaderas soluciones matemáticas de las ecuaciones de campo de la relatividad general, allá por la última década del siglo pasado, existían evidencias experimentales bastante claras sobre la existencia real de los primeros y, actualmente, son muy pocos los astrofísicos que aún dudan. Por el contrario, los agujeros de gusano han permanecido desde 1916 en el terreno de lo desconocido. Ninguna observación en absoluto parece señalar su presencia o posible forma de detección, aunque hay quien piensa que podrían ocultarse en los núcleos de algunas estrellas.

El concepto de agujero de gusano puede visualizarse acudiendo a la tradicional imagen del espacio como si de una malla elástica gigantesca se tratase (del todo similar a la que tienen los trapecistas en el circo para evitar daños en las caídas) donde los planetas, estrellas, galaxias y demás objetos del Universo se encuentran distribuidos. Cuanto más grande sea la masa de cada objeto, tanto más deformada estará la malla en sus cercanías. Una galaxia deformará mucho el espacio próximo a la misma, una estrella menos y un planeta mucho menos aún. Un objeto que se acerque al "hoyo" producido por otro quedará más fácilmente atrapado en él cuanto más profundo sea. Así, es la masa la responsable de la deformación del espacio y la gravedad se interpreta como una mera propiedad geométrica del mismo. Más aún, no solamente se deforma el espacio, sino también el tiempo (en realidad, ambos constituyen una sola entidad que recibe el nombre de espaciotiempo). En las cercanías de los cuerpos extraordinariamente compactos, el campo gravitatorio deforma tan enormemente el espaciotiempo que los relojes avanzan mucho más lentamente que en otra región donde la gravedad es menor. El caso más extremo se da en el centro de un agujero negro, donde se encuentra la singularidad espaciotemporal de la que os hablé un poco más arriba. Dicha singularidad representa un punto de curvatura espaciotemporal infinita. Pero el tiempo hace cosas raras bastante antes de encontrarnos en el centro de un agujero negro. Si pudiésemos observar desde un lugar suficientemente alejado una nave espacial, mientras se aproxima a uno de estos terribles objetos, llegaría un momento en el que contemplaríamos la imagen del vehículo congelada en el tiempo. A esta región que rodea el agujero negro se la conoce como *horizonte de sucesos*. Si esto os parece extraño, os diré que aún hay más. Si desde fuera nunca vemos la nave espacial alcanzar la singularidad, aún es peor lo que vería el tripulante del vehículo. En efecto, para él el tiempo transcurriría infinitamente deprisa y contemplaría cómo el Universo desaparece prácticamente ante sus ojos (ver capítulo 9).

Pero todo esta verborrea espaciotemporal no tiene otro propósito oculto que llegar a contaros la cuestión referente al agujero de gusano con que había comenzado el párrafo anterior. Bien, voy con ello. Cojamos la malla elástica que representa el espaciotiempo y doblémosla por los extremos formando una especie de letra U tumbada horizontalmente. Si pretendiésemos, por ejemplo, viajar entre dos puntos arbitrarios situados sobre la malla, podríamos estar obligados a recorrer una enorme distancia. Sin embargo, si fuésemos capaces de practicar en cada uno de estos puntos sendos agujeros, podríamos pasar a través de éstos y alcanzar nuestro destino mucho más rápidamente. La única pega es que entre ambos orificios no hay nada, ya que la malla es una imagen bidimensional que representa todo el universo, todo el espaciotiempo. Fuera de ella no hay nada y nosotros hemos atravesado la malla y hemos cruzado por el aire desde un agujero hasta el otro. Así pues, un agujero de gusano representaría este atajo en el mundo tetradimensional (tres dimensiones espaciales más el tiempo) que conocemos y experimentamos normalmente. Los agujeros practicados se denominan bocas y el túnel que los comunica recibe el nombre de garganta. Evidentemente, la garganta debe existir fuera del espacio tridimensional ordinario que conocemos. Algunos científicos afirman que este paso entre las bocas se efectúa por el hiperespacio. Ellie Arroway ya podía realizar su viaje de 26 años-luz hasta Vega en un tiempo relativamente corto. Para ello, no tenía más que seguir las instrucciones de la civilización alienígena. Y éstas no consistían en otra cosa que en fabricarse un agujero de gusano que conectara Vega con la Tierra. ¿Cómo era posible? ¿Eran los veguianos una civilización más avanzada que la nuestra? ¿Habían descubierto agujeros de gusano en algún lugar del cosmos y aprendido a dominarlos, a traerlos y llevarlos de un lugar a otro y a viajar por ellos sin peligro? ¿Y si no los habían encontrado, eran capaces de construirlos? ¿Cómo? ¿Podríamos aprender a hacerlo nosotros con nuestra tecnología?

Las respuestas a preguntas como las anteriores comenzaron a responderse a mediados del siglo xx. En 1955 el físico John Wheeler y su estudiante Charles Misner estaban trabajando en un tema enormemente intrigante. Se preguntaron por el aspecto que presentaría el espacio (en realidad, más precisamente, el espaciotiempo) si se pudiese llegar a observar a una escala extraordinariamente pequeña, mucho más allá de la escala atómica, mucho más allá de la escala nuclear, mucho más allá del interior de los quarks, en caso de disponer de un microscopio extremadamente potente. Wheeler y Misner habían encontrado el trozo de espacio más pequeño posible, una cantidad que había sido bautizada 55 años antes como *longitud de Planck* (en el diámetro de un protón caben unos 100 trillones de longitudes de Planck). Por debajo de la longitud de Planck, las leyes de la física dejarían de tener sentido. Wheeler derivó a partir de la longitud de Planck el tiempo de Planck, el lapso de tiempo que tardaría la luz en recorrer la longitud de Planck. En la actualidad, los cosmólogos consideran que el tiempo de Planck es el instante más antiguo al que se pueden remontar después del Big Bang y para el que aún siguen siendo válidas las leyes de la física conocidas. Pues bien, tanto Wheeler como Misner estaban convencidos que a la escala de Planck, el espaciotiempo era una entidad muy, muy extraña. No tenía ninguna forma definida. Estaría constituido por estructuras similares a tramos lisos, otros muy curvados o cerrados sobre sí mismos. Ade-

La protagonista de *Contact* en la máquina que la llevará, a través de un agujero de gusano, al otro lado de la galaxia.

más, dichas estructuras surgirían de forma espontánea y totalmente imprevisible en un lugar u otro, simplemente gobernados por las leyes cuánticas, de carácter probabilista. En particular, algunas de las estructuras indefinidas anteriores podrían perfectamente ser agujeros de gusano extraordinariamente diminutos. A la extraña entidad que constituía el espaciotiempo a tamaños tan pequeños como la longitud de Planck se la pasó a conocer como espuma espaciotemporal o, más comúnmente, como espuma cuántica. ¿Recordáis cuál era el primero de los materiales que necesitábamos para construir una máquina del tiempo?

Construyendo una máquina del tiempo: segunda fase

Continuando con la cuestión que nos ocupa, un inconveniente muy serio que presentaban estas estructuras espaciotemporales de dimensiones tan inimaginablemente diminutas como eran los agujeros de gusano que se encontraban surgiendo por aquí y desvaneciéndose por allá, entre las olas del mar de espuma cuántica, era que no había manera alguna de saber en qué lugar y en qué instante se iban a dar semejantes acontecimientos tan extraordinarios. Así pues, resultaba impensable capturar uno de estos agujeros de gusano. Y, aunque hubiese la más mínima posibilidad de conseguirlo, restaba la cuestión de su utilidad práctica, ya que sus dimensiones reales (escala de Planck) no resultaban las más adecuadas para poder ser utilizados como naves espaciales, a no ser que se pudiera reducir al mismo astronauta hasta tamaños comparables, lo cual no parecía estar al alcance de la ingeniería genética más avanzada.

Nos encontramos, entonces, ante una aparente encrucijada. Por un lado, no parece haber evidencia alguna acerca de la existencia de agujeros de gusano de tamaño macroscópico en rincón alguno del universo observable. Por otro lado, si la teoría de Wheeler es correcta, estas estructuras se encuentran permanentemente a nuestro alrededor, aunque ocultas a la vista, de forma más que abundante, formando parte de la espuma cuántica pero, en cambio, no hay manera de atraparlas debido a sus efímeras existencias. ¿Cuál es la solución al problema? Muy sencillo: ¿qué tal construir una, fabricar un agujero de gusano?

Cuando Thorne y sus colaboradores se plantearon la cuestión del empleo de agujeros de gusano como vehículos de transporte interestelar o intergaláctico, enseguida se dieron cuenta de que no iba a resultar tan sencillo. De hecho, determinaron que a no ser que emplearan una nueva clase de materia desconocida (ellos la llamaron "materia exótica") iba a resultar del todo imposible que el agujero de gusano no colapsase y, por tanto, dejase de ser viable. El colapso sería tan rápido que no solamente el astronauta no tendría tiempo de atravesarlo, sino que ni siquiera la luz podría llevar a cabo semejante hazaña. Aquella materia exótica debía tener la misión de evitar que tanto las bocas como la garganta del agujero de gusano no permaneciesen en su sitio tanto tiempo como fuera preciso, manteniendo en todo momento unas condiciones físicas soportables para el viajero. Además, su comportamiento debía ser tal que proporcionara una presión negativa (hacia afuera) o un efecto antigravitatorio (masa negativa) con objeto de que las bocas no se cerrasen a causa de la enorme presión positiva (hacia adentro) que reinaba en su interior. Dicha presión en el interior de la garganta del agujero de gusano varía inversamente con el cuadrado del radio mínimo de la misma, alcanzando valores comparables a los existentes en el centro de las estrellas de neutrones (billones de cuatrillones de toneladas por centímetro cuadrado) para radios de la garganta de tan sólo unos pocos kilómetros. En caso de no querer hacer uso de la materia exótica, el mismo efecto se podría lograr mediante el empleo de campos magnéticos con intensidades de unos centenares de teslas (varios millones de veces más intensos que el campo magnético terrestre). Sin embargo, la pega era que entonces la garganta del agujero de gusano debía tener un radio mínimo del orden de unos pocos años luz. A ver quién era el listo y osado que podía construir un agujero de gusano de semejantes dimensiones.

¿De dónde sacar, pues, la materia exótica con masa negativa requerida? ¿Recordáis el capítulo 10 y a nuestro viejo amigo Hendrik Casimir? Pues más o menos por ahí van los tiros. Pero, antes de solucionar este problema, si habéis puesto un poco de atención, habréis caído en la cuenta de que hemos dejado una cuestión pendiente. Estamos hablando de cómo mantener abierto y atravesable nuestro ansiado agujero de gusano y, sin embargo, aún no hemos dicho nada acerca de cómo crearlo. Volvamos, entonces, de nuevo, al principio.

No olvidéis que, a causa de lo impredecible que resultaba conocer tanto el lugar como el instante preciso en que podría surgir un agujero de gusano cuántico en la espuma espaciotemporal, la única alternativa viable debería de consistir en reproducir nosotros mismos las condiciones físicas que se dan a la escala de Planck (en la película *Contact*, parece ser una civilización mucho más avanzada que la nuestra la que ha hecho realidad semejante logro tecnológico). Para ello, sería preciso generar una energía capaz de recrear una situación lo más parecida posible a la que debió de reinar durante los momentos iniciales posteriores al Big Bang, cuando la temperatura del Universo rondaría los cientos de millones de cuatrillones de grados (temperatura de Planck) y concentrarla en una región del espacio tan pequeña como la longitud de Planck. Y bien, ¿cómo se hace esto? Pues, ni más ni menos que con ayuda de algunos de los extravagantes materiales enumerados al comienzo del capítulo.

Bien, tal como señala Paul Davies en su asombroso y absolutamente recomendable libro *Cómo construir una máquina del tiempo*, primeramente necesitamos iones pesados, de elementos que en la tabla periódica posean números atómicos elevados, como el oro o el uranio, por ejemplo. En segundo lugar, debemos acelerarlos a velocidades próximas a la de la luz. Para esto, no hay como un buen acelerador de partículas. Si disponemos del dinero y la ingeniería adecuada, ya sólo resta bajar la palanca hasta la posición de ON y meterles un poco de caña a los iones. Cuando éstos colisionen entre sí a tan enormes velocidades, ni siquiera sobrevivirán sus núcleos. Más bien, las partículas que los constituyen, como los protones y los neutrones se pulverizarán y darán lugar a una serie de partículas más elementales, como son los quarks y gluones, los cuales formarán una especie de burbuja tan caliente que alcanzará rápidamente una temperatura del orden de las decenas de billones de grados. Sin embargo, en el párrafo anterior os señalaba que se precisan temperaturas aún mucho más elevadas, de hecho unos diez trillones de veces mayores. Y si queremos lograrlas no queda más remedio que comprimir la burbuja de quarks-gluones hasta una trillonésima parte de su tamaño actual. La idea del profesor Davies consiste en la disposición con geometría esférica y perfectamente simétrica de una serie de bombas termonucleares, en el centro de la cual se sitúa el objetivo (en este caso, la susodicha burbuja de quarks-gluones). Los enormes campos magnéticos que se generasen en la detonación de los artefactos termonucleares ejercerían presiones idénticas dirigidas hacia el centro de la disposición esférica, provocando la implosión del blanco-burbuja, donde se generarían unas densidades inimaginables cuyo resultado probable sería bien la creación de un agujero negro (resultado no deseado), bien la de un agujero de gusano de tamaño diminuto. Ahora ya sí que estamos en disposición de retomar la cuestión de la materia exótica y de cómo conseguir que nuestro agujero de gusano adquiera las dimensiones adecuadas para albergar en su interior una nave espacial de forma segura. «Ellos quieren que vaya un americano, doctora [Arroway]. ¿Le apetece un paseo?»

Construyendo una máquina del tiempo: tercera fase

Pero continuemos. Habíamos dejado a la idealista doctora Arroway con la miel en los labios, ya que con un agujero de gusano del tamaño de una miserable longitud de Planck, la verdad es que poca cosa puede hacer, salvo que ella misma quiera someterse a una implosión semejante a la experimentada por la burbuja de quarks-gluones y quedarse con una talla de pecho que a ver dónde se va a comprar los sujetadores, como no sea en "Lencería Planck". En fin, que Ellie más bien va a necesitar una buena cantidad de materia exótica si lo que pretende es evitar que la garganta del agujero de gusano cuántico se cierre antes de que se dé cuenta y arruine su periplo hasta Vega. Pero éste no será el único problema que deberá afrontar nuestra intrépida heroína. Además de incrementar su tamaño para que un ser humano pueda transitar por él, el viaje por el agujero de gusano debe resultar confortable, es decir, la gravedad en su interior debe ser fácil de soportar, como nos sucede en la superficie de la Tierra. Se necesita, pues, como ya dije antes, una buena dosis de materia con propiedades antigravitatorias (masa negativa) que compense, en parte, las descomunales fuerzas atractivas reinantes que tienden a llevar al agujero de gusano a colapsar en tiempos extremadamente cortos. Una cosa está clara y es que cuanta más materia exótica tengamos en el almacén tanto mayor podremos hacer el diámetro de las bocas de nuestro agujero (buf, qué mal suena esta frase). Sin embargo, los cálculos nos golpean en el ego, mostrándonos la cruda realidad. Una boca de aproximadamente un metro de diámetro requiere una cantidad de materia exótica del orden de la masa de un planeta semejante a Júpiter. Y ya sabéis lo difícil que resulta encontrar la susodicha, que ni con el célebre efecto Casimir se consiguen cantidades apreciables. Quizá esta sea la razón por la que en la película *Contact* únicamente puede viajar un solo pasajero a bordo de la máquina; simplemente, el agujero de gusano no se podía hacer mayor. Ni los pobres veguianos se libran de la crisis del mercado de materia exótica.

Ahora bien, una civilización suficientemente avanzada, como parecen ser los veguianos que, tan amablemente, hacen llegar a los atrasados terrícolas las instrucciones, eso sí, tridimensionalmente organizadas, para la construcción de un hiperveloz vehículo de transporte interestelar, bien podría conocer algún medio o técnica para sintetizar cantidades enormes de masa negativa o, alternativamente, haber descubierto fuentes naturales de la misma, como en las hipotéticas *cuerdas cósmicas* formadas en los primeros instantes posteriores al nacimiento del universo, tal y como lo conocemos. Sea como fuere, supongamos que hemos sido capaces de ensanchar el agujero de gu-

Si pudiéramos embarcar una de las bocas de un agujero de gusano a bordo de una nave espacial capaz de desplazarse a una velocidad comparable a la de la luz —con Hyde a bordo—, la otra boca la dejáramos en tierra, con el profesor Jekyll en un centro de estudios avanzados, y sincronizáramos los relojes de ambos —del astronauta Hyde y del profesor Jekyll, dos versiones de la misma persona—, a través de su correspondiente boca del agujero de gusano, ambos se verían separados únicamente por la longitud de la garganta de dicho agujero. Si se observaran por el espacio ordinario, a medida que transcurriera el tiempo, la distancia entre la nave y la Tierra iría aumentando, pero a través del agujero de gusano, la distancia se mantendría constante durante todo el viaje.

sano hasta unas dimensiones adecuadas a la escala humana. ¿Qué hacemos ahora con él?

Bien, ante todo es preciso aclarar que un agujero de gusano situado en un centro de investigación avanzada sobre agujeros de gusano tiene mucho interés teórico, pero casi ninguno práctico. La verdadera utilidad de un artilugio semejante consiste en poder emplearlo como medio de transporte cuasi-instantáneo entre dos puntos arbitrariamente alejados entre sí. Si una de las bocas se encuentra en la Tierra y la otra en Vega, podríamos ir de la primera a la segunda, o viceversa, en un tiempo relativamente corto, dependiendo de la longitud de la garganta del agujero de gusano (recordad que esta distancia se recorre por una dimensión espacial distinta a las tres dimensiones ordinarias; llamadlo hiperespacio si queréis). Sin embargo, si el viaje lo lleváramos a cabo por el espacio ordinario, incluso a la velocidad de la luz, emplearíamos nada menos que 26 años (medidos en tiempo terrestre). Así pues, para establecer el "puente aéreo" Tierra-Vega habría que transportar de alguna manera (por ejemplo, a bordo de una nave espacial) una de las dos bocas hasta Vega. Ahora bien, ¿cómo se realiza esto?

Debo admitir con resignación que, a ciencia cierta, nadie lo sabe con seguridad. Se han propuesto alternativas, pero más bien bastante especulativas y nunca satisfactorias del todo. Entre ellas, cargar eléctricamente la boca a bordo de la nave y arrastrarla mediante el empleo de un campo eléctrico adecuado; y también utilizar un asteroide de gran tamaño con el que remolcar gravitatoriamente la boca del agujero de gusano hasta el punto de destino.

Pero no nos distraigamos de nuestro objetivo inicial. ¿Cómo proceder para transformar nuestro agujero de gusano en una máquina del tiempo? Pues ni más ni menos que con ayuda, una vez más, de la teoría de la relatividad de Einstein. Y, de manera totalmente intencionada, no especifico si es la especial o la general, porque pueden ser ambas, tal y como enseguida explicaré.

Admitamos por un momento que somos capaces, por el medio que sea, de embarcar una de las bocas del agujero de gusano a bordo de una nave espacial capaz de desplazarse a gran velocidad (comparable a la de la luz). La otra boca la dejamos en tierra, en el centro de estudios avanzados. Sincronicemos los relojes del astronauta Hyde, a bordo de la nave, y el del profesor Jekyll, quien permanece en el laboratorio terrestre. Si cada uno de ellos echa un vistazo a través de su correspondiente boca (no la que tienen bajo sus narices, sino la de cada uno de los dos extremos del agujero de gusano) verá a su otro colega tan sólo separado por una distancia muy pequeña (la longitud de la garganta del agujero de gusano). Sin embargo, si miran por fuera de las bocas, por el espacio ordinario, se encontrarán separados por la distancia "normal" entre el laboratorio y la rampa de lanzamiento. Ahora dejemos que despegue la nave y se aleje continuamente de la Tierra a decenas de miles de kilómetros por segundo. A medida que transcurre el tiempo, la distancia entre la nave y la Tierra va aumentando más y más, pero tan sólo si se mide por el espacio ordinario; a través del agujero de gusano siguen a la misma distancia que al principio, y esta distancia se mantiene constante durante todo el viaje. Al llegar a su destino, Hyde emprende el regreso. Algún tiempo después, habla con Jekyll a través del agujero y le comunica que se está aproximando a la rampa de lanzamiento y, en breve, tomará tierra. El profesor comprueba, también a través de su boca del agujero de gusano, que su *alter ego* viajero, efectivamente, está llevando a cabo las últimas maniobras de aproximación. En cambio, echando un vistazo por fuera, por el espacio ordinario, no ve nada. Es más, de acuerdo con sus cálculos, aún falta bastante tiempo para que Hyde aterrice. Vuelve al laboratorio, mira de nuevo por el agujero, y ve a Hyde en la rampa de lanzamiento, dispuesto a bajar del vehículo. Regresa, una vez más, al exterior de su laboratorio y constata, de nuevo, que en la rampa no hay señales de aterrizaje alguno...

Construyendo una máquina del tiempo: cuarta fase

El doctor Jekyll reflexiona durante un instante y comienza a verlo todo claro. Y yo, que soy el autor de este libro y, por tanto, quien mueve los hilos de mis dos marionetas, os lo paso a contar de la manera más clara que me sea permitida.

¿Qué sucedería si el agujero de gusano que mantiene en estrecho contacto a Jekyll con Hyde no estuviera presente? Para entender esta circunstancia, hay que recordar la teoría de la relatividad especial de Einstein. Debido a que Hyde ha estado viajando por el espacio a una velocidad del orden de la de la luz en el vacío (300.000 km/s), el tiempo a bordo de su nave ha transcurrido a diferente ritmo que el tiempo en el laboratorio terrestre de su colega, el doctor Jekyll; de hecho, el viaje de ida y vuelta ha durado menos medido en tiempo de la nave que en tiempo del laboratorio. Así pues, cuando Hyde regresa es más joven que Jekyll (como son dos versiones de la misma persona, inicialmente, antes de emprender la aventura, tenían la misma edad). En realidad, lo que ha sucedido es que Hyde ha viajado a su propio futuro y se ha encontrado allí con una versión buena de su personalidad desdoblada, pero de más edad. Ahora bien, si el bueno del doctor Jekyll se dejase guiar por el reloj de su yo mezquino podría considerar que, tras ingerir la pócima milagrosa, ha rejuvenecido o, equivalentemente, que ha viajado a su propio pasado. Sólo que esto último no deja de ser un sueño, algo irreal.

Volvamos de nuevo a la situación que están viviendo nuestros dos protagonistas, uno en el centro de estudios avanzados y el otro a bordo de la nave espacial relativista. ¿Por qué el primero observa la rampa de lanzamiento vacía si lo hace por el espacio ordinario, mientras que asiste, atónito, al aterrizaje cuando echa un vistazo a través de la boca del agujero de gusano situada en el laboratorio? Muy sencillo, porque los relojes de Jekyll y Hyde han permanecido sincronizados en todo momento a través del agujero de gusano, pero se han desincronizado por fuera del mismo como consecuencia del efecto de la dilatación temporal relativista. En otras palabras, lo que Hyde ve a través de la boca del agujero de gusano a bordo de la nave es su pasado, un instante de tiempo en la Tierra en el que aún no ha aterrizado y que es corroborado por lo que Jekyll le está diciendo desde el otro extremo del agujero. Recíprocamente, el bondadoso doctor, cuando mira a través de la boca situada en el laboratorio no hace otra cosa que asistir a su propio futuro, a un momento del tiempo que aún no ha tenido lugar en la Tierra. Si cualquiera de nuestros dos amigos se introdujese en el interior del agujero de gusano, viajaría de forma prácticamente instantánea, bien hacia el futuro (Jekyll), bien hacia el pasado (Hyde). El agujero de gusano se ha transformado en una máquina del tiempo que conecta dos instantes separados por un intervalo que depende tanto de la velocidad a la que se ha desplazado la nave como de la distancia recorrida por la misma. De esta manera, ha quedado establecida una diferencia temporal permanente entre las dos bocas. Se puede entrar por una de ellas y salir inmediatamente por la otra en un instante diferente, siendo posible repetir la maniobra casi todas las veces que se desee y acumulando desfases temporales de horas, días e incluso años. La única limitación existente consiste en que jamás se podrá retroceder al pasado hasta una fecha anterior a la construcción de la máquina.

A la vista del párrafo anterior, parece claro que nuestro invento está terminado y listo para poder utilizarse a capricho, siempre que seamos capaces de llevar a cabo todas las tareas que os he ido exponiendo en las páginas anteriores o, alternativamente, que una civilización mucho más avanzada que la nuestra (los veguianos, por ejemplo) haya llevado a cabo el trabajo por nosotros. Sin embargo, son muchos los inconvenientes que pueden surgir. Uno de ellos tiene que ver con lo siguiente: ¿qué sucede una vez efectuado el viaje de la nave pilotada por Hyde cuando las dos bocas del agujero de gusano, debidamente desfasadas en el tiempo, vuelven a acercarse entre sí, dando lugar a la máquina del tiempo propiamente dicha? ¿No podría suceder que la luz que viajase a través de la garganta del agujero regresase viajando por el espacio normal y volviese a introducirse en la misma boca por la que lo había hecho inicialmente, pero en un instante de tiempo previo al primero? ¿No se encontrarían dos versiones de la misma luz, duplicando así su energía? ¿Y no sería posible que el proceso volviese a repetirse, una vez más, duplicándose de nuevo la energía duplicada antes? ¿Y si sucediese esto una y otra vez hasta hacerse infinita la energía? ¿No se produciría la autodestrucción del mismísimo agujero de gusano?

Con el fin de evitar esta, aparentemente, insalvable dificultad, sería del todo deseable impedir el acercamiento mutuo entre las dos bocas del agujero. ¿Cómo hacer esto, es decir, mantener las dos entradas (o salidas, según se mire) alejadas entre sí y seguir teniendo una máquina del tiempo en el laboratorio? (si ambas están separadas por millones de kilómetros, nuestro artefacto no resulta demasiado eficaz que digamos, aunque continuaría siendo un excelente medio de transporte interestelar hiperveloz). La solución del problema consiste en disponer de un segundo agujero de gusano (el desfase temporal entre sus bocas no sería necesario), con sus bocas respectivas situadas adyacentes a las de nuestra máquina del tiempo (estas últimas podrían estar todo lo alejadas entre sí que quisiéramos). De esta forma, entrando por la boca 1 de nuestra máquina del tiempo saldríamos por la boca 2 en un instante distinto del futuro o del pasado, saltaríamos a la boca 2 del nuevo agujero de gusano, que se encuentra allí mismo, viajaríamos por este segundo agujero y saldríamos de nuevo por su boca 1, que se encuentra al lado de la boca 1 de la máquina. ¡Elemental!

Por último, regresemos de nuevo al momento en que nuestra querida doctora Arroway se dispone a introducirse en la cápsula a bordo de la que emprenderá su ansiado viaje hasta Vega. Comienza la cuenta atrás y... ¡allá va! Al principio nota un suave traqueteo pero, enseguida, la vibración empieza a intensificarse. Experimenta toda una serie de sensaciones extrañas y desconocidas. De repente, todo se detiene y vuelve la calma, pero tan sólo dura un instante. A continuación, una vez más, la misma experiencia, que parece prolongarse sin fin. Ha viajado a través de unos cuantos agujeros de gusano intercomunicados. Por fin, llega a su destino y allí asiste a unos acontecimientos que marcarán profundamente para siempre su vida. A su regreso, el sistema de grabación de a bordo únicamente ha registrado 18 horas de ruido, ni imagen ni sonido, nada que corrobore su increíble experiencia. Desde el centro de control de la misión, en tierra, el periplo de Ellie tan sólo ha durado unos segundos; aparentemente, el viaje nunca tuvo lugar. Curiosamente, nadie había advertido que el sistema de transporte interestelar de los veguianos llevaba asociado un curioso "efecto secundario". El entramado compuesto por varios agujeros de gusano entrelazados se había convertido en una muy particular máquina del tiempo, una cuyas bocas extremas se encontraban desfasadas temporalmente en 18 horas exactamente. Elleanor Arroway había, en efecto, entrado en contacto con una civilización extraterrestre. De hecho, había permanecido con ellos 18 horas, sólo que había regresado antes de partir...

Capítulo 29

Universos para lelos
y realidades para Leelas

Si viéramos realmente el universo, tal vez lo entenderíamos.

Jorge Luis Borges

Nueva Orleáns, un día de fiesta como cualquier otro. Cientos de personas suben a bordo de un ferry. Gritos, risas y algarabía reinan por doquier. Marineros, ancianos y niños se divierten en las diferentes cubiertas. De repente, una tremenda explosión originada en uno de los coches de la bodega de carga da paso al caos, la desolación y la muerte. El terrorista observa la dantesca escena desde lo alto de uno de los puentes que cruzan el río. El fatal recuento arroja 543 víctimas mortales.

El agente de antivicio Doug Carlin se encarga del caso. Durante su inspección preliminar en la escena del crimen descubre el cadáver de Claire Kuchever flotando en las aguas, aunque su muerte se produjo antes de la explosión del ferry. Carlin acude al domicilio de la joven y descubre un mensaje en la puerta del frigorífico: «Tú puedes salvarla». Intrigado y desconcertado por tan enigmática advertencia, se dirige a las oficinas de ATF (siglas de Alcohol, Tabaco y armas de Fuego) donde descubre que Claire ha dejado un mensaje en el contestador automático un día antes de producirse el atentado.

Reclutado por una unidad especial del FBI responsable de la investigación debido a sus extraordinarias dotes policiales, Carlin es conducido a unas instalaciones muy peculiares. Una vez allí, le explican que el FBI dispone de una nueva y avanzada tecnología capaz de crear agujeros de gusano con los que consiguen "ver" a través del tiempo los acontecimientos sucedidos en cualquier lugar, con una antelación de hasta cuatro días y medio. Piensan que al viajar al pasado se crea una nueva realidad paralela y que desaparece la que existía previamente. Doug Carlin se ofrece para ser el primer ser humano en viajar en el tiempo e

En *Déjà Vu* se trata la posibilidad de cambiar la historia y, más generalmente, a crear con nuestras decisiones otras realidades alternativas, paralelas o, como más comúnmente suelen denominarse: universos paralelos.

intentar cambiar el rumbo de la historia, aunque para ello tenga que crear una nueva realidad alternativa.

Seguramente muchos de vosotros ya habréis identificado la película a la que aluden los párrafos anteriores. Efectivamente, se trata de *Déjà vu* (*Déjà Vu*, 2006), dirigida por Tony Scott e interpretada por el oscarizado Denzel Washington, en el papel de Doug Carlin. Aunque es un film que se podría enmarcar dentro del género policíaco y de acción, incluye evidentes elementos de ciencia ficción, pues las máquinas del tiempo no suelen formar parte de las herramientas de la policía que todos conocemos. Pero no quiero centrarme nuevamente en el asunto de los viajes en el tiempo, que para eso tenéis el capítulo 28. Muy al contrario, en esta ocasión, me gustaría llamar vuestra atención sobre el otro aspecto colateral que implican los viajes al pasado. Me refiero a la posibilidad de cambiar la historia y, más generalmente, a crear con nuestras decisiones otras realidades alternativas, paralelas o, como más comúnmente suelen denominarse: universos paralelos.

Antes que nada conviene definir lo que en física solemos entender por universo paralelo. Para ello es habitual utilizar las categorías creadas por Max Tegmark. Este investigador considera cuatro niveles diferentes de universos paralelos. En el nivel 1 se incluyen los denominados volúmenes de Hubble. En efecto, casi todo el mundo acepta, de una forma u otra, que lo que habitualmente llamamos nuestro Universo se originó hace unos 13.700 millones de años en un acontecimiento singular conocido como Big Bang. A partir de este suceso, el espacio mismo comenzó a expandirse y aún lo hace en la actualidad y continuará haciéndolo hasta quién sabe cuándo. De hecho, recientemente se ha descubierto que esta expansión se produce a un ritmo acelerado, es decir, con velocidad creciente. Pues bien, la expansión del Universo trae consigo una consecuencia evidente y es que debido al carácter finito de la velocidad de la luz (300.000 km/s, aproximadamente) existen porciones del espacio que nos resultan completamente invisibles, ya que se encuentran tan lejos de la Tierra que la luz procedente de ellas aún no ha tenido tiempo de llegar hasta nosotros. Como ninguna señal ni información puede viajar más rápidamente que la luz en el vacío, nos encontramos absolutamente desconectados de esas regiones, denominadas respectivamente volúmenes de Hubble. Si en lugar de escoger la Tierra como centro privilegiado a la hora de definir cada uno de estos volúmenes lo hiciéramos con otro punto cualquiera del Universo, nos encontraríamos con una infinidad de horizontes distintos. A cada uno de estos horizontes o volúmenes así construidos Tegmark lo denomina universo de nivel 1. Hay tal cantidad de estos universos de nivel 1 que incluso podemos llegar a estimar que existe una probabilidad no nula de encontrar una copia exacta de ti mismo en algún lugar no más allá de una distancia (en años luz) que se puede expresar como un 1 seguido de cien mil cuatrillones de ceros. Podéis estar tranquilos, de existir vuestro doble estará tan lejos que ni siquiera os importará que viva en un planeta donde todo el mundo vaya desnudo y luzca cuerpos bien torneados de curvas procaces. Por si esto no fuera poco, Andrei Linde y Vitaly Vanchurin han sugerido que, por muchos universos que existan, los propios límites del cerebro humano, en lo que se refiere a la cantidad de información que puede manejar a lo largo de su vida, restringen, al mismo tiempo, el número de aquéllos que podemos llegar a experimentar (no más de un número expresable como un 1 acompañado de diez mil billones de ceros).

Un instante muy pequeño inmediatamente después del Big Bang se produjo un acontecimiento que los cosmólogos denominan *inflación*, una etapa muy breve durante la cual el Universo que conocemos se expandió a una velocidad superior a la de la luz. Aunque no se sabe qué pudo provocar semejante suceso y tampoco por qué se detuvo, lo cierto es que algunos científicos, como Andrei Linde, piensan que las mismas condiciones que se cumplieron en una región concreta del Universo primigenio y que desencadenaron la inflación podrían estar dándose aún en la actualidad en otras regiones, un fenómeno que ha bautizado como inflación caótica y cuya consecuencia sería la formación continua de universos bebés, conectados unos con otros a través de agujeros de gusano.

Estos universos bebés constituyen el nivel 2 de Tegmark y algunos físicos creen que podrían haber dejado evidencias de su existencia, al interaccionar con el nuestro, huellas que podríamos detectar camufladas de alguna manera en la radiación de fondo de microondas, el vestigio dejado en forma de ondas electromagnéticas de baja frecuencia por el Big Bang. Se ha llegado incluso a proponer para este "multiverso" integrado por cada uno de los universos bebés individuales una función de onda global, a semejanza de lo que se hace con las partículas subatómicas en la descripción cuántica de las mismas (ver capítulos 11 y 27). Dependiendo del valor concreto de la función de onda de cada universo, la existencia de éste será más o menos probable. Un gran porcentaje de estos universos presentará una probabilidad muy baja y seguramente no será viable, pudiendo consistir en masas informes de partículas subatómicas inestables que no darían jamás lugar a estructuras más complejas, como los átomos o las moléculas. Más aún, no resulta en absoluto descabellado pensar que en algunos de tales universos las leyes físicas que conocemos pudiesen llegar a ser ligera o incluso radicalmente distintas.

La idea anterior fue explotada por Isaac Asimov en su excelente novela *Los propios dioses*. En ella se sugiere la posibilidad de que los habitantes de un universo paralelo en decadencia a causa de una crisis energética utilicen el nuestro para intercambiar esta energía de la que carecen, haciendo uso de un dispositivo denominado "Bomba de Electrones Interuniversal". En este para-universo la interacción nuclear fuerte (la fuerza que es responsable de mantener unidos los protones y neutrones en el interior del núcleo atómico) resulta ser más intensa que en el nuestro, "quizá unas cien veces más". Así, los núcleos atómicos requieren menos neutrones para alcanzar la estabilidad nuclear. Pero el acto mismo del trasvase de energía entre los dos universos acarrea unos inesperados efectos colaterales. En efecto, las leyes de la física que rigen en cada uno de ellos también se están alterando en el proceso. El Sol experimentará un proceso de fusión nuclear mucho más rápido de lo normal, agotará su energía y la Tierra morirá con él. La única solución viable para evitar la catástrofe parece ser el intercambio de energía con un tercer universo paralelo, el *cosmeg*, en el cual la interacción nuclear fuerte sea más débil que en el nuestro, compensando de esta forma el efecto pernicioso causado por el primer para-universo. Aunque no se plantea directamente en la novela de Asimov, sí que se nos puede ocurrir preguntarnos acerca de la posibilidad hipotética de trasladarnos a otro universo paralelo distinto al nuestro, en caso de una necesidad extrema como, por ejemplo, una inminente muerte del Sol, la explosión de una supernova demasiado cercana a la Tierra, el paso de un agujero negro por las inmediaciones del sistema solar, etc. Algunos científicos creen seriamente en la existencia de estos universos paralelos y han llegado a sugerir que la controvertida materia oscura no es otra cosa que materia ordinaria flotando en uno de esos universos paralelos. Otros, como Sasha Kashlinsky y sus colaboradores van más allá aún y afirman haber descubierto pruebas de su existencia. A partir del movimiento no uniforme, esto es, según una dirección privilegiada del espacio, de los cúmulos galácticos debido a la expansión del Universo, algo que está en contradicción con lo que predicen tanto la relatividad general de Einstein como los modelos de energía oscura, Kashlinsky infiere que son otros universos ahí fuera los que están tirando del nuestro en esa dirección privilegiada, arrastrando con ellos a nuestras galaxias. Naturalmente, no todo el mundo piensa igual y otros científicos, como Lee Smolin, son de la opinión de que las teorías cosmológicas que sugieren la idea de los universos paralelos están completamente equivocadas y que el nuestro es el único con existencia real.

Una segunda alternativa, quizá más radical, consistiría en crear nosotros mismos ese otro universo desde el principio, provocando, por así decirlo, su propio proceso inflacionario. Para ello habría que recrear en el laboratorio las mismas condiciones que se dieron en el momento del Big Bang: se requeriría comprimir materia hasta una densidad inimaginable, dando lugar a diminutas burbujas de espaciotiempo aunque de un tamaño suficiente como para expandirse y dar lugar a un universo bebé, quizá conectado al nuestro por medio de un agujero de gusano. Obviamente, la tecnología necesaria para alcanzar semejante logro está muy lejos de nuestros sueños más audaces y optimistas. Quién sabe si llegará a resultar factible, quizá en un futuro suficientemente lejano, como el que se muestra en la película *El único* (*The One*, 2001), donde la acción transcurre en una época en la que la raza humana domina los conocimientos científicos y técnicos que permiten, aunque de forma restringida y vigilada, viajar entre los 124 universos paralelos conocidos, conectados por túneles cuánticos.

El nivel 3 es el más interesante, desde mi punto de vista, pues se trata del que suele encontrarse más habitualmente en el cine de ciencia ficción. Está basado en una de las interpretaciones de la controvertida mecánica cuántica conocida como "de los muchos mundos". Su creador, Hugh Everett III, la propuso en su tesis doctoral en 1957. De una forma extremadamente sencilla viene a decir que cuando nos encontramos en una situación en la que un acontecimiento cualquiera está a punto de suceder y puede hacerlo de distintas maneras, todas ellas tienen lugar en realidad, pero cada una en un universo distinto que se crea en ese preciso y determinado instante. Para entenderlo suponed que sois miembros del sexo masculino y vuestras inclinaciones carnales son heterosexuales (siempre visualizo mejor los ejemplos que me son más familiares); ahora imaginad que un amigo os presenta a Scarlett Johansson. Vosotros os acercáis a la diosa y, sin saber muy bien por qué, le preguntáis, sin rubor, si estaría dispuesta a aceptaros como vicioso compañero retozador. Según la visión de Everett, en vuestro triste y soso universo lo más probable es que Miss Johansson os espetase un sonoro y contundente: «No» en pleno rostro. Ahora bien, por cortesía de la mecánica cuántica, de forma simultánea, se generaría un mundo alternativo o universo paralelo en el que otra versión de vosotros mismos sería agraciada con la realidad del deseo insatisfecho por la enorme mayoría de simples mortales, es decir, con un: «Sí» igual de rotundo. Así pues, de las dos opciones posibles, ambas tienen lugar pero en universos o rea-

La serie de dibujos animados *Futurama*.

lidades diferentes. Sin embargo, si todos los mundos alternativos que se generan en cada suceso aleatorio son, según Everett, igualmente reales, ¿cómo es que no experimentamos la sensación de vivir en ellos?

La respuesta a la pregunta anterior fue propuesta por el físico alemán Dieter Zeh en 1970. Zeh introdujo el fenómeno de la decoherencia cuántica para explicar que solamente experimentamos uno de los muchos mundos a causa de que todos y cada uno de ellos están fuera de sintonía con el resto, a semejanza de las emisoras de un aparato de radio, donde únicamente podemos sintonizar una emisora de cada vez eligiendo apropiadamente su frecuencia en el dial.

A pesar de la aparentemente insalvable dificultad anterior, los físicos llevan mucho tiempo preguntándose por la posibilidad de viajar o acceder a estos otros universos, sean de nivel 1, 2 ó 3, siempre según la clasificación de Tegmark.

Especialmente hilarantes son las situaciones que pueden llegar a darse cuando argumentos como el de Everett se llevan al extremo, como ocurre en la célebre serie animada *Futurama*, en concreto en el decimoquinto episodio de la cuarta temporada titulado «La paracaja de Farnsworth». En él, el estrambótico profesor intenta deshacerse de su penúltima creación: una caja que permite, al introducirse en su interior, trasladarse a un universo paralelo, donde todos los personajes de la serie poseen sus contrapartidas (hay un Fry rubio y otro moreno, una Leela con el pelo morado y otra con el pelo rojo, un Bender plateado y otro dorado, etc.) y viven existencias alternativas condicionadas por esos "otros" resultados producidos como consecuencia de arrojar una moneda al aire. Así, por ejemplo, en el primer universo, Leela lanza la moneda con el fin de decidir si introducirse en la caja o no, obteniendo el resultado a favor; en el otro universo, la para-Leela obtuvo el resultado opuesto, lo que provoca que ambas se encuentren en el segundo universo, donde eventos opuestos han tenido lugar como consecuencia de otros tantos lanzamientos de monedas. Hasta el para-profesor Farnsworth presenta un enorme "costurón" en el cráneo al decidir abrírselo él mismo con un martillo después de haber tenido buena suerte con la moneda en su realidad paralela.

Desafortunadamente, la caja del profesor sufre un desgraciado accidente, mezclándose con miles de otras similares, cada una de ellas conducente a sendos universos alternativos diferentes, lo que provoca que los protagonistas deban ir en busca de la original, la que los devuelva a su realidad de origen. Comienza entonces una orgía desenfrenada de visitas a universos paralelos de lo más absurdos, como el número 25, donde nadie tiene ojos; el número 1729, en el que todo el mundo tiene una cabeza que oscila arriba y abajo, de manera similar a como hacían aquellos perritos tan de moda que se solían llevar en la parte trasera de los coches allá por las décadas de los años sesenta y setenta del siglo pasado; el número 31 está habitado por versiones robóticas de los protagonistas y el número 420 por jipis de vida ociosa y despreocupada.

Ni siquiera el bebé más heterodoxo en la historia de la televisión ha podido resistirse a la tentación de construir un dispositivo capaz de trasladarnos a otros universos paralelos y brindarnos la oportunidad de vivir realidades alternativas. Me estoy refiriendo, ni más ni menos que a Stewie Griffin, el simpático protagonista de la serie *Padre de familia (Family Guy)*. Acompañado de su fiel perro Brian, visitan al azar (accidentalmente, han pulsado el infame botón "aleatorio", con el que va debidamente equipado el aparato) universos tan estrambóticos como uno en el que el cristianismo nunca existió y, lógicamente, la sociedad se encuentra mil años más avanzada que la nuestra; otro donde los norteamericanos jamás lanzaron la bomba atómica sobre Hiroshima y, por tanto, los japoneses nunca llegaron a abandonar los Estados Unidos; un tercero habitado únicamente por personajes con dos cabezas: una que muestra continuamente una cara feliz y la otra siempre triste; un universo donde los humanos se han convertido en mascotas para perros; un universo donde hasta el último detalle ha sido creado por Walt Disney; otro en el que Frank Sinatra no existió y no pudo, en consecuencia, influir en la elección del presidente Kennedy, así que ganó Nixon, quien provocó la crisis de los misiles en Cuba y la Tercera Guerra Mundial; u otro en el que únicamente habita cierto individuo que grita cumplidos continuamente. Hasta hay un universo donde todo el mundo "tiene que hacer caca ahora mismo". Perdonad que os deje así. Enseguida vuelvo...

Listado de películas citadas en el texto (por año de producción)

Título en español: Life without soul
Título original: Life without Soul
Año de producción: 1915
Dirección: Joseph W. Smiley
País: Estados Unidos
Argumento: Frawley es un audaz estudiante de medicina que está obsesionado con la idea de crear vida sintética.

Título en español: La mujer en la Luna
Título original: Frau im Mond
Año de producción: 1929
Dirección: Fritz Lang
País: Alemania
Argumento: El profesor Mannfeldt es el autor de un tratado sobre la posibilidad de encontrar oro en la Luna. El empresario Helius le propone realizar un viaje a nuestro satélite con el objetivo de demostrar sus teorías. Pero alguien más está interesado en ese viaje.

Título en español: El doctor Frankenstein
Título original: Frankenstein
Año de producción: 1931
Dirección: James Whale
País: Estados Unidos
Argumento: El doctor Henry Von Frankenstein se embarca en un experimento tenebroso: construir, a partir de trozos de cadáveres, un nuevo ser humano.

Título en español: La novia de Frankenstein
Título original: Bride of Frankenstein
Año de producción: 1935
Dirección: James Whale
País: Estados Unidos
Argumento: El doctor Pretorius propone un nuevo reto al célebre doctor Frankenstein: crear una mujer que le sirva de compañera al solitario monstruo que creó anteriormente.

Título en español: Ultimátum a la Tierra
Título original: The Day the Earth Stood Still
Año de producción: 1951
Dirección: Robert Wise
País: Estados Unidos
Argumento: El alienígena Klaatu llega a la Tierra con la misión de hablar con los dirigentes políticos. Trae un mensaje de advertencia: o dejamos de utilizar la energía atómica para fabricar armas de destrucción masiva o nos tendremos que enfrentar a las consecuencias.

Título en español: El ser del planeta X
Título original: The Man from Planet X
Año de producción: 1951
Dirección: Edgar G. Ulmer
País: Estados Unidos
Argumento: El profesor Elliot ha instalado un observatorio en los páramos nebulosos de una remota isla de Escocia para estudiar el extraño acercamiento a la Tierra de un planeta desconocido. Poco tiempo después, una nave alienígena aterriza.

Título en español: El enigma... ¡de otro mundo!
Título original: The Thing... from Another World!
Año de producción: 1951
Dirección: Christian Nyby
País: Estados Unidos
Argumento: En una zona remota del Polo Norte, a pocos kilómetros de una base en la que trabajan unos científicos, ha caído una misteriosa artefacto. El capitán Hendry llega con sus hombres y descubren que se trata de una nave espacial. Hallan el cuerpo congelado de su ocupante y lo llevan a la base. Cuando el hielo se derrite, la criatura extraterrestre recobra la vida y ataca a los humanos.

Título en español: Cuando los mundos chocan
Título original: When Worlds Collide
Año de producción: 1951
Dirección: Rudolph Maté
País: Estados Unidos
Argumento: El doctor Hedrom descubre que una estrella errante, a la que se denomina Bellus, se encuentra en trayectoria de choque contra la Tierra. La estrella viene acompañada de un planeta, Zyra, que pasará por las proximidades de la Tierra 19 días antes. Puesto que la colisión provocará la destrucción de nuestro planeta, los científicos deciden construir una nave espacial para evacuar a una reducida parte de la humanidad hacia el planeta Zyra.

Título en español: La guerra de los mundos
Título original: The War of the Worlds

Año de producción: 1952
Dirección: Byron Haskin
País: Estados Unidos
Argumento: En todas partes del mundo comienzan a caer del cielo cilindros de los que salen naves dotadas de armas devastadoras. Tripuladas por seres procedentes de Marte, se disponen a invadir la Tierra.

Título en español: Los invasores de Marte
Título original: Invaders from Mars
Año de producción: 1953
Dirección: William Cameron Menzies
País: Estados Unidos
Argumento: Apasionado de la astronomía, el pequeño David se despierta a medianoche al oír un ruido. Desde la ventana de su habitación contempla el aterrizaje de un platillo volante que se esfuma rápidamente bajo el suelo. David intenta convencer a sus padres sobre lo que ha presenciado, sin resultado. Al día siguiente, su padre desaparece misteriosamente en el lugar del aterrizaje. Cuando regresa, su comportamiento ha cambiado.

Título en español: Vinieron del espacio exterior
Título original: It Came from Outer Space
Año de producción: 1953
Dirección: Jack Arnold
País: Estados Unidos
Argumento: En un rincón del desierto de Arizona se produce un aterrizaje de emergencia. Se trata de una nave procedente del espacio exterior. Los únicos testigos son el astrónomo John Putnam y su novia Ellen, que inútilmente tratan de advertir a sus paisanos de Sand Rock del peligro que se cierne sobre la comunidad. Para pasar inadvertidos y poder así reparar su nave sin despertar sospechas, los monstruosos alienígenas adoptarán temporalmente el aspecto humano.

Título en español: El monstruo de tiempos remotos
Título original: The Beast from 20.000 Fathoms
Año de producción: 1953
Dirección: Eugène Lourié
País: Estados Unidos
Argumento: Tras un experimento nuclear en remotas tierras polares, el deshielo provoca la vuelta a la vida de una especie de gigantesco dinosaurio que sembrará el pánico entre la población.

Título en español: Los invasores de otros mundos
Título original: Target Earth
Año de producción: 1954
Dirección: Sherman A. Rose

País: Estados Unidos
Argumento: Cuatro desconocidos despiertan en medio de una ciudad de Los Angeles desierta. Parecen ser los únicos supervivientes de un holocausto provocado por un ejército de robots procedentes de Venus.

Título en español: La mujer y el monstruo
Título original: Creature from the Black Lagoon
Año de producción: 1954
Dirección: Jack Arnold
País: Estados Unidos
Argumento: Una expedición de científicos por el Amazonas halla a un ser, mitad humano y mitad pez. Los exploradores capturan a la extraña criatura, pero ésta logra escapar y regresa más tarde para raptar a la hermosa Kay.

Título en español: La venganza del monstruo de la Laguna Negra
Título original: Revenge of the Creature
Año de producción: 1955
Dirección: Jack Arnold
País: Estados Unidos
Argumento: Cuando los científicos capturan al monstruo de la Laguna Negra, lo llevan a un acuario de Florida donde lo exhiben, realizando también horribles experimentos con él. Con lo que no contaban es que con que se volviese a fugar.

Título en español: Regreso a la Tierra
Título original: This Island Earth
Año de producción: 1955
Dirección: Joseph M. Newman
País: Estados Unidos
Argumento: El Dr. Meachan y otros científicos son reclamados por los habitantes del planeta Metaluna para ayudarles a encontrar el uranium, un mineral necesario para la supervivencia de su planeta. Pero los doctores descubren que el propósito de los extraterrestres no es otro que invadir la Tierra. Sólo Exeter, uno de los científicos de Metaluna, parece estar en contra de la invasión. Los científicos se disponen a destruir el laboratorio e intentar huir del planeta.

Título en español: La Tierra contra los platillos volantes
Título original: Earth vs. the Flying Saucers
Año de producción: 1956
Dirección: Fred F. Sears
País: Estados Unidos
Argumento: El doctor Russell Marvin dirige la operación Skyhook, consistente en enviar cohetes hasta las capas altas de la atmósfera. Misteriosamente, todos los cohetes están desapareciendo. Mientras investigan los hechos, Russell y su ayudante, su esposa Carol Marvin, son abducidos por un platillo volante. Los

alienígenas dicen proceder del planeta Marte y demandan un encuentro con ciertas personalidades con el propósito de negociar. Sin embargo, se trata de un engaño, ya que los marcianos únicamente pretenden asesinarlos. La invasión ha comenzado y puede ser el fin de la raza humana.

Título en español: Planeta prohibido
Título original: Forbidden Planet
Año de producción: 1956
Dirección: Fred M. Wilcox
País: Estados Unidos
Argumento: Una expedición es enviada desde la Tierra hasta el planeta Altair IV donde se encontraba una colonia con la que se ha perdido contacto. Todos los miembros de esta colonia, excepto el doctor Morbius y su hija, han fallecido hace años atacados por una increíble criatura. De repente, ésta vuelve a manifestarse.

Título en español: El monstruo vengador
Título original: The Creature Walks Among Us
Año de producción: 1956
Dirección: John Sherwood
País: Estados Unidos
Argumento: El monstruo de la Laguna Negra es sometido a algunos tratamientos de cirugía que intentan darle un aspecto humano y un gusto por el oxígeno que en sus días del Amazonas no poseía.

Título en español: La masa devoradora
Título original: The Blob
Año de producción: 1958
Dirección: Irvin S. Yeaworth Jr.
País: Estados Unidos
Argumento: Un meteorito impacta contra la superficie terrestre. Junto a él llega al planeta una masa informe y viscosa. La criatura se dirige a un pueblo donde, a medida que va devorando personas, va aumentando su tamaño. Los habitantes del lugar se enfrentan al monstruo, pero nada parece hacer daño a la criatura, cuyo tamaño es cada vez más grande.

Título en español: 4D Man
Título original: 4D Man
Año de producción: 1959
Dirección: Irvin S. Yeaworth Jr.
País: Estados Unidos
Argumento: Dos hermanos, los científicos Scott y Tony Nelson, desarrollan un amplificador que permite a una persona acceder a una cuarta dimensión y poder atravesar objetos sólidos. Scott experimenta en sí mismo y descubre que cada vez que pasa a través de algún cuerpo, envejece de forma acelerada.

Título en español: El pueblo de los malditos
Título original: Village of the Damned
Año de producción: 1960
Dirección: Wolf Rilla
País: Reino Unido
Argumento: Los habitantes de un pequeño pueblo experimentan una enigmática pérdida de conocimiento que dura unas horas, después de las cuales algunas mujeres descubren que han quedado embarazadas. Sus hijos poseen todos el mismo cabello albino y, a medida que van creciendo, demuestran unos extraños poderes que les permiten leer la mente de las personas y obligarlas a obedecer su voluntad.

Título en español: El señor de las moscas
Título original: Lord of the Flies
Año de producción: 1963
Dirección: Peter Brook
País: Reino Unido
Argumento: Un grupo de chicos ingleses se estrella con su avión en una isla desierta en medio de rumores de que en el resto del planeta ha habido un desastre nuclear. Los niños se tomarán, durante los primeros días, su nueva situación como una aventura, pero poco a poco, al tiempo que intentan organizarse y crear una pequeña minisociedad, lo peor del carácter humano empieza a aflorar.

Título en español: Thunderbirds (serie)
Título original: Thunderbirds
Año de producción: 1965-1966
Producción: Gerry Anderson y Sylvia Anderson
País: Reino Unido
Argumento: Es el siglo XXI. La familia Tracy, que consta del magnate de la construcción y ex astronauta Jeff Tracy y sus cinco hijos, junto con la abuela de Jeff, el genio científico e ingeniero Brains, el sirviente de la familia, Kyrano y su hija Tin-Tin, se mantiene en una remota y desconocida isla del Pacífico. Ellos son, en secreto, los miembros de Rescate Internacional, una organización de respuesta de emergencias privada y muy avanzada que cubre el globo e incluso el espacio, rescatando a las personas con sus vehículos del futuro, los Thunderbirds.

Título en español: Perdidos en el espacio (serie)
Título original: Lost in Space
Año de producción: 1965-1968
Producción: Irwin Allen
País: Estados Unidos
Argumento: Para solucionar los problemas de superpoblación de la Tierra en 1997, los humanos deciden iniciar la conquista del cosmos en busca de sitios habitables. Los científicos establecen que un planeta que gira en torno a la es-

trella Alpha Centauri posee las condiciones de vida necesarias para el hombre. El gobierno de los Estados Unidos decide enviar en una misión especial a la primera familia: los Robinson.

Título en español: 2001: Una odisea del espacio
Título original: 2001: A Space Odyssey
Año de producción: 1968
Dirección: Stanley Kubrick
País: Estados Unidos
Argumento: Hace millones de años, en los albores del nacimiento del homo sapiens, unos simios descubren un monolito que les lleva a un estadio de inteligencia superior. Otro monolito vuelve a aparecer, millones de años después, enterrado en Io, una luna del planeta Júpiter, lo que provoca el interés de los científicos. HAL 9000, una máquina de inteligencia artificial, es la encargada de todos los sistemas de una nave espacial tripulada durante una misión de la NASA.

Título en español: El planeta de los simios
Título original: Planet of the Apes
Año de producción: 1968
Dirección: Franklin J. Schaffner
País: Estados Unidos
Argumento: Taylor forma parte de una tripulación de astronautas a bordo de una nave espacial que se estrella en un planeta desconocido y, aparentemente, carente de vida inteligente. Sin embargo, pronto se da cuenta de que el lugar está gobernado por una raza de simios inteligentes que esclavizan a los seres humanos, privados de la facultad del habla. Cuando su líder, el doctor Zaius, descubre con horror la facultad de hablar de Taylor, decide que lo mejor es exterminarlo.

Título en español: Más allá del Sol
Título original: Journey to the Far Side of the Sun
Año de producción: 1969
Dirección: Robert Parrish
País: Reino Unido
Argumento: Los científicos han descubierto evidencia de la existencia de un planeta gemelo a la Tierra que orbita al otro lado del Sol. Una nave espacial es enviada para su investigación.

Título en español: UFO (serie)
Título original: UFO
Año de producción: 1970
Producción: Gerry Anderson y Sylvia Anderson
País: Reino Unido

Argumento: En el "futurista" 1980 la Tierra sufre una ataque por parte de una raza alienígena. La principal arma de los extraterrestres son sus platillos voladores, aunque también poseen poderes paranormales. Para impedir estos ataques, el gobierno terrestre decide crear una organización militar secreta: SHADO.

Título en español: Naves misteriosas
Título original: Silent Running
Año de producción: 1972
Dirección: Douglas Trumbull
País: Estados Unidos
Argumento: En un futuro próximo, en la Tierra ha desaparecido todo vestigio de naturaleza y vida animal, a excepción de la humana. Los últimos bosques viajan desde hace ocho años por el espacio, en el interior de enormes cúpulas geodésicas, a bordo de naves científicas de carga. Un día, las naves reciben órdenes de cancelar su misión, destruyendo mediante cargas nucleares los bosques que transportan, y regresar a la Tierra. El botánico jefe Freeman Lowell se opone a la decisión y rebelándose contra sus compañeros, secuestra el carguero y mata al resto de la tripulación, poniendo rumbo a los anillos de Saturno, en una huida sin destino ni esperanzas de salvación, con la única compañía de sus árboles, jardines, animales y tres simpáticos y aplicados robots.

Título en español: Solaris
Título original: Solaris
Año de producción: 1972
Dirección: Andrei Tarkovsky
País: Unión Soviética
Argumento: El doctor Kris Kelvin es enviado a la estación espacial que orbita Solaris, un misterioso planeta cubierto por un inmenso océano, donde investigará la muerte de uno de los tripulantes y los problemas mentales que la influencia del planeta provoca en el resto de la tripulación. El planeta parece tener algún tipo de inteligencia y pronto se sucederán acontecimientos extraordinarios.

Título en español: La matanza de Texas
Título original: The Texas Chain Saw Massacre
Año de producción: 1974
Dirección: Tobe Hooper
País: Estados Unidos
Argumento: Sally y su hermano Franklin viajan, junto a otros amigos, al cementerio donde yace el abuelo de ambos. Por el camino recogen a un extraño autoestopista, al que deben echar del coche cuando éste ataca a Frank. Finalmente, llegan a la granja. Buscando algún sitio donde darse un chapuzón, dos de los chicos entran en una casa. Se trata del hogar del autoestopista y el resto de su familia, todos ellos caníbales enloquecidos.

Título en español: Zardoz
Título original: Zardoz
Año de producción: 1974
Dirección: John Boorman
País: Reino Unido
Argumento: Año 2293. En la Tierra sólo sobreviven dos razas humanas: una, la clase privilegiada, vive en un lugar maravilloso, no envejecen y han vencido a la muerte; la otra vive miserablemente y sólo confía en Zardoz, el dios al que veneran. Zardoz elige a unos cuantos hombres, les entrega armas y les instruye para defender los derechos de su raza. Zed, uno de los exterminadores elegido por Zardoz, provocará un terrible conflicto al querer invadir el Vortex, el paraíso de los Inmortales.

Título en español: Espacio 1999 (serie)
Título original: Space: 1999
Año de producción: 1975-1977
Producción: Gerry Anderson y Sylvia Anderson
País: Reino Unido
Argumento: En el año 1999 la base lunar Alfa alberga una pequeña colonia de científicos. Durante una misión rutinaria se produce una inmensa explosión que expulsa a la Luna de su órbita terrestre, condenándola a vagar por el espacio.

Título en español: Supermán
Título original: Superman: The Movie
Año de producción: 1978
Dirección: Richard Donner
País: Estados Unidos
Argumento: El planeta Krypton está a punto de ser destruido por su estrella. Uno de sus científicos más eminentes, Jor-El, envía a la Tierra a su hijo recién nacido a bordo de una nave espacial. Al llegar, es adoptado por el matrimonio Kent. Mientras crece en un planeta que no es el suyo, es evidente que él tampoco parece un ser humano como todos.

Título en español: El abismo negro
Título original: The Black Hole
Año de producción: 1979
Dirección: Gary Nelson
País: Estados Unidos
Argumento: A finales del siglo XXI la nave espacial Palomino regresa a la Tierra, tras una larga misión en busca de vida humana por el universo. De repente, el robot de la nave detecta un misterioso objeto en órbita alrededor de un agujero negro, que resulta ser una nave espacial perdida tiempo atrás. Cuando logran subir a ella se encuentran con una tripulación formada por ciborgs a las órdenes del enigmático doctor Reinhardt.

Título en español: Alien, el octavo pasajero
Título original: Alien
Año de producción: 1979
Dirección: Ridley Scott
País: Reino Unido / Estados Unidos
Argumento: De regreso a la Tierra, la nave de carga Nostromo interrumpe su viaje y despierta a sus siete tripulantes. El ordenador central, MADRE, ha detectado una misteriosa transmisión, de una forma de vida desconocida, procedente de un planeta cercano. Obligados a investigar el origen de la comunicación, la nave se dirige al extraño planeta.

Título en español: Flash Gordon
Título original: Flash Gordon
Año de producción: 1980
Dirección: Mike Hodges
País: Reino Unido
Argumento: El doctor Zarkov, un científico expulsado de la NASA, viaja en un cohete espacial, junto al joven jugador de rugby Flash Gordon y su amiga Dale Arden. Los tres intentarán salvar al planeta de la amenaza de Ming, el emperador del lejano reino de Mongo, que ha lanzado una de sus lunas para que choque contra la Tierra.

Título en español: El imperio contraataca
Título original: Star Wars: Episode V- The Empire Strikes Back
Año de producción: 1980
Dirección: Irvin Kershner
País: Estados Unidos
Argumento: Tras un ataque sorpresa de las tropas imperiales a las bases camufladas de la alianza rebelde, Luke Skywalker, en compañía de R2D2, parte hacia el planeta Dagobah en busca de Yoda, el último maestro Jedi, para que le enseñe los secretos de la Fuerza. Mientras, Han Solo, la princesa Leia, Chewbacca, y C3PO esquivan a las fuerzas imperiales y piden refugio al antiguo propietario del Halcón Milenario, Lando Calrissian, quien les prepara una trampa urdida por el malvado Darth Vader.

Título en español: Scanners
Título original: Scanners
Año de producción: 1981
Dirección: David Cronenberg
País: Canadá
Argumento: Los "scanners" son personas con unos increíbles poderes mentales. Darryl Revok es el más poderoso de los integrantes del grupo clandestino que constituyen. Todos ellos poseen enormes poderes con los que son capaces de controlar las mentes de los demás. Pueden provocar enormes dosis de dolor y

sufrimiento en sus víctimas. El Doctor Paul Ruth descubre un escáner con más poderes que Revok y decidirá utilizarlo para acabar con el grupo.

Título en español: Star Trek II: la ira de Khan
Título original: Star Trek II: The Wrath of Khan
Año de producción: 1982
Dirección: Nicholas Meyer
País: Estados Unidos
Argumento: En el siglo XXIII la nave espacial Enterprise se encuentra realizando maniobras rutinarias. El almirante James T. Kirk parece aceptar con resignación que esta inspección podría suponer la última misión espacial de su carrera. Pero Khan, un viejo conocido de Kirk, ha invadido la estación espacial Regula Uno, ha robado un dispositivo de alto secreto llamado Proyecto Génesis, se ha hecho con el control de otra nave de la Federación y ahora se dispone a provocar un cataclismo de dimensiones inimaginables.

Título en español: La cosa
Título original: The Thing
Año de producción: 1982
Dirección: John Carpenter
País: Canadá/Estados Unidos
Argumento: Un equipo de investigacion compuesto por 12 hombres descubre en la Antártida un alienígena enterrado en la nieve desde hace muchos años. Pronto éste comenzará a sembrar el caos, mutando en distintas y aterradoras formas.

Título en español: E.T., el extraterrestre
Título original: E.T.: The Extra-Terrestrial
Año de producción: 1982
Dirección: Steven Spielberg
País: Estados Unidos/Reino Unido
Argumento: Un pequeño visitante de otro planeta se queda en la Tierra cuando su nave se marcha olvidándose de él. Tiene miedo. Está completamente solo y a muchos años luz de su casa. Aquí se hará amigo de un niño, que lo esconde y lo protege en su casa. Juntos intentarán encontrar la forma de que el pequeño extraterrestre regrese a su planeta antes de que los científicos y la policía de la Tierra lo encuentren.

Título en español: Supermán III
Título original: Supermán III
Año de producción: 1983
Dirección: Richard Lester
País: Reino Unido
Argumento: Supermán se tiene que enfrentar, con un arma mecánica creada por un genio de los ordenadores llamado Gus Gorman, a un magnate megalo-

maníaco que pretende transformar la Tierra, y contra un desdoblamiento de su propia personalidad, que será su peor enemigo.

Título en español: Ojos de fuego
Título original: Firestarter
Año de producción: 1984
Dirección: Mark L. Lester
País: Estados Unidos
Argumento: Una niña de ocho años posee un poder sobrenatural que le permite provocar incendios con la mente.

Título en español: Dune
Título original: Dune
Año de producción: 1984
Dirección: David Lynch
País: Estados Unidos
Argumento: Año 10.191. El poder absoluto de un emperador despótico se ve amenazado por un joven, que ha decidido formar un ejército con los oprimidos del régimen aprovechando sus extrañas habilidades y la domesticación de unos gigantescos gusanos que habitan las arenosas profundidades de un planeta desértico denominado Arrakis.

Título en español: Fuerza vital
Título original: Lifeforce
Año de producción: 1985
Dirección: Tobe Hooper
País: Reino Unido
Argumento: La nave anglo-estadounidense Churchill descubre en la cola del cometa Halley una enorme nave alienígena llena de cadáveres con aspecto humano y tres cuerpos encerrados en cápsulas transparentes. Aparentemente, no están muertos.

Título en español: Enemigo mío
Título original: Enemy Mine
Año de producción: 1985
Dirección: Wolfgang Petersen
País: Estados Unidos
Argumento: Un humano y un alienígena con aspecto de reptil libran en un planeta hostil una dura batalla, parte de la salvaje guerra que enfrenta a la Tierra con el planeta Dracon. Solamente forzados a confiar el uno en el otro conseguirán sobrevivir.

Título en español: Aliens: el regreso
Título original: Aliens

Año de producción: 1986
Dirección: James Cameron
País: Estados Unidos
Argumento: La teniente Ripley, única superviviente de la nave Nostromo, es encontrada vagando por el espacio. Durante ese tiempo, en LV-426, el mundo donde fue hallado el primer Alien ha sido colonizado por humanos. Cuando se pierde la comunicación con la colonia, se decide enviar para investigar a un equipo de marines espaciales, con Ripley como consejera.

Título en español: Alien nación
Título original: Alien Nation
Año de producción: 1988
Dirección: Graham Baker
País: Estados Unidos
Argumento: Trescientos mil alienígenas pacíficos aterrizan en la Tierra y dan muestras de adaptarse perfectamente al medio. De la relación de invadidos e invasores surge la amistad entre un policía terrestre y otro de la galaxia. Sin embargo, una serie de crímenes alteran la convivencia de ambas razas.

Título en español: Están vivos
Título original: They Live
Año de producción: 1988
Dirección: John Carpenter
País: Estados Unidos
Argumento: Un solitario desempleado descubre que su sociedad está siendo dominada por una raza superior de alienígenas, que se disfrazan de seres humanos y planean ampliar su supremacía en la galaxia.

Título en español: El señor de las moscas
Título original: Lord of the Flies
Año de producción: 1990
Dirección: Harry Hook
País: Estados Unidos
Argumento: Con motivo de una guerra, se procede a la evacuación de los niños que habitan una determinada zona de Inglaterra, siendo trasladados en avión. Uno de los aparatos sufre una avería y cae en el océano, cerca de una isla desierta. Los niños supervivientes deberán organizarse para sobrevivir.

Título en español: Combustión espontánea
Título original: Spontaneous Combustion
Año de producción: 1990
Dirección: Tobe Hooper
País: Estados Unidos
Argumento: Un experimento fallido del gobierno da como resultado que Sam

Kramer tenga poderes piroquinéticos que pueden provocar que otras personas se quemen vivas.

Título en español: La resurrección de Frankenstein
Título original: Frankenstein Unbound
Año de producción: 1990
Dirección: Roger Corman
País: Estados Unidos
Argumento: Un científico del futuro es víctima de un accidente durante un experimento en el que se produce una implosión que lo retrotrae al siglo XVIII donde se encuentra con el doctor Frankenstein, con Mary Shelley y con la criatura.

Título en español: Desafío total
Título original: Total Recall
Año de producción: 1990
Dirección: Paul Verhoeven
País: Estados Unidos
Argumento: En el año 2048, Doug Quaid, un hombre normal con una vida tranquila, está atormentado por una pesadilla que le lleva todas las noches hasta Marte. Decide entonces recurrir al laboratorio de Recall, una empresa de vacaciones virtuales que le ofrece la oportunidad de materializar su sueño gracias a un fuerte alucinógeno. Sin embargo, su intento resulta un fracaso. La droga resucita de su memoria una estancia verdadera en Marte cuando era el más temido agente del cruel Cohaagen. Quaid decide entonces regresar al planeta rojo.

Título en español: Ghost
Título original: Ghost
Año de producción: 1990
Dirección: Jerry Zucker
País: Estados Unidos
Argumento: Sam Wheat es asesinado por un compañero de trabajo. A partir de este momento, vaga por el mundo en forma de espectro incorpóreo gracias al amor inmortal que siente por Molly Jensen.

Título en español: Drácula de Bram Stoker
Título original: Bram Stoker's Dracula
Año de producción: 1992
Dirección: Francis Ford Coppola
País: Estados Unidos
Argumento: Antes de convertirse en un vampiro, el conde Drácula era el príncipe Vlad, quien al enterarse de la muerte de su amada firmó un pacto con el diablo. Así pasó el tiempo hasta que, cuatro siglos más tarde, en Londres, encuentra a Mina, la reencarnación de su antiguo amor.

Título en español: Eternamente joven
Título original: Forever Young
Año de producción: 1992
Dirección: Steve Miner
País: Estados Unidos
Argumento: Daniel McCormick, piloto de pruebas, es un hombre al que todo le va bien en la vida. Pero todo cambia una mañana en la que su novia, Helen, sufre un desgraciado accidente. Desolado, se ofrece voluntario para un experimento secreto: su cuerpo permanecerá congelado en una cápsula experimental. Sesenta años después, dos niños descubren la cápsula y descongelan el cuerpo.

Título en español: Demolition man
Título original: Demolition Man
Año de producción: 1993
Dirección: Marco Brambilla
País: Estados Unidos
Argumento: Un peligroso asesino llamado Simon Phoenix es preservado mediante criogenia a modo de prisión. Años después despierta en una ciudad sin ley y con una sociedad llena de criminales, donde nadie puede evitar que cometa sus acciones predilectas. Solamente el policía que lo detuvo en 1996, y también congelado por un crimen que no cometió, puede acabar con él.

Título en español: Frankenstein de Mary Shelley
Título original: Mary Shelley's Frankenstein
Año de producción: 1994
Dirección: Kenneth Branagh
País: Estados Unidos
Argumento: La prematura muerte de su madre durante un parto, arranca violentamente a Victor Frankenstein de su idílica vida en Ginebra. A partir de ese día, su obsesión será vencer definitivamente a la muerte. Para ello, viajará a Ingolstadt para estudiar medicina. Allí conocerá al profesor Waldman, de quien se rumorea que pasó su juventud explorando las posibilidades de crear un ser humano.

Título en español: Entrevista con el vampiro
Título original: Interview with the Vampire
Año de producción: 1994
Dirección: Neil Jordan
País: Estados Unidos
Argumento: Louis, un vampiro de 200 años de edad, cuenta su historia a un joven reportero de San Francisco. Le describe con detalle cómo fue vampirizado por Lestat hacia 1791, y cómo él mismo hizo lo propio con una niña llamada Claudia.

Título en español: Waterworld
Título original: Waterworld
Año de producción: 1995
Dirección: Kevin Reynolds
País: Estados Unidos
Argumento: En el futuro los casquetes polares se han derretido y el agua lo cubre todo. Por tal motivo, el agua dulce es el bien más preciado, y los seres humanos sobreviven en plataformas flotantes siempre buscando agua potable, algo de tierra, y hablando sobre la leyenda de que en algún lugar existe tierra firme. Mariner es un errante que viaja solo practicando el trueque. Un día llega a un atolón de chatarra y vende tierra a sus moradores, pero éstos, al descubrir que es un mutante (mitad pez, mitad humano), lo condenan a muerte.

Título en español: El pueblo de los malditos
Título original: Village of the Damned
Año de producción: 1995
Dirección: John Carpenter
País: Estados Unidos
Argumento: En un pequeño y tranquilo pueblo, una misteriosa fuerza deja a todo el mundo inconsciente y todo aquel que intenta entrar cae fulminado a los pocos segundos de sobrepasar una invisible frontera. Cuando varias horas más tarde despiertan los habitantes, todo parece haber vuelto a la normalidad. Sin embargo, durante los siguientes días, muchas de las mujeres del pueblo descubren que están embarazadas. Agentes del gobierno supervisarán los embarazos, para investigar su relación con el extraño suceso que aconteció en el pueblo. Cuando las madres dan a luz, todos los recién nacidos presentan unos intensos ojos azules, pelo albino, una increíble inteligencia y una gran crueldad.

Título en español: Independence day
Título original: Independence Day
Año de producción: 1996
Dirección: Roland Emmerich
País: Estados Unidos
Argumento: Una gigantesca nave alienígena llega a la Tierra. Es la víspera del 4 de julio, fecha en que se celebra la independencia de los Estados Unidos. El gobierno cree que los extraterrestres pueden venir en son de paz, pero pronto comienzan a atacar puntos estratégicos.

Título en español: Abre los ojos
Título original: Abre los ojos
Año de producción: 1997
Dirección: Alejandro Amenábar
País: España
Argumento: César es un joven millonario, con gran éxito entre las mujeres, que

una noche se enamora de Sofía, la nueva novia de su mejor amigo. Esa misma noche, César se encuentra con Nuria, una chica que siente amor obsesivo por él y acaba teniendo un aparatoso accidente de coche en el que ella muere y él queda desfigurado.

Título en español: Contact
Título original: Contact
Año de producción: 1997
Dirección: Robert Zemeckis
País: Estados Unidos
Argumento: Eleanor Arroway perdió la fe en Dios tras la muerte de su padre, cuando aún era una niña. Sin embargo, Ellie ha desarrollado una clase distinta de fe en lo desconocido: trabaja con un grupo de científicos escrutando ondas de radio procedentes del espacio exterior en busca de señales de inteligencias extraterrestres. Su trabajo se verá recompensado cuando detecte una señal desconocida que supuestamente porta las instrucciones de fabricación de una máquina para reunirse con los creadores del mensaje.

Título en español: Horizonte final
Título original: Event Horizon
Año de producción: 1997
Dirección: Paul Anderson
País: Reino Unido/Estados Unidos
Argumento: En el año 2040 la nave Event Horizon desaparece, envuelta en el misterio. Ahora, siete años después, una llamada de emergencia indica que ha aparecido con alguien vivo en su interior y que, al parecer, está emitiendo una señal de socorro. Una tripulación de rescate a la que acompaña el doctor Weir, el diseñador de la nave encontrada, se verá envuelta en un terror más allá de lo imaginable.

Título en español: Perdidos en el espacio
Título original: Lost in Space
Año de producción: 1998
Dirección: Stephen Hopkins
País: Estados Unidos
Argumento: La familia Robinson se embarca en una nave espacial con rumbo a un nuevo planeta donde poder establecer una colonia. Pero a bordo también viaja un saboteador que ha logrado averiar la nave.

Título en español: Padre de familia (serie)
Título original: Family Guy
Año de producción: 1999
Producción: Seth MacFarlane y David Zuckerman
País: Estados Unidos

Argumento: La disfuncional familia Griffin está formada por Peter y Lois (los padres), Meg, Chris y Stewie (los hijos) y su perro antropomorfo Brian. Viven en la ciudad de Quahog, Rhode Island. La serie basa gran parte de su humor en la parodia descarnada e irreverente de la cultura pop norteamericana.

Título en español: Futurama (serie)
Título original: Futurama
Año de producción: 1999
Producción: Matt Groening y David X. Cohen
País: Estados Unidos
Argumento: Philip J. Fry es repartidor de pizzas en los Estados Unidos de 1999. El 31 de diciembre se introduce accidentalmente en una cápsula criogénica y despierta mil años después.

Título en español: Titán A.E.
Título original: Titan A.E.
Año de producción: 2000
Dirección: Don Bluth/Gary Goldman/Art Vitello
País: Estados Unidos
Argumento: Año 3208. La Tierra está siendo atacada por los malvados alienígenas Drej, una raza altamente evolucionada hecha de energía pura. En medio del caos, miles de naves han de despegar de la superficie de la Tierra; el científico Sam Tucker llama a su hijo, Cale, un niño de cinco años, y le manda lejos de la Tierra en una nave espacial para que esté a salvo. Tucker se marcha en la nave espacial Titán, único rayo de esperanza ante el desastre que se presagia.

Título en español: X men
Título original: X-Men
Año de producción: 2000
Dirección: Bryan Singer
País: Estados Unidos
Argumento: Los mutantes son el próximo paso evolutivo en la cadena de la humanidad. Algunos niños nacen con un gen especial que se manifiesta en la pubertad mediante poderes sobrenaturales. El profesor Charles Xavier enseña a estos niños a controlar sus poderes y usarlos para el bien de la humanidad en su instituto para niños superdotados.

Título en español: El planeta de los simios
Título original: Planet of the Apes
Año de producción: 2001
Dirección: Tim Burton
País: Estados Unidos
Argumento: Año 2029. En una misión rutinaria, el astronauta Leo Davidson pierde el control de su nave y aterriza en un extraño planeta habitado por una

raza de simios de inteligencia similar a la de los humanos y que tratan a éstos como a animales. Con la ayuda de una chimpancé llamada Ari y de una pequeña banda de humanos rebeldes, Leo encabeza el enfrentamineto contra el terrible ejército dirigido por el general Thade. La clave es llegar a un templo sagrado que se encuentra en la zona prohibida del planeta, en el que podrán descubrir los sorprendentes secretos del pasado de la humanidad y la clave para su futuro.

Título en español: El único
Título original: The One
Año de producción: 2001
Dirección: James Wong
País: Estados Unidos
Argumento: En un mundo futuro se ha descubierto que existen vidas alternas en universos paralelos. Yulaw ha atravesado 123 universos persiguiendo y destruyendo sus vidas alternas. A medida que termina con ellas, absorbe su fuerza vital, adquiriendo habilidades sobrehumanas. La magnitud de tal fenómeno puede desequilibrar el delicado equilibrio de todos los universos, sobre todo cuando Yulaw se dispone a eliminar a la última de sus vidas alternas.

Título en español: La máquina del tiempo
Título original: The Time Machine
Año de producción: 2002
Dirección: Simon Wells
País: Estados Unidos
Argumento: El doctor Alexander Hartdegen crea, a raíz de una tragedia personal, una máquina del tiempo para viajar al pasado y evitarla, pero nunca consigue ese objetivo y decide explorar tiempos venideros, sufriendo un accidente que lo llevará hasta el año 802701 en el futuro, a una era en la que la raza humana se ha dividido en dos especies: los eloi y los morlocks.

Título en español: Solaris
Título original: Solaris
Año de producción: 2002
Dirección: Steven Sodderbergh
País: Estados Unidos
Argumento: Un psicólogo es requerido para viajar a una lejana estación espacial científica en órbita sobre el planeta Solaris a causa de unos extraños sucesos que están afectando de forma terrible a la tripulación. Una vez a bordo descubrirá el secreto del extraño mal y acabará siendo una víctima más. Ahora, su vida y la de los restantes miembros queda en manos de esa fuerza desconocida.

Título en español: Serenity
Título original: Serenity

Año de producción: 2005
Dirección: Joss Whedon
País: Estados Unidos
Argumento: El capitán Reynolds, un veterano de una guerra civil galáctica, se gana la vida con su nave Serenity. Cuando toma a dos nuevos pasajeros, un joven doctor y su hermana telépata, se encuentra con mucho más de lo que había imaginado.

Título en español: La guerra de los mundos
Título original: The War of the Worlds
Año de producción: 2005
Dirección: Steven Spielberg
País: Estados Unidos
Argumento: Tras conseguir escapar de un ataque llevado a cabo por gigantescos trípodes extraterrestres que exterminan cuanto encuentran a su paso, Ray Ferrier lucha desesperadamente por salvar a sus hijos.

Título en español: Sky High: una escuela de altos vuelos
Título original: Sky High
Año de producción: 2005
Dirección: Mike Mitchell
País: Estados Unidos
Argumento: Cuando uno es hijo de los superhéroes más legendarios del mundo, el Comandante y Jetstream, sólo existe una escuela: Sky High, un instituto de élite que tiene la misión de formar estudiantes dotados de poderes para convertirlos en los superhéroes del futuro. El problema es que Will Stronghold no parece haber heredado ningún superpoder.

Título en español: Los 4 fantásticos
Título original: Fantastic Four
Año de producción: 2005
Dirección: Tim Story
País: Estados Unidos/Alemania
Argumento: El sueño del doctor Reed Richards está muy próximo a hacerse realidad. Está al frente de un viaje al espacio exterior, al centro de una tormenta cósmica. Allí, espera conseguir desvelar los secretos de los códigos genéticos de los seres humanos. La tripulación de Richards para la misión está formada por su mejor amigo, Ben Grimm, por Sue Storm y por el impulsivo hermano menor de ésta, Johnny. En compañía del benefactor del proyecto, Victor Von Doom, los cuatro parten para la exploración de sus vidas. La misión discurre sin incidentes hasta que Reed descubre un error de cálculo en la velocidad con la que se acerca la tormenta. En unos minutos, la estación espacial se ve engullida por turbulentas nubes de radiación cósmica que cambian el genoma de la tripulación. Su ADN se ve irrevocablemente alterado. De regreso a la Tierra, los efectos

de la exposición muestran rápidamente sus primeros síntomas brindando a cada uno de ellos poderes sobrenaturales, convirtiéndose en superhéroes.

Título en español: Supernova
Título original: Supernova
Año de producción: 2005
Dirección: John Harrison
País: Estados Unidos
Argumento: Cuando el eminente astrofísico, el doctor Austin Shepard descubre que unas manchas solares son las precursoras del fin del mundo, decide abandonar el observatorio y huir a un sitio desconocido. Su huida levantará las sospechas de sus jefes, quienes enviarán a su mejor hombre, Christopher Richardson, a investigar.

Título en español: Doom
Título original: Doom
Año de producción: 2005
Dirección: Andrzej Bartkowiak
País: Estados Unidos/República Checa
Argumento: Algo ha salido mal en una remota estación de investigación científica situada en Marte. Se ha declarado una cuarentena de nivel 5 y los únicos a quienes se permite la entrada y la salida son los miembros de la Escuadra Táctica de Respuesta Rápida. Una legión de criaturas de pesadilla y origen desconocido merodea por las innumerables salas y túneles de la estación espacial.

Título en español: El laberinto del fauno
Título original: Pan's Labyrinth
Año de producción: 2006
Dirección: Guillermo del Toro
País: México/España/Estados Unidos
Argumento: En 1944, tras la victoria de Franco, una niña inicia, junto a su madre, el viaje hasta un pequeño pueblo en el que se encuentra destacado el nuevo marido de ésta, Vidal, un cruel capitán del ejército franquista por el que la niña no siente ningún afecto. La misión de Vidal es acabar con los últimos vestigios de la resistencia republicana. Una noche, Ofelia, la niña, descubre las ruinas de un laberinto y allí se encuentra un fauno, que le hace una increíble revelación.

Título en español: Déjà vu
Título original: Déjà Vu
Año de producción: 2006
Dirección: Tony Scott
País: Estados Unidos
Argumento: El agente especial Doug Carlin está encargado de la investigación de un atentado terrorista. Reclutado por un grupo especial del FBI podrá disponer de una máquina del tiempo para intentar encontrar al culpable.

Título en español: The Black Hole
Título original: The Black Hole
Año de producción: 2006
Dirección: Tibor Takács
País: Estados Unidos
Argumento: Un experimento científico rutinario, realizado en el marco de una investigación atómica, sale mal y provoca una explosión que deja la ciudad de St. Louis devastada y sumida en un enorme agujero negro. Pero lo peor llega cuando el equipo de científicos que están investigando dan con una monstruosa criatura intergaláctica que se alimenta de electricidad, dispuesta a acabar con cualquiera que se interponga en su camino.

Título en español: Sunshine
Título original: Sunshine
Año de producción: 2007
Dirección: Danny Boyle
País: Reino Unido/Estados Unidos
Argumento: En tan sólo cinco años, el Sol se apagará, y toda la raza humana se extinguirá con él. La última esperanza de los hombres es el Ícarus II, una nave espacial con una tripulación formada por seis hombres y dos mujeres, quienes intentarán llevar una gigantesca carga nuclear con el fin de insuflar nueva vida a la estrella, para que ésta vuelva a brillar y salve de la destrucción al planeta.

Título en español: Viaje al centro de la Tierra
Título original: Journey to the Center of the Earth
Año de producción: 2008
Dirección: Eric Brevig
País: Estados Unidos
Argumento: Durante siglos ha existido la leyenda de una tierra que no ha sido tocada por el hombre. Trevor se dispone a descubrir la verdad. Él irá en busca de su hermano desaparecido, acompañado de su sobrino y guiados por una montañera. Los tres descubrirán en el centro de la tierra un mundo perdido fantástico pero también peligroso.

Título en español: Iron Man
Título original: Iron Man
Año de producción: 2008
Dirección: Jon Favreau
País: Estados Unidos
Argumento: El multimillonario fabricante de armas Tony Stark debe enfrentarse a su turbio pasado después de sufrir un accidente con una de sus armas. Equipado con una armadura fabricada a base de tecnología de última generación se convertirá en Iron Man.

Título en español: 2012
Título original: 2012
Año de producción: 2009
Dirección: Roland Emmerich
País: Estados Unidos/Canadá
Argumento: La Tierra será destruida en el año 2012, tal como predice el calendario maya. Todo comienza años antes, en 2009, cuando el doctor Adrian Helmsley, un científico, viaja a la India, donde encuentra a su amigo Satnam, quien ha descubierto que el Sol sufre las mayores tormentas solares en la historia de la humanidad, lo que ha ocasionado que los neutrinos empiecen una serie de reacciones físicas que elevarán la temperatura del núcleo de la Tierra, desencadenando toda una serie de catástrofes de dimensiones inimaginables.

Título en español: Avatar
Título original: Avatar
Año de producción: 2009
Dirección: James Cameron
País: Estados Unidos
Argumento: Jake, un parapléjico veterano de guerra, es enviado al planeta Pandora, conectado a un "avatar", con el fin de infiltrarse en el pueblo de los Na´vi, una raza humanoide que tiene una especial conexión con todas las criaturas del bosque en el que habitan. La misión es clara: infiltrarse y descubrir donde está un yacimiento de minerales que los humanos desean.

Título en español: Iron Man 2
Título original: Iron Man 2
Año de producción: 2010
Dirección: Jon Favreau
País: Estados Unidos
Argumento: Sometido a todo tipo de presiones por parte del gobierno, la prensa y la opinión pública para que comparta su tecnología con el ejército, Tony Stark se muestra reacio a desvelar los secretos de la armadura de Iron Man porque teme que esa información pueda caer en manos indeseables. Pero entonces hace su aparición Ivan Vanko, hijo de un antiguo enemigo del padre de Stark, dispuesto a vengarse

Fuentes y referencias bibliográficas

Capítulo 1

Morrison, Grant y Quitely, Frank; *All Star Superman*, 2009, Planeta De Agostini.

Plait, Philip; *Death from the skies!: The Science behind the end of the world*, 2009, Penguin (Non-Classics).

Garfinkle, David y Garfinkle, Richard; *El Universo en tres pasos: del Sol a los agujeros negros y el misterio de la materia oscura*, 2010, Crítica.

http://www.cienciakanija.com/2010/01/18/los-calculos-apuntan-a-estrellas-de-quarks-masivas/

http://francisthemulenews.wordpress.com/2010/02/13/la-materia-extrana-en-las-estrellas-de-neutrones/

Capítulo 2

Morrison, Grant y Quitely, Frank; *All Star Superman*, 2009, Planeta De Agostini.

Capítulo 3

Action Comics #263. April 1960.

Action Comics #264. May 1960.

Heilig, Steven J.; Why are so many things in the solar system round?, *The Physics Teacher* **48**, 377 (2010).

http://www.malaciencia.info/2006/07/la-forma-de-un-planeta.html

Capítulo 4

Segura, José; *Termodinámica técnica*, 1988, Reverté.

Sears, Francis W. *et al.*; *Física universitaria*, 2009, Pearson.

http://es.wikipedia.org/wiki/Evaporación_(hidrología)

http://www.tempratech.com/

http://hyperphysics.phy-astr.gsu.edu/hbase/HFrame.html

Capítulo 5

Parker, Barry; *Death rays, jet packs, stunts & supercars: The fantastic physics of film's most celebrated secret agent*, 2005, The Johns Hopkins University Press.

Kakalios, James; *The Physics of superheroes*, 2005, Gotham. Existe traducción al español editada por Robinbook.

Palacios, Sergio L.; *La guerra de dos mundos: el cine de ciencia ficción contra las leyes de la física*, 2008, Robinbook.

Jones, Kate L. and Nazarewicz, W.; Designer nuclei - Making atoms that barely exist, *The Physics Teacher* **48**, 381 (2010).

http://science.howstuffworks.com/exoskeleton.htm
http://www.wired.com/gadgets/miscellaneous/news/2008/04/ironman_physics
http://science.howstuffworks.com/transport/engines-equipment/jet-pack.htm
http://www.scientificamerican.com/article.cfm?id=jet-pack
http://www.physorg.com/news187374763.html
http://www.msnbc.msn.com/id/36520461/ns/technology_and_science-innovation/t/how-far-are-real-superhero-powers/
http://www.neoteo.com/iron-man-posible-en-el-mundo-real
http://www.physorg.com/news189884043.html
http://blogdesuperheroes.es/category/superheroes-y-ciencia-iron-man
http://www.universomarvel.com.aq/
http://en.wikipedia.org/wiki/Island_of_stability

Capítulo 6
http://georgina-chikicharrita.blogspot.com/2006/06/que-comen-los-astronautas.html
http://www.consumer.es/seguridad-alimentaria/ciencia-y-tecnologia/2004/06/29/20136.php
http://www.directoalpaladar.com/cultura-gastronomica/comida-espacial
http://www.neoteo.com/como-comen-helado-los-astronautas.neo
http://www.astronauticachile.cl/news/astronautas.html
http://www.elreporterolasvegas.com/noticia/245/porque-los-astronautas-comen-tortillas-en-lugar-de-pan
http://www.laflecha.net/canales/ciencia/noticias/200603305
http://edant.clarin.com/diario/2008/02/08/conexiones/t-01602637.htm
http://www.historiacocina.com/especiales/articulos/astronautas.htm

Capítulo 7
Amengual, Antoni; *Sistemas mecánicos*, 2001, Servicio de publicaciones de la UIB.
Gresh, Lois H. and Weinberg, Robert; *The Science of anime: Mecha-noids and AI-super-bots*, 2005, Running Press.
Lovell, M.S.; The Lagrange points, *Physics Education* **42**, 262 (2007).
http://www.cs.utsa.edu/~wagner/stars/stellar.html
http://es.wikipedia.org/wiki/Cr%C3%B3nicas_de_Gor

Capítulo 8
Bly, Robert W.; *The Science in science fiction: 83 sf predictions that became scientific reality*, 2005, Benbella books.
Nelson, Sue and Hollingham, Richard; *Cómo clonar a la rubia perfecta*, 2005, Nowtilus.

Glassy, Mark C.; *The Biology of science fiction cinema*, 2005, McFarland & Company.
Stableford, Brian; *Science fact and science fiction: An encyclopedia*, 2006, Routledge.
http://www.alcor.org

Capítulo 9
Thorne, Kip S.; *Agujeros negros y tiempo curvo*, 1995, Crítica.
Clute, John and Nicholls, Peter (editors); *The Encyclopedia of science fiction*, 1995, St. Martin's Press.
Al-Khalili, Jim; *Blackholes, wormholes & time machines*, 1999, IOP publishing.
Mann, George (editor); *The Mammoth encyclopedia of science fiction*, 2001, Robinson.
http://es.wikipedia.org/wiki/OJ_287
http://jila.colorado.edu/~ajsh/insidebh/schw.html
http://arxiv.org/abs/0908.1803v1
http://arxiv.org/abs/1103.6140v2

Capítulo 10
Cavelos, Jeanne; *The Science of Star Wars*, 2000, St. Martin's Griffin.
Gilster, Paul; *Centauri dreams*, 2004, Springer.
Palacios, Sergio L.; *La guerra de dos mundos: el cine de ciencia ficción contra las leyes de la física*, 2008, Robinbook.
Low, Robert J.; Speed limits in general relativity, *Classical and Quantum Gravity* 16, 543 (1999).
Van Den Broeck, Chris; A "warp drive" with more reasonable total energy requirements, *Classical and Quantum Gravity* 16, 3973 (1999).
Gonzáles Díaz, Pedro F.; Warp drive spacetime, *Physical Review D* 62, 044005 (2000).
Loup, F. *et al.*; Reduced total energy requirements for a modified Alcubierre warp drive spacetime, http://arxiv.org/pdf/gr-qc/0107097.
Loup, F. *et al.*; A causally connected superluminal warp drive spacetime, http://arxiv.org/pdf/gr-qc/0202021v1.
Natario, José; Warp drive with zero expansion, http://arxiv.org/pdf/gr-qc/0110086v3.
Lobo, Francisco and Crawford, Paul; Weal energy condition violation and superluminal travel, *Lecture Notes in Physics* 617, 277 (2003).
Hart, C. B. *et al.*; On the problems of hazardous matter and radiation at faster than light speeds in the warp drive space-time, http://arxiv.org/pdf/gr-qc/0207109v1.
Obousy, Richard K. and Cleaver, Gerald; Warp drive: a new approach, *Journal of the British Interplanetary Society*, September (2008).
Obousy, Richard K. and Cleaver, Gerald; Putting the "warp" into warp drive, http://arxiv.org/pdf/0807.1957v2.

Capítulo 11
Randles, Jenny; *Breaking the time barrier: The Race to build the first time machine*, 2005, Pocket books.
Shaw, Bob; *Otros días, otros ojos*, 1983, Martínez Roca.

Lem, Stanislaw; *Solaris*, 2011, Impedimenta.
http://ciencia.nasa.gov/science-at-nasa/2002/20mar_newmatter/
http://maloka.org/fisica2000/bec/
http://en.wikipedia.org/wiki/Slow_light

Capítulo 12
http://james-camerons-avatar.wikia.com/wiki/Avatar_Wiki
http://www.pandorapedia.com/

Capítulo 13
Nicholls, Peter; *La ciencia en la ciencia ficción*, 1991, Folio.
Clute, John and Nicholls, Peter (editors); *The Encyclopedia of science fiction*, 1995, St. Martin's Press.
Cavelos, Jeanne; *The Science of Star Wars*, 2000, St. Martin's Griffin.
Halliday, David *et al.*; *Fundamentals of physics*, 2000, Wiley.
Sagan, Carl; *Cosmos*, 2004, Planeta.
Luque, Bartolomé y Márquez, Álvaro; *Marte y vida: ciencia y ficción*, 2004, Equipo Sirius.
Bly, Robert W.; *The Science in science fiction: 83 sf predictions that became scientific reality*, 2005, Benbella books.
Gresh, Lois H. and Weinberg, Robert; *The Science of anime: Mecha-noids and AI-super-bots*, 2005, Running Press.
Challoner, Jack; *The Science of... aliens*, 2005, Prestel.
Tipler, Paul A.; *Física para la ciencia y la tecnología*, 2008, Reverté.
http://eponaproject.com/Epona_Home.html

Capítulo 14
Krauss, Lawrence; *Beyond Star Trek: From alien invasions to the end of time*, 1998, HarperPerennial.
Webb, Stephen; *If the universe is teeming with aliens... where is everybody?: Fifty solutions to the Fermi paradox and the problem of extraterrestrial life*, 2002, Springer.

Capítulo 17
Moreno, Manuel y José, Jordi; *De King Kong a Einstein: la física en la ciencia ficción*, 1999, Ediciones UPC.
Kaku, Michio; *Physics of the impossible*, 2008, Doubleday Publishing.
Parsons, Paul; *The Science of Doctor Who*, 2010, The Johns Hopkins University Press.
Hershcovitch, Ady; High-pressure arcs as vacuum-atmosphere interface and plasma lens for nonvacuum electron beam welding machines, electron beam melting, and nonvacuum ion material modification, *Journal of Applied Physics* 78, 5283 (1995). U.S. Patent No. 5578831.
Bamford, R. *et al.*; The interaction of a flowing plasma with a dipole magnetic field: measurements and modelling of a diamagnetic cavity relevant to spacecraft protection, *Plasma physics and controlled fusion* 50, 124025 (2008).
http://www.fogonazos.es/2009/01/construyendo-aviones-prueba-de-bombas.html

http://www.cienciakanija.com/2008/12/17/se-encuentran-filtraciones-en-el-campo-magnetico-protector-de-la-tierra/

Capítulo 18
Dougan, Andy; *Raising the dead: The Men who created Frankenstein*, 2008, Birlinn.
Shelley, Mary W.; *Frankenstein o el moderno Prometeo*, 2006, Mondadori.
Aldiss, Brian W.; *Frankenstein desencadenado*, 1976, Minotauro.
http://www.insht.es/InshtWeb/Contenidos/Documentacion/FichasTecnicas/NTP/Ficheros/301a400/ntp_400.pdf
http://es.wikipedia.org/wiki/Paracelso
http://es.wikipedia.org/wiki/Rayo

Capítulo 19
Cromer, Alan H.; *Física para las ciencias de la vida*, 1984, Reverté.

Capítulo 20
Golding, William; *El señor de las moscas*, 2010, Alianza.

Capítulo 21
Panadero, Javier F.; *¿Por qué la nieve es blanca?*, 2006, Páginas de espuma.
http://en.wikipedia.org/wiki/Osmosis

Capítulo 23
Corral, Juan M.; *Hammer: la casa del terror*, 2003, Calamar Ediciones.
Stoker, Bram; *Drácula*, 2005, Mondadori.
Efthimiou, C.J. and Gandhi, S.; Cinema fiction vs physics reality: Ghosts, vampires and zombies http://arxiv.org/abs/physics/0608059v2

Capítulo 24
Palacios, Sergio L.; *La guerra de dos mundos. El cine de ciencia ficción contra las leyes de la física*, 2008, Robinbook.
Hirota, N. *et al.*; Magneto-Archimedes levitation and its application, *RIKEN Review* **44**, 159 (2002).
Catherall, A.T. *et al.*; Cryogenically enhanced magneto-Archimedes levitation, New Journal of Physics **7**, 118 (2005).
Cao, B. *et al.*; Evidence for high Tc superconducting transitions in isolated Al45 - and Al47 - nanoclusters http://arxiv.org/abs/0804.0824v1
http://www.ru.nl/hfml/research/levitation/diamagnetic/levitation_possible/

Capítulo 25
Plait, Philip; *Death from the skies!: The Science behind the end of the world*, 2009, Penguin.
http://www.cosmicrays.org/muon-solar-neutrinos.php
http://es.wikipedia.org/wiki/Cadena_proton_proton

Capítulo 26

Gresh, Lois H. and Weinberg, Robert; *The science of Stephen King*, 2007, Wiley.

Matthews, Robert; *¿Por qué la araña no se queda pegada a la tela?*, 2010, Ariel.

Garrido, Javier; *Combustión humana espontánea.*
(http://www.arp-sapc.org/articulos/combustion.html)

Capítulo 27

Yaco, Linc and Haber, Karen; *The Science of the X-men*, 2001, I Books/Marvel.

Kakalios, James; *The Physics of superheroes*, 2005, Gotham. Existe traducción al español editada por Robinbook *(La física de los superhéroes).*

Kaku, Michio; *Hiperespacio*, 2007, Crítica.

Wells, H.G.; *La historia de Plattner y otras narraciones*, 2007, Valdemar.

Clement, Hal; *Misión de gravedad*, 1993, Ediciones B.

Efthimiou, C. J. and Gandhi, S.; Cinema fiction vs. physics reality: Ghosts, vampires and zombies, http://arxiv.org/abs/physics/0608059v2.

Capítulo 28

Nahin, Paul J.; *Time machines: Time travel in physics, metaphysics, and science fiction*, 1998, Springer.

Al-Khalili, Jim; *Blackholes, wormholes & time machines*, 1999, IOP publishing.

Stephen Hawking y otros; *El futuro del espaciotiempo*, 2002, Crítica.

Davies, Paul; *Cómo construir una máquina del tiempo*, 2003, Penguin.

Kaku, Michio; *Hiperespacio*, 2007, Crítica.

Toomey, David; *Los nuevos viajeros en el tiempo*, 2008, Ediciones de intervención cultural.

Parsons, Paul; *The Science of Doctor Who*, 2010, The Johns Hopkins University Press.

Sagan, Carl; *Contacto*, 1993, Plaza & Janés.

http://arxiv.org/abs/1102.4454

Capítulo 29

Kaku, Michio; *Physics of the impossible*, 2008, Doubleday Publishing.

Kaku, Michio; *Universos paralelos*, 2008, Atalanta.

Parsons, Paul; *The Science of Doctor Who*, 2010, The Johns Hopkins University Press.

Asimov, Isaac; *Los propios dioses*, 2010, Debols!llo.

Tegmark, M.; Parallel Universes, Scientific American, May 2003.

http://arxiv.org/abs/0910.1589

http://arxiv.org/abs/0712.2572

http://www.cienciakanija.com

Otros títulos de la colección:

La guerra de dos mundos
Sergio L.Palacios

En este libro, el profesor universitario Sergio L. Palacios recorre los intrincados recovecos de la física de una manera amena, divertida, diferente y, sobre todo, original. Mediante el empleo de un lenguaje moderno, claro y sencillo en el que abundan los dobles sentidos y el humor, el autor aborda y analiza con la ayuda de películas de ciencia ficción todo tipo de temas científicos, muchos de ellos de gran actualidad, como pueden ser el teletransporte, la invisibilidad, la antimateria, los impactos de asteroides contra la Tierra, el cambio climático y muchos más.

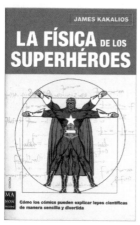

La física de los superhéroes
James Kakalios

En este libro, el reconocido profesor universitario James Kakalios demuestra, con tan sólo recurrir a las nociones más elementales del álgebra, que con más frecuencia de lo que creemos, los héroes y los villanos de los cómics se comportan siguiendo las leyes de la física. Acudiendo a conocidas proezas de las aventuras de los superhéroes, el autor proporciona una diáfana a la vez que entretenida introducción a todo el panorama de la física, sin desdeñar aspectos de vanguardia de la misma, como son la física cuántica y la física del estado sólido.

La ciencia de los superhéroes
Juan Scaliter

El autor de este libro, periodista científico de la revista *Quo* con más de diez años de experiencia, ha entrevistado importantes astrobiólogos, físicos, neurólogos, expertos en virus, biomimética o nanotecnología para averiguar cuan cerca está la ciencia de trasladarnos al universo de Marvel o DC Comics. Y la repuesta de los expertos es que estamos más cerca de lo pensado. Los poderes y proezas de héroes, antihéroes y villanos y las leyes de la física